A Student's Guide to Vectors and Tensors

大学生理工专题导读——矢量与张量分析

[美] 丹尼尔·A. 弗莱施 (Daniel A. Fleisch) 著

李亚玲 胡宝安 张立云 徐楠 译

机 械 工 业 出 版 社

本书简明扼要、由浅入深地介绍了矢量和张量的定义、性质及运算，并结合具体应用实例帮助读者更好地理解矢量和张量，同时可以帮助读者运用矢量和张量解决实际问题. 本书的主要内容：第 1 章介绍了矢量的基本定义、表示方法；第 2 章介绍了矢量的运算，包括乘法和求导运算；第 3 章介绍了矢量在斜面运动、曲线运动、电场及磁场中的具体应用；第 4 章介绍了不同类型的矢量分量及矢量在坐标系之间的变换，为介绍张量做好准备；第 5 章介绍了张量的定义、表示方法及张量运算；第 6 章介绍了张量在力学、电磁学和广义相对论中的具体应用.

本书适用于理工科的本科生和研究生，也适用于对矢量、张量及它们的应用感兴趣的读者.

导 读

矢量和张量在力学、电磁学乃至广义相对论领域具有广泛的应用，是求解问题的最强大的工具之一．掌握矢量和张量的性质与应用对理工科的学生至关重要．

丹尼尔·A. 弗莱施的 *A student's Guide to Maxwell's Equations*[㊀] 一书通俗易懂，很受欢迎．本书以同样的方式重新诠释了矢量与张量，适用于本科生和研究生．本书主要内容包括矢量的概念和运算等相关基础知识，并从逆变分量和协变分量的角度将矢量过渡到张量，书中还包括矢量和张量的应用．另外，本书有配套的线上资源和音频资源．在网站上有包括矩阵及其代数知识的介绍，并以交互的方式提供了书中的每个问题的解答，学生可以选择逐步提示的方式或是直接看到整个答案的方式来学习．作者也以音频播客的形式解释了书中的重要概念．

㊀ *A student's Guide to Maxwell's Equations* 中译本由机械工业出版社2014 年出版，中文书名为《麦克斯韦方程直观（翻译版）》．——编辑注

译者序

丹尼尔·A. 弗莱施是威腾堡（Wittenberg）大学物理系的教授，专攻电磁学和空间物理学. 他编写的 *A student's Guide to Maxwell's Equations* 因其通俗易懂而备受欢迎，本书仍延续了同样的风格诠释矢量与张量：前 3 章介绍了矢量的概念、运算及相关基础知识；第 4 章介绍了矢量协变分量和逆变分量及其在坐标系之间的变换；第 5 章在第 4 章的基础上，通过逆变分量和协变分量由矢量过渡到张量，介绍了张量的定义、表示方法及张量运算；第 6 章介绍了张量的应用，加深读者对张量的理解.

本书是我读过的关于矢量和张量最好的入门书. 首先，由矢量到张量的平稳过渡，使读者更容易接受张量；其次，矢量、张量与物理实例的完美结合，使抽象的数学概念具体化；最后，每章的课后习题结合网站的线上解答，可以展示完整的答案和解决方案，巩固对知识的掌握. 全书内容结合图形和应用实例来介绍，由浅入深，生动形象，通俗易懂，便于读者更好地理解和掌握矢量和张量.

本书在翻译过程中得到许多同事的帮助，在此表示真挚的感谢！由于我们的水平有限，译文中难免还有缺点和错误，真诚地欢迎读者批评指正.

本书翻译中术语约定：one - forms 在广义相对论中指矢量的协变分量，也称为余矢量，相关文献中也没有合适的中文翻译，所以在译文中约定直接用"one - forms"表示矢量的协变分量，不再做中文翻译.

译者

前　言

本书的主要目的是帮助读者理解矢量和张量，学会运用矢量和张量解决实际问题. 大部分学生在高中或大学的力学课上就接触到了矢量，应该知道矢量是既有大小又有方向的量在数学上的表示，比如速度和力，也应该学过运用图形法以及通过 x, y , z 三个方向的坐标分量来计算矢量的加法.

这样的基础对矢量的认识是一个好的开始，但还远远不够. 从表面上看，矢量仅是只有大小和方向的量，但实际上它更是在不同参考系下都以完全可预测的方式呈现出来的量，只要对矢量稍加深入研究，就可以掌握并运用矢量的这种强大功能了. 矢量的强大源自张量，矢量是张量的子集，张量是一个更大的集合类，被称为“宇宙的真相”，大部分学生在他们求学生涯的后期才会涉及. 毫不夸张地说，当爱因斯坦成功地用张量来表达引力时，我们对宇宙基本结构的理解也就彻底改变了.

只有建立了牢固的矢量基础才能更容易理解张量，才能从“大小和方向”的层次提高到“宇宙的真相”的层次，相信读者也会有同样的体会. 因此，本书的前 3 章介绍矢量，第 4 章讨论坐标变换，最后两章为高阶张量及其应用.

在浏览一些物理学或工程学中关于矢量和张量的文献或在线资源时，可能会遇到这样的表述:

“矢量是既有大小又有方向的物理量在数学上的表示.”

“矢量是一个有序数组.”

“矢量是一个可以以一定方式在坐标系之间进行变换的数学对象.”

“矢量是一阶张量.”

“矢量是一个可以将某种形式转换成标量的算子.”

这些定义当然都是正确的，但是解决不同的问题可能会采用不同的定义去理解. 如果能把握这些定义的内在关系，就可以更深入地研究需要运用到高级矢量和张量的学科了，例如力学、电磁学、广义相对论等. 本书对这些定义的理解和联系也很有帮助.

在大部分学科中，研究解决问题的第一步就是了解相关术语. 因此，本书的第1章为矢量和张量的基础知识，更高级的定义在第5章的开始部分.

本书关于矢量和张量的论述与其他文献有什么不同呢？最大的不同之处就是对矢量和张量的讨论几乎用了一样的篇幅，其中整个第3章为矢量的应用，而第6章则是张量的应用举例.

同时，本书的表述方式也会有很大不同. 书中的说明采用的是通俗易懂的文体，对数学方面缜密性的要求只需能够体现其物理上的本质即可. 如果读者已经有了很深的矢量基础并且只需要简单回顾一下相关内容，那么他只需要快速浏览第1章到第3章的内容. 但是如果对矢量的某些知识点理解不透彻，也不清楚如何应用，前几章的内容就很重要了. 如果只是见到过张量，但是不清楚张量到底是什么或者如何应用，可以参考第4章到第6章的内容.

为了帮助读者理解和应用矢量、张量，本书有相应的配套资源：交互式网络平台和系列音频播放资料. 本书中每一章的最后都有对应的习题，网站上以交互的形式给出了每一个习题的答案，读者可以选择一次性看到完整的答案，也可以选择逐步进行提示的形式. 音频资料是mp3格式，包含每一章的重点内容以及关键概念的进一步讲解，适合于更喜欢听学模式的读者.

本书不仅适用于理工科的本科生、研究生，同时也适用于对矢量、张量及它们的应用感兴趣的读者.

如果您是一名理工科学生，虽然已经在课堂上学过矢量或张量，但是不知道怎么用，请先阅读这本书，听听随书附的音频并完成书中的例题和习题，然后再学习涉及矢量或张量的其他课程或者参加相关考试，就会容易很多. 如果您是一名在读研究生，正处在由本科到研究生的过渡阶段，可能会在矢量或张量课程的学习或学习资料的理解中遇到困难，也可以参考本书. 如果您既不是本科生，也不是研究生，而是一个充满求知欲的年轻人或是终生学习者，并且想要更多地了解矢量、张量或者它们在力学、电磁学、广义相对论领域的应用，也可以参考本书，希望本书可以给大家提供更多的帮助.

致　谢

诚挚地感谢剑桥大学出版社的 John Fowler 博士，非常荣幸在 *A student's Guide to Maxwell's Equations* 这本书中已经与 John Fowler 博士有非常好的合作．本书同样也正是在他的建议和推动下才开始编写并完成的．在出版的整个过程中，他一直都给予了耐心的指导和极大的支持，在此谨向他表示衷心的感谢．完成一个项目还需要很多人共同的努力，大家都为此付出了很大心血．Laura Kinnaman 在圣母大学攻读物理学博士学位期间，花时间仔细阅读了整个手稿并在第 6 章关于惯性张量的讨论中做出了重大贡献．威滕堡大学的研究生 Joe Fritchman 和卡内基梅隆大学的学生 Wyatt Bridgeman 也阅读了手稿并提出了很多有用的建议．Carrie Miller 从一名化学专业学生的角度提出一些观点，她的丈夫 Jordan Miller 则帮助我们实现了本书 LaTex 版编辑．威滕堡大学的 Adam Parker 教授和威斯康星大学的 Daniel Ross 全力引导我去建立一个牢固的数学基础，贝茨大学的 Mark Semon 教授除了作为审稿人以外还提供了很多额外的帮助，感谢他帮助我找出了书中很多错误并且给出了一些更好的诠释．若书中仍有错误或有前后不一致的地方，我要负全部责任．

在此，还要感谢所有在我写书的这两年中上过我课的学生，非常感谢他们愿意分享对这本书的思考．做出最大贡献的是 Jill Gianola，他给予了我最大的理解与支持，使我有了更大的写作空间和更多的写作时间．

目　录

第1章 矢量

1.1 基本概念

定义矢量有很多种方法，最基本的定义为

矢量是一个既有大小（或度量）又有方向的物理实体的数学表示.

由定义可知，速率（物体运动的快慢）不能用矢量表示，而速度（物体运动的快慢和方向）却是一个矢量. 再比如，力也是一个矢量，因为力表示出了推拉物体时的强度以及方向. 但是温度只有度量没有方向，因此温度不是矢量.

“矢量”一词来源于拉丁文 vehere，意思是“携带”，18 世纪的天文学家在研究行星围绕太阳运转的“携带”机理时首次使用[⊖]. 为体现矢量的性质，通常在字母顶上加箭头来表示 $\vec{F}$；或者用粗体字母表示 $\boldsymbol{F}$；有时也会给字母加下划线，如$\underline{F}$或$\underset{\sim}{F}$. 在手写涉及矢量的等式时，要养成用这些方式来表示矢量的习惯，这一点非常重要. 当然，也可以用自己的方式表示矢量，只要能将矢量同其他量区分开就可以.

几何上，矢量可以用有向线段或者箭头这样的几何图形来表示，如图 1.1a 所示. 稍后会讲到，矢量也可以用一个含有 N 个数的有序数组来表示. 其中，N 是矢量所在空间的维数.

事实上，矢量可以表示不同的物理实体，它的真实值对应所代表的物理实体. 例如，图 1.1a 中的矢量可以用来表示某地风的速度、

⊖ 《牛津英语词典》，1989 年第 2 版.

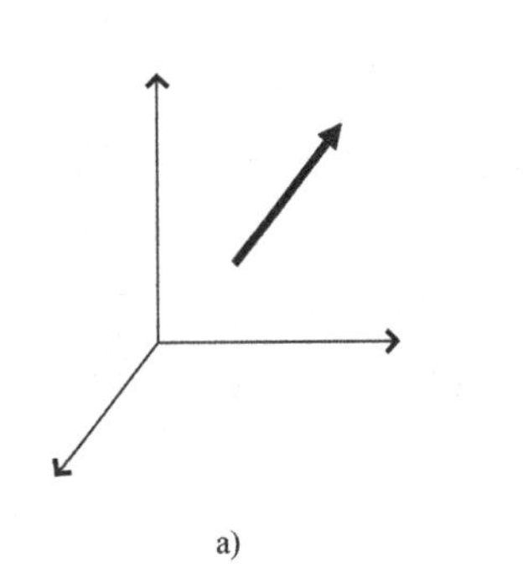
a)

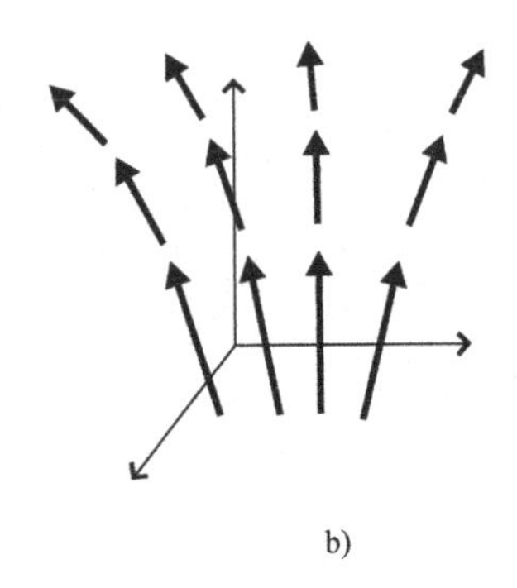
b)

图 1.1 矢量和矢量场的几何图形

火箭升空的加速度、踢球作用在足球上的力，甚至是在你的生活中每天都能遇到的数以千计的矢量. 无论对矢量有多少认识，我们都必须知道矢量有两个要素：大小和方向. 箭头的长度表示矢量的大小，也就是矢量所代表量的大小. 比例尺由自己或者绘图的人指定，一旦确定下来，绘制其他所有矢量都要依照相同的比例. 明确了比例，就可以用箭头长度来表示矢量的大小了. 矢量的方向常常由箭头与某个或某些指定方向的夹角来确定（通常选取坐标轴方向），这样就可以确定矢量的方向.

既然矢量是由它的大小和方向所确定，那么两个长度相等、方向相同的矢量是否是同一个矢量呢？或者换种问法，如果将图 1.1a 中的矢量平移到另一个位置，既不改变它的大小也不改变它的方向，平移后的矢量是否还是原来的矢量呢？在一些应用中，平移前后的矢量确实是同一个矢量，这样的矢量被称为自由矢量. 只要不改变大小和方向，自由矢量可以在空间中任意平移后仍然是原来的矢量. 但是，很多物理和工程问题需要把矢量固定在一个给定的位置上，这样的矢量被称为“束缚矢量”或“固定矢量”. 显然，固定矢量不能像自由矢量一样可以移动㊀. 还有一种矢量叫“滑移矢量”，它们可以沿着作用线平移并且不改变大小和方向；通常会在力矩和角向运动的问题

㊀ 矢量在数学上的定义更侧重于矢量的变换而不是矢量的位置，因此数学家们很少使用“固定矢量”这个概念.

中遇到这类矢量.

束缚矢量在某些实际应用中非常有用，例如表示大气中不同点的风速. 只要在每个感兴趣的点处画一个束缚矢量就可以表示出该点风的速率和方向（大多数人会将矢量的尾部，也就是非箭头端画在要固定的点处），称这样的矢量构成的集合为矢量域，如图 1. 1b 所示.

如何来表示束缚矢量？很容易想到，束缚矢量是由箭头的起点和终点唯一确定的. 因此，在一个三维笛卡儿坐标系中，只需要知道该矢量两个端点的坐标值 x，y，z 就可以了，如图 1. 2a 所示（非笛卡儿坐标系下矢量的表示参考本章后面的内容）.

特殊地，束缚矢量的起点固定在坐标系坐标原点处，也就是非箭头端落在坐标轴的交点处，如图 1. 2b 所示⊖. 这种起点在坐标原点的束缚矢量是由矢量终点唯一确定的，因此矢量的表示只要列出终点坐标 x，y，z 就可以了. 例如，起点为坐标原点并且沿 x 轴方向延伸 5 个单位长度的矢量可以表示为（5，0，0）. 在这种表示形式下，用来表示矢量的各个值被称为矢量的“分量”，矢量的分量个数就等于该矢量所在空间的维数. 因此，二维空间中的矢量可以用一对数值来表示，四维时空中的矢量就用四个数值来表示. 这也就是为什么计算机技术中把水平列出的数字称为“行矢量”，把竖直列出的数字称为“列矢量”. 在这些矢量中有多少个数值也就是矢量所在的空间的维数是多少.

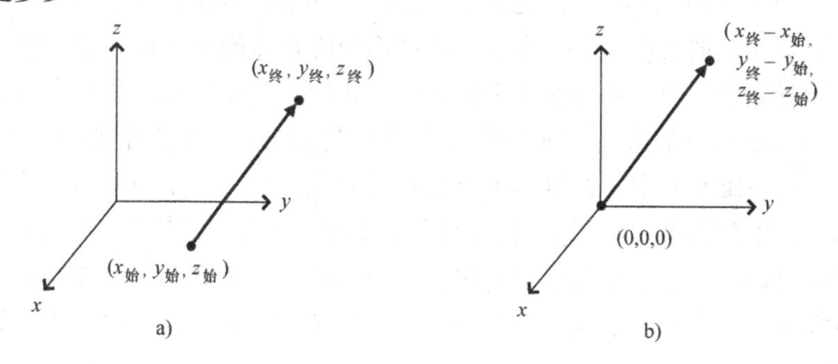

图 1. 2 三维笛卡儿坐标系下的矢量

⊖ 将图 1. 2a 中矢量两个端点的坐标分别减去起点的坐标 $x_{始}$，$y_{始}$，$z_{始}$ 就可以将矢量移动到起点在坐标原点的位置了.

为了能更好地区分开矢量与其他实体，下面来认识一下其他具有明显特征的非矢量实体的性质. 考虑我们所在房间里的温度，房间中每一个点的温度都有一个值，这个值用一个单独的数表示. 这个值可能与其他点处的值都不同，但任意给定点的温度都可以用一个数来表示，也就是大小. W. R. Hamilton㊀把“从负无穷到正无穷这个数值范围内所有数的值”定义为标量，自此以后这种只有大小的量就被称为“标量”.

标量是一个只有大小的物理实体的数学表示.

标量的例子有很多，比如质量、电荷、能量、速率（矢量速度的大小为速率）. 需要注意的是，空间某个区域温度的变化是既有大小又有方向的量，因此温度的变化要用矢量来表示. 由此可以看出，标量中也可以产生矢量. 第2章的内容会涉及这样的矢量，我们称这样的矢量为标量场的“梯度”.

标量只有大小（用单独的数来表示），矢量既有大小又有方向（三维空间中的矢量用三个数来表示），那么有没有其他的实体既有大小又有方向但是要比矢量更复杂呢（也就是说，需要比所在空间维数更多的数才能表示）？这样的实体确实存在，我们称它为“张量”㊁. 本书最后三章的主要内容就是张量，但此处给出张量的简单定义：

张量是既有大小又有多个方向的物理实体的数学表示.

例如，惯量就是一个张量，惯量将旋转物体的角速度与它的角动量关联起来. 因为角速度是个矢量具有方向，角动量是个矢量也有方向（这里指与角速度方向不同），那么惯性张量就有了多个方向.

在三维空间中，标量用单个数就可以表示，矢量用一个由三个数构成的序列表示，而张量用包含 3^R 个数的矩阵表示，其中，R 表示张量的阶数. 因此，在三维空间中，一个二阶张量用 $3^2=9$ 个数构成的矩阵表示. 在 N 维空间中，标量仍然是用单个数表示，矢量用 N 个数

㊀ W. R. Hamilton, Phil. Mag. XXIX, 26.

㊁ 在本书的后半部分将会学到，标量和矢量均为张量但属于低阶张量，本节内容提到的张量都是指高阶张量.

表示，相应的张量则需要由 N^R 个数表示.

一旦认识到标量是由单个数表示，矢量是由有序数组表示，张量是由矩阵来表示，就很容易识别标量、矢量和张量了. 三维空间中的标量、矢量和张量（二阶）的表示如下：

标量	矢量	张量（二阶）
(x)	(x_1, x_2, x_3) 或者 $\begin{pmatrix} x_1 \\ x_2 \\ x_3 \end{pmatrix}$	$\begin{pmatrix} x_{11} & x_{12} & x_{13} \\ x_{21} & x_{22} & x_{23} \\ x_{31} & x_{32} & x_{33} \end{pmatrix}$

请注意，标量的表示不需要下标，而矢量需要单下标，张量则要用到两个或者多个下标. 此处是二阶张量，也有更高阶的张量，我们将在第 5 章讨论. 三阶张量要用三维（立体）矩阵表示.

掌握了这些基本定义之后，我们就可以开始考虑如何来使用矢量了. 所有矢量当中最有用的就是笛卡儿单位矢量，接下来一节的内容就来讨论它.

1.2 笛卡儿单位矢量

运用矢量解决问题就会有涉及多个矢量的情形，我们如何去处理呢？首先要明确什么是“单位矢量”. “单位矢量”是一种特殊的矢量，常常作为某些方向的标志（单位矢量也被称为“规范化四元数”）.

最常见的单位矢量为 $\hat{x}$，$\hat{y}$，$\hat{z}$（也被记为 $\hat{i}$，$\hat{j}$，$\hat{k}$），分别与三维笛卡儿坐标系中 x 轴，y 轴，z 轴同方向，如图 1.3 所示. 这些矢量的长度（或大小）都等于单位长度，也就是长度为 1（坐标轴上定义的一个单位），因此被称为单位矢量.

请注意，笛卡儿单位矢量 $\hat{i}$，$\hat{j}$，$\hat{k}$ 的起点不仅可以在坐标原点处，也可以是坐标系中的任意位置，如图 1.4 所示. 例如，只要矢量具有单位长度并且方向与 x 轴的正方向相同，那么这个矢量就是单位矢量 $\hat{i}$. 因此，笛卡儿单位矢量只是表示了 x 轴，y 轴，z 轴的方向而并没有确定原点的位置.

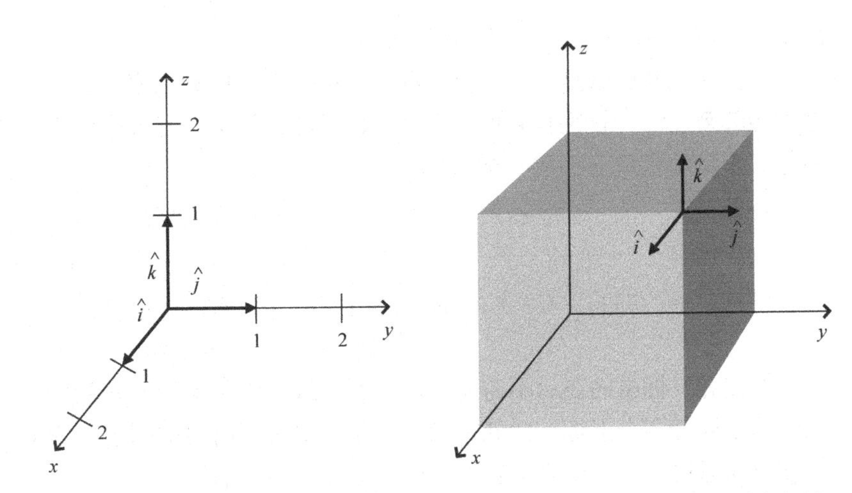

图 1.3 三维笛卡儿坐标系中的单位矢量　　**图 1.4** 任意点处的笛卡儿单位矢量

在第 2 章内容中就可以体会到单位矢量在特定矢量运算中的重要性，比如确定给定矢量在某个指定方向上的分解部分. 这是因为单位矢量没有自己的大小，运算中不会产生影响（事实上，单位矢量也有自己的大小，只不过是 1）. 因此，表达式"$5\hat{i}$"表示沿着 x 轴正方向 5 个单位长度. 同理，"$-3\hat{j}$"表示沿着 y 轴负方向 3 个单位长度，$\hat{k}$ 表示沿着 z 轴正方向一个单位长度.

不仅三个坐标轴相互垂直的笛卡儿系有单位矢量，其他的坐标系同样有单位矢量，第 1.5 节中有这样的例子. 笛卡儿单位矢量的一大优势就是无论这些单位矢量在哪个位置，方向始终不变. x 轴，y 轴，z 轴都是一直延伸到无穷的直线，并且任意点处的笛卡儿单位矢量都平行于三条坐标轴直线.

要想运用 $\hat{i}$, $\hat{j}$, $\hat{k}$ 这样的单位矢量，还需要理解另一个概念——矢量分量. 下一节就来讨论如何运用单位矢量和矢量分量表示矢量.

1.3 矢量分量

上一节内容所讲的单位矢量可以作为矢量分量表示的一部分. 什么又是矢量分量？简单来说，矢量分量是矢量的组成部分.

为了更好地理解矢量分量，先来看图 1.5 所示的矢量 $\vec{A}$. 矢量 $\vec{A}$ 是三维笛卡儿坐标系下的束缚矢量，起点在原点，终点为（$x=0$，$y=3$，$z=3$）. 如果用坐标轴表示房间的墙角，矢量 $\vec{A}$ 就落在背面的墙壁上（yOz 平面）.

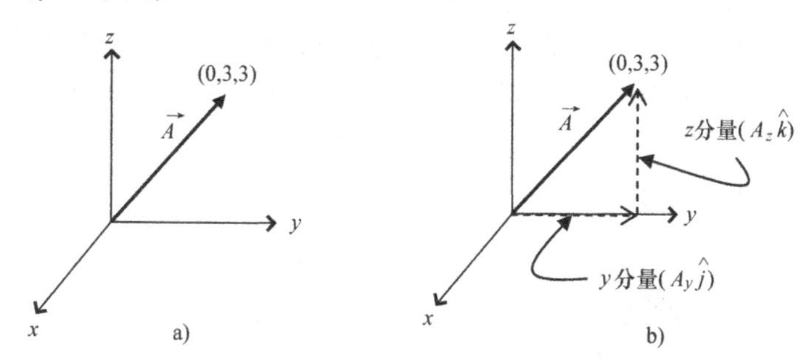

图 1.5 矢量 $\vec{A}$ 及其分量

假设我们要从矢量 $\vec{A}$ 的起点移动到矢量 $\vec{A}$ 的终点，最直接的路线很简单，只需沿着矢量 $\vec{A}$ 的方向走就可以. 但如果要求只能沿着坐标轴的方向移动，则从原点出发到目的地要先沿着 y 轴方向走 3 步（3 个单位长度），然后向左转 90°并沿 z 轴方向走 3 步（3 个单位长度）.

这个小小的旅程与矢量分量有什么关系呢？简单地说，矢量 $\vec{A}$ 的分量长度就是我们沿坐标轴方向移动的距离. 具体来讲，本例中矢量 $\vec{A}$ 沿 y 轴方向分量的大小就是我们沿 y 轴方向移动的距离（3 个单位长度），记为 A_y；矢量 $\vec{A}$ 沿 z 轴方向分量的大小就是沿 z 轴方向移动的距离（也是 3 个单位长度），记为 A_z；沿 x 轴方向没有任何的移动，因此矢量 $\vec{A}$ 沿 x 轴方向分量的大小 A_x 就是 0.

用矢量分量可以以简洁的形式表示出矢量：

$$\vec{A}=A_x\hat{i}+A_y\hat{j}+A_z\hat{k} \tag{1.1}$$

其中，矢量分量的大小（A_x，A_y，A_z）对应从矢量 $\vec{A}$ 的起点到达终点需要沿每个方向（$\hat{i}$，$\hat{j}$，$\hat{k}$）移动的步数.[⊖]

在矢量和矢量分量的有关资料中，我们可能会看到这样的提法：

⊖ 有些作者称 A_x，A_y，A_z 为矢量 $\vec{A}$ 的分量，也有作者认为矢量分量应该是 $A_x\hat{i}$，$A_y\hat{j}$，$A_z\hat{k}$，我们只需要明确 A_x，A_y，A_z 是标量，$A_x\hat{i}$，$A_y\hat{j}$，$A_z\hat{k}$ 是矢量即可.

“矢量分量为矢量在坐标轴上的投影.” 在第 4 章中可以看到，得到投影的具体方法将会对如何理解矢量分量的性质产生重要影响. 在笛卡儿坐标系和其他正交系（正交系中的坐标轴两两互相垂直）中，在坐标轴上的投影这个概念很容易理解，也有助于画出矢量分量的图形.

为了便于理解，我们来看图 1.6 中的矢量 $\vec{A}$、光源以及阴影. 在图 1.6a 中，以平行于 y 轴的光线去照射矢量 $\vec{A}$ 并在 x 轴上产生投影（实际上光线是照射向 y 轴负方向，因此光线方向反平行于 y 轴），也可以说光线垂直于 x 轴.

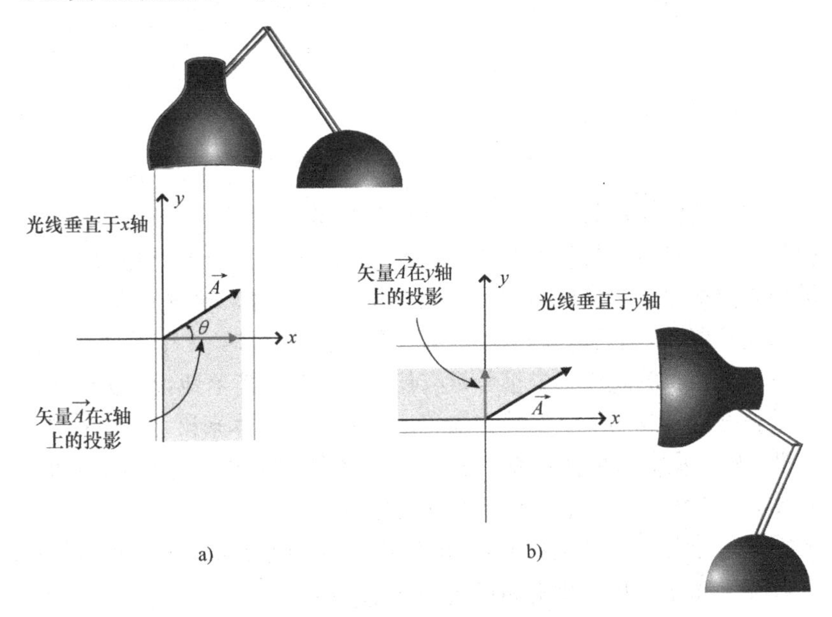

图 1.6 向 x 轴和 y 轴投影定义矢量分量

同理，在图 1.6b 中，用反平行于 x 轴的光线照射矢量 $\vec{A}$ 并在 y 轴上产生投影，光线也可以说是垂直于 y 轴的. 平行于一个坐标轴的方向垂直于另外一个坐标轴这个细节似乎不重要，但若是在非直角坐标系中却未必成立并且会产生完全不同类型的矢量分量. 在不同参考系下，这个看起来简单的细节却对矢量和张量的性质产生重大的影响，学习了第 4 章、第 5 章和第 6 章就可以体会到.

图 1.6 所示的二维笛卡儿坐标系不需要考虑这个问题，因此矢量 $\vec{A}$ 的分量大小也很容易确定．从图 1.6a 中可以看出，如果矢量 $\vec{A}$ 与 x 正半轴的夹角为 θ，矢量 $\vec{A}$ 的长度就是图中直角三角形的斜边，而直角三角形沿 x 轴和 y 轴方向的直角边就是分量 A_x、A_y．因此，根据三角学知识很简单就可以得到：

$$A_x = |\vec{A}|\cos(\theta),$$
$$A_y = |\vec{A}|\sin(\theta). \tag{1.2}$$

其中，$\vec{A}$ 两侧加两条竖线表示矢量 $\vec{A}$ 的大小（长度）．请注意，无论矢量在坐标系哪个象限，只要 θ 表示的是从 x 轴正方向朝着 y 轴正方向转过的角度（本例中为逆时针方向），由式（1.2）就可以确定 x 轴分量和 y 轴分量的正负号．

例如，如果矢量 $\vec{A}$ 长度为 7m，指向从 x 正半轴逆时针旋转 210° 的方向，根据式（1.2）可以得到矢量在 x 轴和 y 轴的分量：

$$A_x = |\vec{A}|\cos(\theta) = 7\text{m}\cos 210° = -6.1\text{m},$$
$$A_y = |\vec{A}|\sin(\theta) = 7\text{m}\sin 210° = -3.5\text{m}. \tag{1.3}$$

不出所料，以原点为起点并且指向左下方的矢量其分量均是负数．

如果已知矢量的笛卡儿分量，也可以直接确定矢量的长度和方向．这是因为在以 A_x，A_y 为直角边的直角三角形中，矢量就是这个三角形的斜边．由勾股定理可知，矢量 $\vec{A}$ 的长度一定为

$$|\vec{A}| = \sqrt{A_x^2 + A_y^2}, \tag{1.4}$$

并且由三角学知识得

$$\theta = \arctan\left(\frac{A_y}{A_x}\right), \tag{1.5}$$

其中，θ 为右手坐标系中由 x 正半轴逆时针转过的角度．请注意，如果将式（1.3）中矢量 $\vec{A}$ 的分量代入式（1.5）中，会发现求出的角度是 30°，而不是 210°．切记，计算器上没有四个象限的反正切函数．因此，当式（1.5）中的分母（此处是 A_x）是负数的时候，一定要在求出的角度上加上 180°．

如果已经掌握了单位矢量和矢量分量，就可以去做基本的矢量运算了．第 2 章讨论的就是矢量运算，但是根据本章后续内容的需要，

接下来这一节先介绍矢量的加法运算与数乘运算.

1.4 矢量的加法与数乘运算

在矢量分量这一节内容中，其实已经遇到了矢量的两种运算——加法和数乘. 第 1.3 节中将矢量展开成矢量分量的表达式［式(1.1)］用的就是这两种运算：

$$\vec{A}=A_x\hat{i}+A_y\hat{j}+A_z\hat{k}.$$

显然，上式中每一项都是用一个标量（A_x，A_y 或 A_z）乘以一个单位矢量（$\hat{i}$，$\hat{j}$，$\hat{k}$）得到一个与该单位矢量同方向的新矢量. 由于乘以了矢量分量大小，新的矢量要比单位矢量更长（若矢量分量的大小介于 0 到 1 之间，长度会变短）. 由此可知，用任意的正数（标量）乘以一个矢量只会改变矢量的长度，并不会改变该矢量的方向. 因此，$5\vec{A}$ 是一个矢量并且与矢量$\vec{A}$方向相同，但其长度是矢量$\vec{A}$长度的 5 倍，如图 1.7a 所示. 同样地，用$\frac{1}{2}$乘以矢量$\vec{A}$得到的矢量与$\vec{A}$方向相同，长度是$\vec{A}$的一半. 所以，矢量分量 $A_x\hat{i}$ 是一个与单位矢量$\hat{i}$方向相同，并且长度为 A_x 的矢量（因为单位矢量的长度为 1）.

标量乘以矢量难道只会“改变长度，而不改变方向”吗？请注意：如果这个标量是个负数，数乘后不仅改变矢量的长度，也会使得矢量的方向发生反转. 因此，-2 乘以矢量$\vec{B}$得到一个新的矢量 $-2\vec{B}$，该矢量的长度是矢量$\vec{B}$的 2 倍，但方向与矢量$\vec{B}$恰恰相反，如图 1.7b 所示.

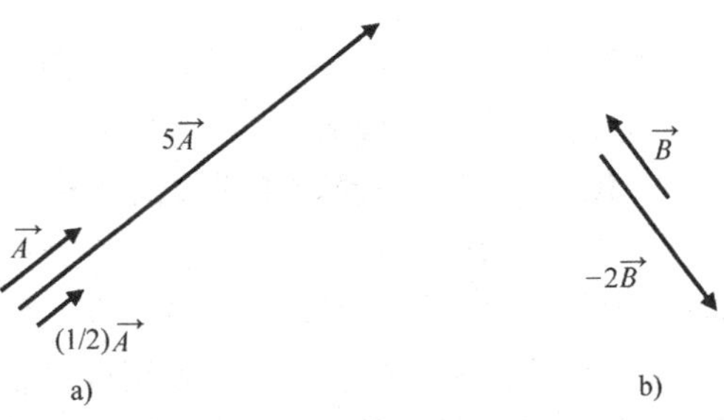

图 1.7 矢量的数乘运算

式（1.1）中包含的另一种运算就是矢量加法，如果结合图 1.5 以及从矢量$\vec{A}$的起点移动到终点的过程就不难理解为什么这么说了．从矢量$\vec{A}$的起点移动到终点的过程中，$A_y\hat{j}$这个量不仅给出了需要移动的步数，同时也给出了移动的方向．同理，$A_z\hat{k}$代表了沿另一个方向移动的步数．这两个量均包含了方向的信息，因此我们不能简单地用代数方法相加，而是必须作为“矢量”相加．

运用图形也可以进行矢量的加法运算．不妨将一个矢量平行移动（不改变其大小和方向），使得该矢量的尾部落在另一个矢量的头部．那么两个矢量相加得到一个新的矢量，新矢量的起点为第一个矢量起点且终点为第二个矢量终点．如图 1.5b 所示，矢量$A_z\hat{k}$的尾部落在矢量$A_y\hat{j}$的头部上，这两个矢量相加的结果就是从$A_y\hat{j}$起点到$A_z\hat{k}$终点的新矢量．

利用图形法“首尾相连”计算矢量加法，不仅适用于两个相互垂直矢量的加法运算（如$A_y\hat{j}$和$A_z\hat{k}$），同样适用于任意矢量（也可以是任意个矢量）的加法运算．下面以图 1.8 为例，运用图形法来计算图 1.8a 中两个矢量$\vec{A}$与$\vec{B}$的加法．想象平移其中一个矢量，使得该矢量的起点与另一个矢量的终点重合（无论平移哪个矢量结果都是一样的）．图 1.8b 中是将矢量$\vec{B}$平移，使得矢量$\vec{B}$的起点与矢量$\vec{A}$的终点重合，这两个矢量的和（即合矢量$\vec{C}=\vec{A}+\vec{B}$）就是从矢量$\vec{A}$起点指向矢量$\vec{B}$终点的矢量．

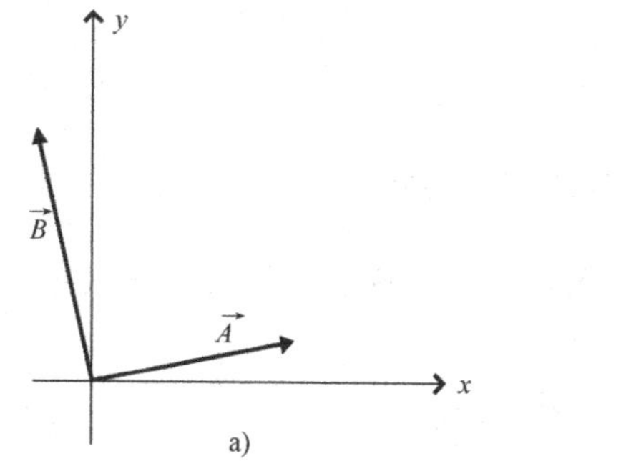

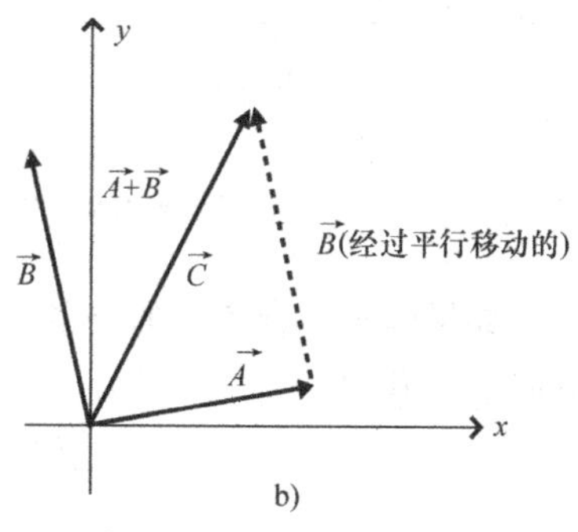

图 1.8 图形法计算矢量加法

如果掌握了图形法计算矢量加法，那么只需要用直尺和量角器就可以计算两个或多个矢量的和了. 先将矢量首尾相连（确保每个矢量的长度和角度保持不变），然后从第一个矢量的起点到最后一个矢量终点画出合矢量，最后测量出合矢量的长度（用直尺）和角度（用量角器）就可以了. 但是这个方法既烦琐又不精确，我们不妨考虑另一种方法，也就是通过每个矢量的分量来计算矢量的和：如果矢量$\vec{C}$为矢量$\vec{A}$与$\vec{B}$的和，那么矢量$\vec{C}$沿 x 轴方向分量的大小（记为 C_x）就等于矢量$\vec{A}$与$\vec{B}$分别沿 x 轴方向分量大小的和（即 A_x+B_x），矢量$\vec{C}$沿 y 轴方向分量的大小（C_y）就等于矢量$\vec{A}$与$\vec{B}$分别沿 y 轴方向分量大小的和（即 A_y+B_y），也就是

$$\begin{aligned} C_x &= A_x + B_x, \\ C_y &= A_y + B_y. \end{aligned} \tag{1.6}$$

图 1.9 给出了利用矢量分量求和的基本原理.

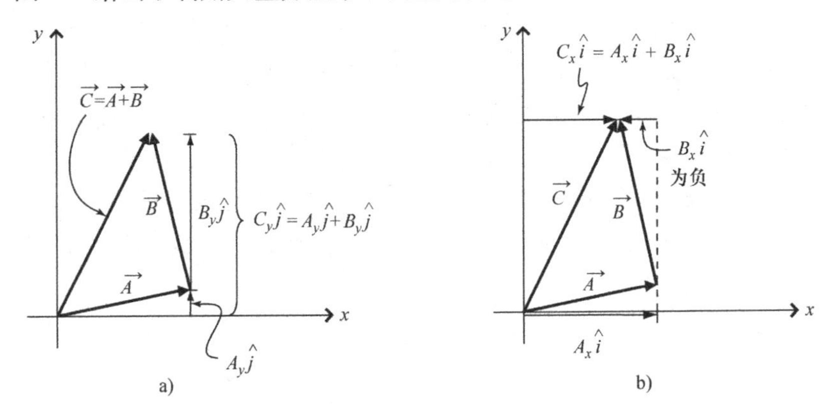

图 1.9 分量法计算矢量加法

如果确定了合矢量的分量 C_x 和 C_y，也就确定了矢量 $\vec{C}$ 的大小和方向了，其中

$$|\vec{C}| = \sqrt{C_x^2 + C_y^2}, \tag{1.7}$$

且

$$\theta=\arctan\left(\frac{C_y}{C_x}\right), \tag{1.8}$$

下面通过举例具体说明．不妨假设图 1.9 中的矢量$\vec{A}=6\hat{i}+\hat{j}$，矢量$\vec{B}=-2\hat{i}+8\hat{j}$，只要通过代数计算就可以求出矢量的和．由式（1.6）可得：

$$C_x=A_x+B_x=6+(-2)=4,$$
$$C_y=A_y+B_y=1+8=9.$$

因此，矢量$\vec{C}=4\hat{i}+9\hat{j}$．将矢量分量代入式（1.7）就可以求出矢量$\vec{C}$的大小：

$$\begin{aligned}|\vec{C}|&=\sqrt{C_x^2+C_y^2}=\sqrt{4^2+9^2}\\&=\sqrt{16+81}=9.85.\end{aligned}$$

由式（1.8）可以求出矢量$\vec{C}$与 x 正半轴的夹角 θ：

$$\begin{aligned}\theta&=\arctan\left(\frac{C_y}{C_x}\right)\\&=\arctan\left(\frac{9}{4}\right)=66°.\end{aligned}$$

掌握了矢量加法和数乘这两种基本运算后，就可以考虑关于矢量更高级的用法，同时也可以着手解决一些有关矢量的问题了．本章的最后列举出一系列这样的习题．[⊖]

1.5 非笛卡儿单位矢量

笛卡儿坐标系中的坐标轴是三条相互垂直的直线，这一点非常有利于处理物理和工程中的问题．但是某些问题的一个甚至多个参数会在特定方向上保持不变或者参数变化可以预测，如果有其他坐标系的坐标轴方向恰好与之匹配，那么这些问题在这个坐标系中会更容易解决．本节讨论的主题就是这类非笛卡儿坐标系中的单位矢量．另外，坐标系之间的变换将在第 4 章介绍．

⊖ 注意：所有习题的解答都在本书的网站上．

由前面所讲的内容可知，N 维空间中任意一个位置需要用 N 个数才能明确表示．我们的宇宙是个三维空间，其中任意一个位置需要用三个数字（例如 x，y，z）来确定．但是地球表面是二维的并且上面的点只需要用两个数字（例如经度和纬度）就可以表示（暂不考虑高度的变化）．如果你住在一个很长但又非常窄的岛上，那么只需要一个数字就可以描述约会地点的位置（例如：我将在 3.75km 的地方等你）．

要确定用多少个数来定义点的位置，应该先要定义坐标系．例如，上面提到的 3.75km 是从岛屿的最东边算起 3.75km 还是最西边算起？无论是在一维、二维、三维空间，还是更高维空间，我们都可以建立无数个坐标系来表示这个空间中点的位置．无论在哪个坐标系中，每个位置处都存在使得其中一个坐标在这个方向增加得最快的方向．如果在这个方向上放置一个长度为 1 个单位的矢量，这个矢量就被定义为该坐标系下的坐标单位矢量．因此在笛卡儿坐标系下，单位矢量 $\hat{i}$ 给出了 x 坐标增加最快的方向，单位矢量 $\hat{j}$ 给出了 y 坐标增加最快的方向，单位矢量 $\hat{k}$ 给出了 z 坐标增加最快的方向．其他坐标系同样可以定义自己的坐标单位矢量．

考虑如图 1.10 所示的二维坐标系．我们知道二维空间中任意的指定位置需要用两个数来确定，可以是 x 和 y，即定义在两条垂直相交的直线轴上的数值．x 的值表示距离 y 轴向右有多远（如果 x 的值为负数则表示距离 y 轴向左有多远），y 的值表示距离 x 轴向上有多远（如果 y 的值为负数则表示距离 x 轴向下有多远）．但同样，指定的位置也可以用从原点出发到该点的方向和该点到原点的距离来确定．在“极坐标”的标准形式中，到原点的距离被记为 r，用从 x 正半轴开始逆时针转过的角度 θ 来表示方向．

如果已知某个点的一种坐标表示，那么该点的另一种坐标表示也很容易．例如，如果已知直角坐标 x 和 y 的值，也就可以确定极坐标 r 和 θ 的值，即：

$$r=\sqrt{x^2+y^2},$$
$$\theta=\arctan\left(\frac{y}{x}\right). \tag{1.9}$$

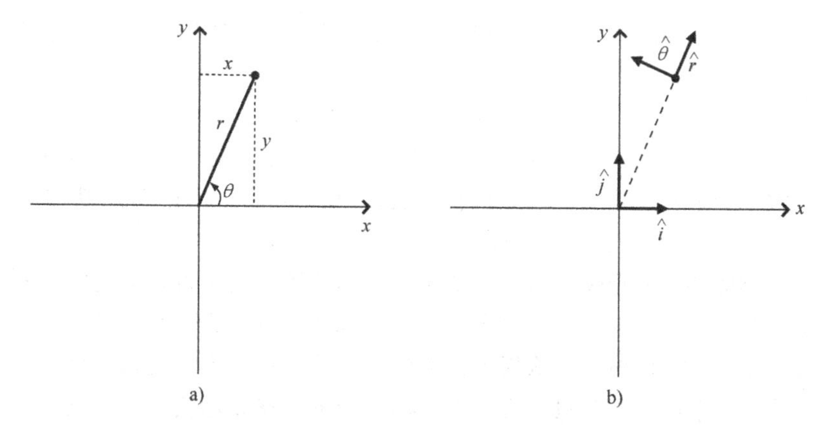

图1.10 二维直角坐标 a）和极坐标 b）

同理，如果已知极坐标 r 和 θ 的值，也可以确定直角坐标 x 和 y 的值，即：

$$x = r\cos(\theta),$$
$$y = r\sin(\theta). \tag{1.10}$$

考虑图 1.10 中所示的点，如果该点 x 和 y 的值分别是 4cm 和 9cm，则 r 的值近似等于 9.85，θ 的值为 66°. 显然，$(x,y)=(4\text{cm},9\text{cm})$ 与 $(r,\theta)=(9.85\text{cm},66°)$ 表示的是同一个位置，之所以有不同的表示形式是因为选取的参考坐标系不同，而点的位置并没有发生变化.

如果选取极坐标表示平面中的点，那么极坐标系是否也存在类似于笛卡儿坐标系中 $\hat{i}$ 和 $\hat{j}$ 这样的单位矢量呢？我们知道，在笛卡儿坐标系下单位矢量 $\hat{i}$ 给出了 x 增加最快的方向，单位矢量 $\hat{j}$ 给出了 y 增加最快的方向. 稍加思考就会知道极坐标系一定也有这样的单位矢量. 任意位置的单位矢量 $\hat{r}$ 应指向 r 增加最快的方向，单位矢量 $\hat{\theta}$ 应指向 θ 增加最快的方向. 以图 1.10 所示的点为例，当 θ 取定一个常数时，$\hat{r}$ 指向 r 增加最快的方向，也就是右上方；当 r 取定一个常数时，$\hat{\theta}$ 指向 θ 增加最快的方向，也就是左上方. 图 1.10b 为点的极坐标单位矢量.

根据以上定义可以得到一个重要的结论：极坐标系下，极坐标单位矢量 $\hat{r}$ 和 $\hat{\theta}$ 在不同点处具有不同的方向. $\hat{r}$ 和 $\hat{\theta}$ 的方向是相互垂直的，

但是通常会与图 1.10 所示点处的方向不同. 极坐标单位矢量依赖于点的位置:

$$\hat{r} = \cos(\theta)\hat{i} + \sin(\theta)\hat{j},$$
$$\hat{\theta} = -\sin(\theta)\hat{i} + \cos(\theta)\hat{j}. \tag{1.11}$$

因此, 如果 $\theta = 0$ (在 x 的正半轴上), 则 $\hat{r} = \hat{i}$, $\hat{\theta} = \hat{j}$; 如果 $\theta = 90°$ (在 y 的正半轴上), 则 $\hat{r} = \hat{j}$, $\hat{\theta} = -\hat{i}$.

类似如上的单位矢量显然依赖于点的位置, 这是否意味着它们不是"真"矢量? 这就要看如何定义真矢量了. 如果真矢量定义为既有大小又有方向的量, 那么极坐标单位矢量显然符合定义要求. 但是按照第 1.1 节的自由矢量定义, 极坐标单位矢量移动后会改变方向, 显然不符合要求.

极坐标单位矢量随位置的变化意味着, 如果用极坐标表示一个矢量并对矢量求导, 也必须同时考虑到单位矢量的改变. 但是, 笛卡儿坐标表示不存在这样的问题, 因为空间中任意位置的笛卡儿坐标单位矢量都是相同的, 这也是笛卡儿坐标的一个优势.

三维坐标系的情况会稍微复杂一些. 无论我们选择笛卡儿坐标系还是非笛卡儿坐标系, 三维空间中任意一个位置都需要用三个变量来表示, 并且每个坐标系都有自己的坐标单位矢量. 常用的两个三维非笛卡儿坐标系是柱面坐标系和球面坐标系, 如图 1.11 和图 1.12 所示.

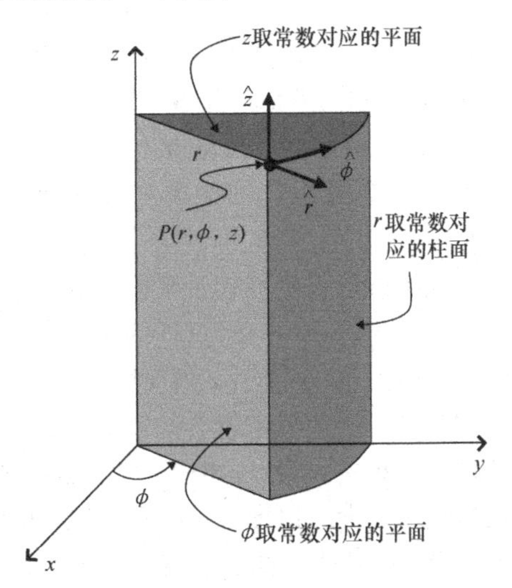

图 1.11 柱面坐标

点 P 的柱面坐标由 r, ϕ, z 来确定, 其中, r(有时用 ρ 来表示) 表示点到 z 轴的垂直距离, ϕ 表示从 x 正半轴到 r 在 xOy 面上的投影转过的角度, z 同笛卡儿坐标中的 z 是一样的. 如

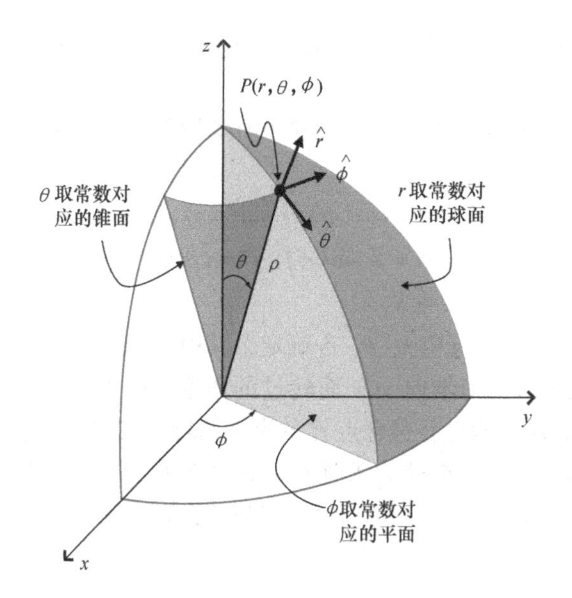

图 1.12 球面坐标

果已知笛卡儿坐标 x，y，z 就可以求出柱面坐标 r，ϕ，z，即：

$$
\begin{aligned}
r &= \sqrt{x^2 + y^2}, \\
\phi &= \arctan\left(\frac{y}{x}\right), \\
z &= z.
\end{aligned}
\tag{1.12}
$$

并且如果已知柱面坐标 r，ϕ 和 z 的值，也可以求出笛卡儿坐标 x，y 和 z 的值：

$$
\begin{aligned}
x &= r\cos(\phi), \\
y &= r\sin(\phi), \\
z &= z.
\end{aligned}
\tag{1.13}
$$

P 点处矢量的柱面坐标是由三个相互垂直的分量确定的，其单位矢量分别垂直于半径为 r 的柱面，垂直于过 z 轴角度为 ϕ 的半平面，垂直于 z 处的 xy 面. 同笛卡儿坐标一样，每个柱面坐标单位矢量的方向也是相应坐标增加最快的方向. 因此，$\hat{r}$ 指向 r 增加最快的方向，$\hat{\phi}$ 指向 ϕ 增加最快的方向，$\hat{z}$ 指向 z 增加最快的方向. 单位矢量（$\hat{r}$，$\hat{\phi}$，$\hat{z}$）

构成右手系，即以右手握住$\hat{z}$，四根手指从$\hat{r}$弯曲指向$\hat{\phi}$，竖起大拇指的方向就是$\hat{z}$的方向.

笛卡儿坐标系中的单位矢量和柱面坐标系的单位矢量之间的关系如下：

$$\begin{aligned}\hat{r}&=\cos(\phi)\hat{i}+\sin(\phi)\hat{j},\\ \hat{\phi}&=-\sin(\phi)\hat{i}+\cos(\phi)\hat{j},\\ \hat{z}&=\hat{z}.\end{aligned} \tag{1.14}$$

点 P 的球面坐标由 r，θ，ϕ 确定，其中，r 表示 P 到原点的距离，θ 表示 r 从 z 的正半轴向 xOy 面转过的角度，ϕ 表示从 x 轴（或 zOx 面）到由常数 ϕ 确定且包含点 P 的半平面转过的角度. 在 z 轴正方向向上的情况下，θ 常被称为天顶角，ϕ 被称为方位角. 如果已知笛卡儿坐标 x，y 和 z，根据式（1.15）可以得到球面坐标 r，θ 和 ϕ：

$$\begin{aligned}r&=\sqrt{x^2+y^2+z^2},\\ \theta&=\arccos\left(\frac{z}{\sqrt{x^2+y^2+z^2}}\right),\\ \phi&=\arctan\left(\frac{y}{x}\right).\end{aligned} \tag{1.15}$$

并且如果已知 r，θ 和 ϕ，也可以求出 x，y 和 z，即：

$$\begin{aligned}x&=r\sin(\theta)\cos(\phi),\\ y&=r\sin(\theta)\sin(\phi),\\ z&=r\cos(\theta).\end{aligned} \tag{1.16}$$

P 点处矢量的球面坐标由三个相互垂直的分量确定，其单位矢量分别垂直于半径为 r 的球面，垂直于通过 z 轴且角度为 ϕ 的平面，垂直于天顶角为 θ 的圆锥. 单位矢量（$\hat{r}$，$\hat{\theta}$，$\hat{\phi}$）构成右手系，其与笛卡儿单位矢量的关系如下：

$$\begin{aligned}\hat{r}&=\sin(\theta)\cos(\phi)\hat{i}+\sin(\theta)\sin(\phi)\hat{j}+\cos(\theta)\hat{k},\\ \hat{\theta}&=\cos(\theta)\cos(\phi)\hat{i}+\cos(\theta)\sin(\phi)\hat{j}-\sin(\theta)\hat{k},\\ \hat{\phi}&=-\sin(\phi)\hat{i}+\cos(\phi)\hat{j}.\end{aligned} \tag{1.17}$$

你可能会问："我们真的需要用到这些不同的单位矢量吗?" 不仅是"需要"，如果想要描述在地球表面沿着固定经度（$\hat{\theta}$的方向）的运动或者载流导线周围的磁场方向时（$\hat{\phi}$的方向），这些单位矢量就带来了极大的便利. 本章最后的习题会有这样的练习.

1.6 基矢量

考虑单位矢量$\hat{i}$，$\hat{j}$和$\hat{k}$以及诸如$A_x\hat{i}$，$A_y\hat{j}$和$A_z\hat{k}$这样的矢量分量时，我们可能就会发现三维笛卡儿坐标系下的任意一个矢量都由三个分量构成，并且每一个分量都表明了要朝相应坐标轴方向移动的步数. 移动的步数可多可少，移动的方向可以是坐标轴的正方向也可以是反方向，空间包含了所有这样的矢量，因此我们可以到达空间中任意一个点. 再结合恰当的度量，$\hat{i}$，$\hat{j}$，$\hat{k}$很自然就成了空间中任意矢量的基. 那么，$\hat{i}$，$\hat{j}$，$\hat{k}$就是这个空间中的一种“基矢量”.

空间中任意一个矢量不仅可以用$\hat{i}$，$\hat{j}$和$\hat{k}$这组矢量来表示，同样也可以用三个长度是单位矢量$\hat{i}$，$\hat{j}$和$\hat{k}$的两倍的矢量来表示，如图 1.13a 所示. 如果选择这组长度更大的矢量作为基矢量，矢量的分量会发生变化，但依然可以表示出空间中任意一个矢量. 具体来说，如果单位矢量的长度是原来的两倍，要到达空间中给定的点处，A_x，A_y 和 A_z 的值也就是原来的一半大小.

有人可能会想，类似图 1.13b 中$\vec{e}$，$\vec{e}_2$，$\vec{e}_3$ 这样既不是单位长度，也非正交的矢量可以作为基矢量吗？如果选择的是三个共面矢量（即，三个矢量在一个平面上），很容易会想到将这些矢量放缩、组合可以到达该平面上的任意一个点，但是无法到达平面以外的点. 但是，只要其中一个矢量和另外两个矢量不共面，将矢量适当地缩放、组合就可以到达空间中的任意一个点，此时矢量$\vec{e}_1$，$\vec{e}_2$，$\vec{e}_3$ 构成一个完备基集合（数学上称它们构成了矢量空间）.

如果三个矢量是“线性无关”的，就可以确保这三个矢量不共面（也就是任意一个矢量都不能由另外两个矢量通过缩放与组合来表示），还可以确保三个矢量中的任意两个都不共线（即两个矢量在一条直线上或相互平行）. “线性无关”也常常被定义为：使得三个矢量通过缩放组合后结果为零的唯一方法是缩放每个矢量为 0. 换句话说，

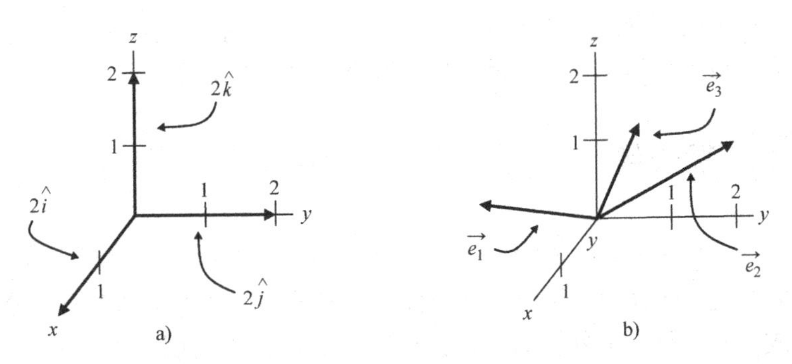

图 1.13 不同的基矢量

$\vec{e}_1$，$\vec{e}_2$，$\vec{e}_3$ 是三个线性无关的矢量，当且仅当 $A=B=C=0$ 时，方程

$$A\vec{e}_1+B\vec{e}_2+C\vec{e}_3=0 \tag{1.18}$$

成立.

只要选择三个线性无关的矢量，也可以确定一组可行的基矢量. 即使选取的三个不共面矢量 $\vec{e}_1$，$\vec{e}_2$，$\vec{e}_3$ 不是单位长度，也很容易得到相应的单位矢量. 我们知道，矢量除以一个正标量只改变矢量的大小，并不改变矢量的方向，因此每个矢量只要除以它的大小就可以得到同方向的单位矢量了：

$$\hat{e}_1=\frac{\vec{e}_1}{|\vec{e}_1|},$$

$$\hat{e}_2=\frac{\vec{e}_2}{|\vec{e}_2|},$$

$$\hat{e}_3=\frac{\vec{e}_3}{|\vec{e}_3|}. \tag{1.19}$$

依据本节的概念，我们可以构造无穷多个基，但是最常用的还是像 $\hat{i}$，$\hat{j}$，$\hat{k}$ 这样的“规范正交”基. 这样的基之所以称为“正交”，因为它们是正交的（相互垂直）；之所以称为“规范”是指它们的长度被规范为 1. 我们遇到的大部分问题都要运用到规范正交基.

如果想要进一步学习物理和工程学，特别是研究过程中涉及第 4 章到第 6 章将要讨论的张量时，各类坐标系下的基矢量会起到非常重要的作用. 这是因为一个坐标系沿坐标轴方向的基矢量可以用另一个坐标的偏微分表示.[⊖]我们以球面坐标到直角坐标的转换为例具体说明. 沿该球面(r)轴基矢量(即球面的径向基矢量)的笛卡儿坐标(x, y, z)表示为

$$\begin{aligned}\vec{e}_r &= \frac{\partial x}{\partial r}\hat{i} + \frac{\partial y}{\partial r}\hat{j} + \frac{\partial z}{\partial r}\hat{k}\\ &= \sin\theta\cos\phi\hat{i} + \sin\theta\sin\phi\hat{j} + \cos\theta\hat{k}.\end{aligned}$$

同理, $\vec{e}_\theta$ 和 $\vec{e}_\phi$ 这两个基矢量也可以表示为

$$\begin{aligned}\vec{e}_\theta &= \frac{\partial x}{\partial \theta}\hat{i} + \frac{\partial y}{\partial \theta}\hat{j} + \frac{\partial z}{\partial \theta}\hat{k}\\ &= r\cos\theta\cos\phi\hat{i} + r\cos\theta\sin\phi\hat{j} - r\sin\theta\hat{k},\\ \vec{e}_\phi &= \frac{\partial x}{\partial \phi}\hat{i} + \frac{\partial y}{\partial \phi}\hat{j} + \frac{\partial z}{\partial \phi}\hat{k}\\ &= -r\sin\theta\sin\phi\hat{i} + r\sin\theta\cos\phi\hat{j}.\end{aligned}$$

请注意, 这些基矢量并不都是单位矢量(因为它们的大小不都等于1), 也不具有相同的量纲($\vec{e}_r$ 无量纲, 但是 $\vec{e}_\theta$ 和 $\vec{e}_\phi$ 的量纲是长度). 但它们是基矢量, 并且只要除以它们的大小就可以得到同方向的单位矢量(本章的最后有相关习题, 解题思路可以参考对应的线上答案).

一般来说, 如果原坐标系下的坐标记为 x_1, x_2, x_3(刚讨论的例子中为 r, θ, ϕ), 新坐标系下的坐标记为 x'_1, x'_2, x'_3(刚讨论的例子中为 x, y, z), 则沿原坐标轴方向的基矢量可以用新坐标表示如下:

$$\begin{aligned}\vec{e}_1 &= \frac{\partial x'_1}{\partial x_1}\vec{e}'_1 + \frac{\partial x'_2}{\partial x_1}\vec{e}'_2 + \frac{\partial x'_3}{\partial x_1}\vec{e}'_3,\\ \vec{e}_2 &= \frac{\partial x'_1}{\partial x_2}\vec{e}'_1 + \frac{\partial x'_2}{\partial x_2}\vec{e}'_2 + \frac{\partial x'_3}{\partial x_2}\vec{e}'_3,\\ \vec{e}_3 &= \frac{\partial x'_1}{\partial x_3}\vec{e}'_1 + \frac{\partial x'_2}{\partial x_3}\vec{e}'_2 + \frac{\partial x'_3}{\partial x_3}\vec{e}'_3.\end{aligned} \tag{1.20}$$

⊖ 如果你不熟悉偏微分或者需要复习一下, 下一章会有相关内容.

换句话说，偏导数$\frac{\partial x'_1}{\partial x_1}\vec{e}'_1, \frac{\partial x'_2}{\partial x_1}\vec{e}'_2, \frac{\partial x'_3}{\partial x_1}\vec{e}'_3$为第一个原基矢量在新坐标系下的分量式. 正因为如此，你会发现一些作者会用偏导数来定义基矢量.

这些关系在坐标变换以及张量分析的研究中极其重要. 如果涉及相关主题的研究，可以将它们归档.

1.7 习题

1.1 (a) 如果$|\vec{B}| = 18\text{m}$且$\vec{B}$指向沿x轴负方向，求B_x、B_y是多少.

(b) 如果$C_x = -3\text{m/s}$，$C_y = 5\text{m/s}$，求矢量$\vec{C}$的大小以及$\vec{C}$与x正半轴的夹角.

1.2 矢量$\vec{A}$的大小为11m/s^2且与x正半轴的夹角为65°，矢量$\vec{B}$的笛卡儿坐标分量为$B_x = 4\text{m/s}^2$，$B_y = -3\text{m/s}^2$. 如果矢量$\vec{C} = \vec{A} + \vec{B}$，

(a) 分别求出矢量$\vec{C}$沿x轴和y轴的分量；

(b) 求出矢量$\vec{C}$的大小和方向.

1.3 假设y轴指向北，x轴指向东.

(a) 如果从原点出发，沿西偏南35°的方向直线行走的距离为$r = 22\text{km}$，用笛卡儿坐标(x, y)表示出你到达的位置.

(b) 如果从原点出发，沿正南方向行走6mile，接着向西再走2mile到达终点，问：终点的位置距离原点有多远？在什么方向？

1.4 在下列情形下，求出极坐标单位矢量$\hat{r}$，$\hat{\theta}$分别沿x轴和y轴的分量.

(a) $\theta = 180°$；

(b) $\theta = 45°$；

(c) $\theta = 215°$.

1.5 柱面坐标

(a) 如果$r = 2\text{m}$，$\phi = 35°$，$z = 1\text{m}$，求x，y，z分别是多少？

(b) 如果$(x, y, z) = (3, 2, 4)$，求(r, ϕ, z)是多少？

1.6 (a) 柱面坐标下，证明：如果 $\phi=0$，则 $\hat{r}$ 指向沿 x 轴方向.

(b) 如果 $\phi=90°$，问：$\hat{\phi}$ 的方向是什么？

1.7 (a) 球面坐标下，如果 $r=25\text{m}$，$\theta=35°$，$\phi=110°$，求 x，y，z 是多少？

(b) 如果 $(x,y,z)=(8\text{m},10\text{m},15\text{m})$，那么 (r,θ,ϕ) 是多少？

1.8 (a) 在球面坐标下，证明：如果 $\theta=90°$，则 $\hat{\theta}$ 指向沿 z 轴负方向.

(b) 如果 ϕ 也等于 $90°$，问：$\hat{r}$，$\hat{\phi}$ 的方向是什么？

1.9 一条承载稳定电流的长直导线周围具有磁场，第 3 章中该磁场就是用球面坐标表示的，也就是 $\vec{B}=\dfrac{\mu_0 I}{2\pi R}\hat{\phi}$. 其中，$\mu_0$ 是一个常数，R 表示的是从观察点到导线的垂直距离. 请写出 $\vec{B}$ 的笛卡儿坐标表示.

1.10 若 $\vec{e}_1=5\hat{i}-3\hat{j}+2\hat{k}$，$\vec{e}_2=\hat{j}-3\hat{k}$，$\vec{e}_3=2\hat{i}+3\hat{j}-4\hat{k}$，求单位矢量 $\hat{e}_1$，$\hat{e}_2$，$\hat{e}_3$.

第 2 章 矢量的运算

学习了第 1 章之后也就对矢量有了一定的认识. 矢量是物理量的表示，是数学工具，而这样的工具可以帮助我们将物理情景可视化并描述出来. 本章的主要内容就是介绍如何运用这样的工具求解问题. 前面已经学习了如何进行矢量相加以及如何用标量乘以矢量（还包括这两种运算的重要作用）；本章还会介绍多种矢量运算，并且这些运算可以结合在一起作用于矢量. 这些运算有的很简单，也有的相对复杂，但是它们在物理学和工程问题中都具有重要作用. 本章的第一节先来探讨一种形式最简单的矢量乘法运算：数量积.

2.1 数量积

矢量的数量积，也称为“点”积. 为什么要学习这种形式的矢量乘法呢？一是因为通过两个矢量的数量积可以求出一个矢量在另一个矢量上的投影. 为什么要求投影呢？不妨举个例子，假如要求作用在物体上的力做了多少功就要涉及投影的问题. 对于做功问题，很多学生的第一反应就是力所做的功等于“力乘以距离”（这个出发点是合理的）. 但是，如果修过比入门课稍深入的课程，就应该知道只有在力的方向与物体位移方向相同这种特殊情况下，才能用力乘以距离定义力对物体所做的功. 大多数情况下力作用的方向与位移的方向有一定的夹角，这时就需要求出力沿位移方向的分量，即投影. 这是矢量点积运算应用的一个例子，本章最后的习题还有更多相关例子.

如何计算两个矢量的点积？如果已知每个矢量（记为矢量$\vec{A}$和$\vec{B}$）的笛卡儿分量，则可以利用式（2.1）来计算：

$$\vec{A}\cdot\vec{B}=A_xB_x+A_yB_y+A_zB_z. \tag{2.1}$$

还有另一种方法，如果已知两个矢量的夹角为θ，则：

$$\vec{A}\cdot\vec{B}=|\vec{A}||\vec{B}|\cos\theta. \tag{2.2}$$

其中，$|\vec{A}|$和$|\vec{B}|$表示矢量$\vec{A}$和$\vec{B}$的大小（长度）[⊖]. 请注意，两个矢量点积的结果是一个标量（只有单独的值，没有方向）.

如何理解点积的物理意义？不妨考虑两个方向不同的矢量$\vec{A}$和$\vec{B}$，夹角为θ，如图2.1a所示. 矢量$\vec{A}$在矢量$\vec{B}$方向上的投影为$|\vec{A}|\cos(\theta)$，如图2.1b所示. 这个投影乘以矢量$\vec{B}$的长度得到$|\vec{A}||\vec{B}|\cos(\theta)$. 所以，点积$\vec{A}\cdot\vec{B}$表示$\vec{A}$在$\vec{B}$方向上的投影再乘以$\vec{B}$的长度. 点积的运算结果也可以看作$\vec{B}$在$\vec{A}$方向上的投影再乘以$\vec{A}$的长度值. 因此，点积与两个矢量的顺序无关，即$\vec{A}\cdot\vec{B}$与$\vec{B}\cdot\vec{A}$的结果是一样的.

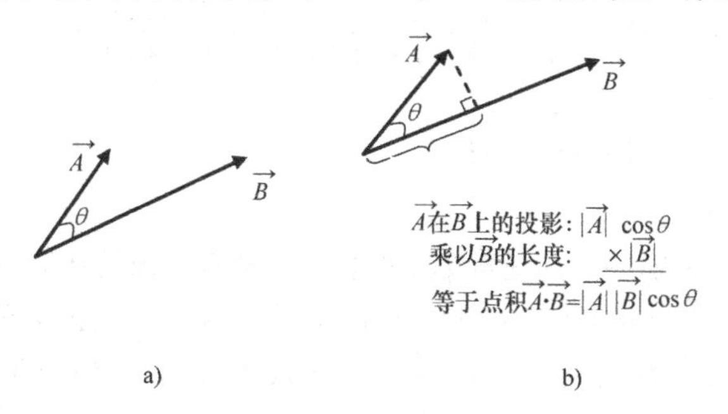

图2.1 两个矢量及其数量积

特别强调，其中一个矢量为单位矢量的数量积很重要. 这是由于单位矢量的长度等于1，数量积$\vec{A}\cdot\hat{k}$就等于矢量$\vec{A}$在$\hat{k}$方向（z轴方向）上的投影乘以$\hat{k}$的大小（等于1）. 因此，要求任意矢量在给定方向上的分量，只要求出该矢量与给定方向单位矢量的数量积即可. 在物理学和工程领域，我们可能会经常遇到这样的问题：已知一个矢量（$\vec{A}$）和一张曲面，求矢量在垂直于该曲面方向上的分量. 如果已知该曲面

⊖ 式（2.1）与式（2.2）相等，本章最后的习题中要求证明这个结论.

的单位法矢量（$\hat{n}$），数量积$\vec{A}\cdot\hat{n}$就是$\vec{A}$的垂直分量.

利用数量积还可以求出两个矢量的夹角. 考虑点积的两种表达式，式（2.1）和式（2.2），有：

$$\vec{A}\cdot\vec{B}=|\vec{A}|\ |\vec{B}|\cos(\theta)=A_xB_x+A_yB_y+A_zB_z. \tag{2.3}$$

两端同除以$\vec{A}$与$\vec{B}$大小的乘积，则：

$$\cos(\theta)=\frac{A_xB_x+A_yB_y+A_zB_z}{|\vec{A}|\ |\vec{B}|},$$

因此

$$\theta=\arccos\left(\frac{A_xB_x+A_yB_y+A_zB_z}{|\vec{A}|\ |\vec{B}|}\right). \tag{2.4}$$

假设$\vec{A}=5\hat{i}-2\hat{j}+4\vec{k}$，$\vec{B}=3\hat{i}+\hat{j}+7\hat{k}$，利用式（2.4）就可以求出这两个矢量的夹角：

$$\begin{aligned}\theta&=\arccos\left(\frac{(5)(3)+(-2)(1)+(4)(7)}{\sqrt{(5)^2+(-2)^2+(4)^2}\sqrt{(3)^2+(1)^2+(7)^2}}\right)\\&=\arccos\left(\frac{41}{\sqrt{45}\sqrt{59}}\right)\\&=37.3°.\end{aligned}$$

最后要说明一点：任意单位矢量与它本身点积的结果为1（例如，$\hat{i}\cdot\hat{i}=|\hat{i}|\ |\hat{i}|\cos(0°)=(1)(1)(1)=1$），两个不同正交单位矢量的点积结果为0（例如，$\hat{i}\cdot\hat{j}=|\hat{i}|\ |\hat{j}|\cos(90°)=(1)(1)(0)=0$）.

2.2 叉积

两个矢量相乘的另一种形式为“叉积”. 点积的结果是一个标量，叉积的结果则不同，是一个矢量. 为什么要学习这种形式的矢量乘法？一个原因就是利用叉积可以得出某种物理过程的结果，例如在杠杆臂的末端施加一个力或者向磁场发射一个带电粒子.

两个矢量叉积的运算要比点积稍微复杂一些. 如果已知两个矢量的笛卡儿分量，则它们的叉积为

$$\vec{A}\times\vec{B}=(A_yB_z-A_zB_y)\hat{i}+(A_zB_x-A_xB_z)\hat{j}+(A_xB_y-A_yB_x)\hat{k}. \tag{2.5}$$

也可以写成：

$$\vec{A}\times\vec{B}=\begin{vmatrix}\hat{i} & \hat{j} & \hat{k}\\ A_x & A_y & A_z\\ B_x & B_y & B_z\end{vmatrix}. \tag{2.6}$$

如果没有见过行列式，更无法理解式（2.6）与式（2.5）的关系，可以参考本书网站上的相关内容.

由$\vec{A}$和$\vec{B}$的叉积得到一个矢量，该矢量的方向既垂直于$\vec{A}$又垂直于$\vec{B}$（也就是垂直于$\vec{A}$和$\vec{B}$所在的平面），如图 2.2 所示. 但是垂直于该平面的方向有两个，$\vec{A}\times\vec{B}$的方向究竟是哪个？利用“右手法则”确定这个方向，打开右手并且使大拇指垂直于手掌平面上另外四根手指的方向. 想象用右手手掌和四根手指以最小的角度将第一个矢量（本例中的$\vec{A}$）推向第二个矢量（本例中的$\vec{B}$）的方向，此时大拇指的指向就是叉积的方向[⊖].

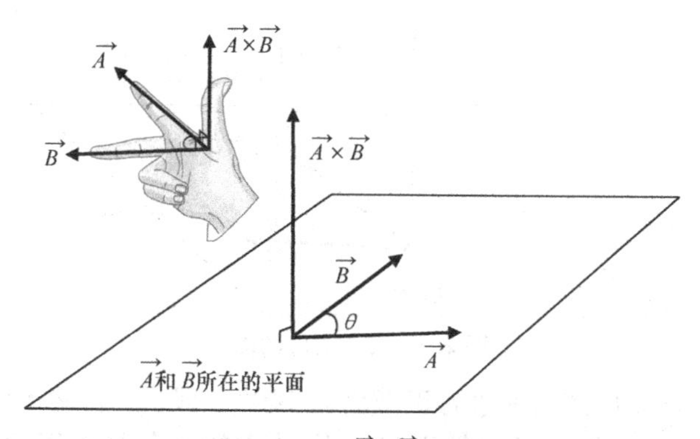

图 2.2　叉积$\vec{A}\times\vec{B}$的方向

点积和叉积还有很重要的不同之处，点积与矢量的顺序无关，但是叉积与矢量的顺序有很大的关系. 不妨以图 2.2 中的叉积$\vec{B}\times\vec{A}$为例. 要想用右手手掌将矢量$\vec{B}$推向矢量$\vec{A}$，就要将手上下翻转（也就是

⊖ 也有人认为其他的表述更直观，比如打开右手，四根手指对准第一个矢量的方向，然后朝向第二个矢量的方向弯曲四根手指. 或者用右手食指指向第一个矢量的方向，右手中指指向第二个矢量的方向. 无论是用推、弯曲还是指的方法，叉积的方向都是右手大拇指的指向.

大拇指指向下)，又因为大拇指的指向就是叉积的方向，所以有$\vec{B}\times\vec{A}$与$\vec{A}\times\vec{B}$方向相反. 一个矢量的负值与该矢量大小相同方向相反，因此有：

$$\vec{A}\times\vec{B}=-\vec{B}\times\vec{A}. \tag{2.7}$$

还有一个快速计算叉积大小的方法：

$$|\vec{A}\times\vec{B}|=|\vec{A}|\,|\vec{B}|\sin(\theta). \tag{2.8}$$

其中，$|\vec{A}|$表示$\vec{A}$的大小，$|\vec{B}|$表示$\vec{B}$的大小，θ为$\vec{A}$与$\vec{B}$的夹角㊀.

图 2.3 描述了叉积的大小和方向. 点积的几何意义是一个矢量在另一个矢量上的投影，同样，叉积也有其几何意义. 两个矢量叉积的大小表示以这两个矢量为邻边的平行四边形的面积. 我们知道平行四边形的面积等于底乘以高，本例中以$\vec{A}$，$\vec{B}$为邻边的平行四边形中，底边长为$|\vec{A}|$，底边上的高为$|\vec{B}|\sin\theta$，因此平行四边形的面积等于$|\vec{A}|\,|\vec{B}|\sin\theta$，恰恰就是式 (2.8).

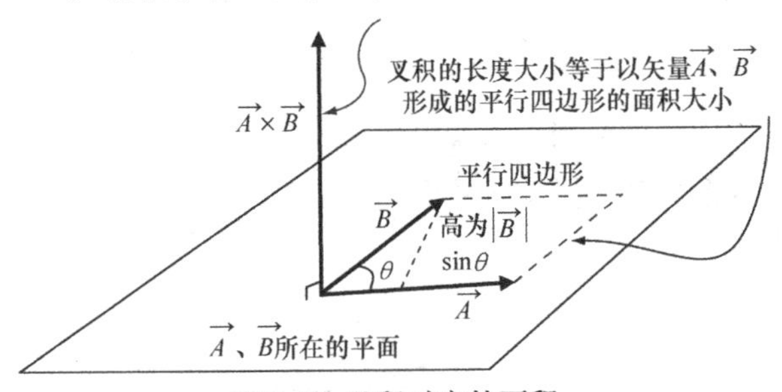

图 2.3 叉积对应的面积

如果矢量$\vec{A}$与$\vec{B}$的夹角为 0°或者是 180° (即，$\vec{A}$与$\vec{B}$平行或者反平行)，则两个矢量的叉积等于零. 当$\vec{A}$与$\vec{B}$的夹角趋近于 90°或者是 270°，则两个矢量叉积的大小逐渐增加，并且在两个矢量相互垂直时达到最大$|\vec{A}|\,|\vec{B}|$.

根据叉积的定义以及右手法则，我们可以得出以下关系式：

$$\begin{aligned}\hat{i}\times\hat{i}=0,\ \hat{i}\times\hat{j}=\hat{k},\ \hat{j}\times\hat{i}=-\hat{k},\\ \hat{j}\times\hat{j}=0,\ \hat{j}\times\hat{k}=\hat{i},\ \hat{k}\times\hat{j}=-\hat{i},\\ \hat{k}\times\hat{k}=0,\ \hat{k}\times\hat{i}=\hat{j},\ \hat{i}\times\hat{k}=-\hat{j}.\end{aligned} \tag{2.9}$$

㊀ 式 (2.5) 中表达式的大小与式 (2.8) 相等，本章最后的习题中要求证明这个结论.

将以上关系式逐项应用到$\vec{A}=A_x\hat{i}+A_y\hat{j}+A_z\hat{k}$与$\vec{B}=B_x\hat{i}+B_y\hat{j}+B_z\hat{k}$的叉积中，就可以推导出式（2.6）与式（2.5）（本章最后有相应的习题，并且网站上有完整的参考答案）.

叉积主要应用在扭矩（$\vec{\tau}=\vec{r}\times\vec{F}$）以及磁力（$\vec{F}_B=q\vec{v}\times\vec{B}$）等问题中，本章最后的习题中有相关的例子.

2.3 三重标积

在前两节中我们已经介绍了矢量的点积与叉积，那么这两种运算能不能结合到一起呢？实际上，这两种运算不仅可以结合到一起，而且这种结合非常有意义. 当然，我们可以定义任意想到的数学运算，但定义数学运算不仅是为了满足好奇心，更重要是为了解决实际问题. 从前面的内容已经看到了点积可以用来计算矢量在指定方向上的投影，也可以计算力所做的功，也看到了叉积在扭矩以及磁力中所起到的作用. 但是将点积与叉积按照$\vec{A}\cdot(\vec{B}\times\vec{C})$这样方式结合有意义吗？答案是肯定的[⊖]，我们把这种运算称为“三重标积”或者“标量三重积”，其具有很多重要的应用.

这个数学运算很简单，我们知道：

$$\vec{B}\times\vec{C}=(B_yC_z-B_zC_y)\hat{i}+(B_zC_x-B_xC_z)\hat{j}+(B_xC_y-B_yC_x)\hat{k}. \tag{2.10}$$

又由式（2.1）知：

$$\vec{A}\cdot\vec{B}=A_xB_x+A_yB_y+A_zB_z.$$

因此，将点积与叉积结合起来有：

$$\vec{A}\cdot(\vec{B}\times\vec{C})=A_x(B_yC_z-B_zC_y)+A_y(B_zC_x-B_xC_z)+A_z(B_xC_y-B_yC_x). \tag{2.11}$$

简记为：

$$\vec{A}\cdot(\vec{B}\times\vec{C})=\begin{vmatrix}A_x & A_y & A_z\\ B_x & B_y & B_z\\ C_x & C_y & C_z\end{vmatrix}. \tag{2.12}$$

⊖ 但是（$\vec{A}\cdot\vec{B}$）×$\vec{C}$没有意义，因为（$\vec{A}\cdot\vec{B}$）为标量，标量与矢量$\vec{C}$没有叉积运算.

图 2.4 可以帮助我们理解三重标积的几何意义. 图中的矢量$\vec{A}$，$\vec{B}$，$\vec{C}$分别表示平行六面体的三条棱. 该平行六面体的底面积为$|\vec{B}\times\vec{C}|$（同图 2.3），底面上的高为$|\vec{A}|\cos(\phi)$，其中，ϕ 表示$\vec{A}$与$\vec{B}\times\vec{C}$方向的夹角，平行六面体的体积（底面积乘以高）则为$(|\vec{B}\times\vec{C}|)|\vec{A}|\cos(\phi)$，为了与点积的定义相一致，也可以写成$|\vec{A}||\vec{B}\times\vec{C}|\cos(\phi)$. 根据式 (2.2) 中点积的定义，$|\vec{A}||\vec{B}\times\vec{C}|\cos(\phi)$就是$\vec{A}\cdot(\vec{B}\times\vec{C})$.

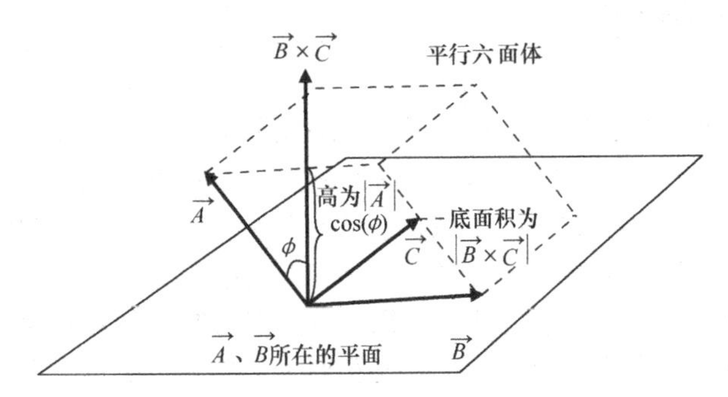

图 2.4 三重标积表示的体积

因此，三重标积 $\vec{A}\cdot(\vec{B}\times\vec{C})$ 可以看作以矢量$\vec{A}$，$\vec{B}$，$\vec{C}$为棱的平行六面体的体积. 请注意，只要矢量$\vec{A}$，$\vec{B}$，$\vec{C}$符合右手系（即，用右手手掌将$\vec{A}$推向$\vec{B}$，$\vec{C}$在大拇指所指的方向投影为正，同理可以将$\vec{B}$推向$\vec{C}$，将$\vec{C}$推向$\vec{A}$)，它们的三重标积一定是正数.

搞清楚了三个矢量的三重标积与平行六面体体积的关系，就很容易理解为什么三重标积可以判断三个矢量是否共面了（即，三个矢量落在一个平面上）. 可以想象一下，如果矢量$\vec{A}$，$\vec{B}$，$\vec{C}$在同一个平面上，图 2.4 中的平行六面体会变成什么样. 平行六面体的高会为 0，矢量$\vec{A}$在$\vec{B}\times\vec{C}$方向的投影会为 0，那么三重积$\vec{A}\cdot(\vec{B}\times\vec{C})$也就为 0. 反过来说，如果$\vec{A}$在$\vec{B}\times\vec{C}$方向的投影不为 0，那么$\vec{A}$就不可能落在$\vec{B}$、$\vec{C}$所在平面上. 因此，

$$\vec{A}\cdot(\vec{B}\times\vec{C})=0 \tag{2.13}$$

是矢量$\vec{A}$，$\vec{B}$，$\vec{C}$共面的充分必要条件.

因为三重标积$\vec{A}\cdot(\vec{B}\times\vec{C})$ 等于矢量$\vec{A}$，$\vec{B}$，$\vec{C}$所形成的平行六面体的体积，将三重标积中的矢量循环排列（比如$\vec{B}\cdot(\vec{C}\times\vec{A})$ 或者$\vec{C}\cdot$

$(\vec{A}\times\vec{B}))$，每种排列对应的平行六面体的体积相同，因此三重标积的结果不变. 有的作者把这种性质叙述为点和叉的交换不改变三重标积的结果（因为 $(\vec{A}\times\vec{B})\cdot\vec{C}$就等于$\vec{C}\cdot(\vec{A}\times\vec{B})$).

三重标积还可以用来判定倒易矢量，第 4 章在矢量的协变分量和逆变分量这一节中对此会做出了相关的解释.

2.4 三重矢积

上节内容所讲的三重标积不是三个矢量相乘的唯一形式，常用的还有$\vec{A}\times(\vec{B}\times\vec{C})$这种形式（被称为三重矢积). 在涉及角动量和向心加速度等问题中一般就会用到$\vec{A}\times(\vec{B}\times\vec{C})$这种运算. 三重标积的结果是标量（因为第二层运算为点积)，而三重矢积不同，其结果为矢量（因为两层运算均为叉积). $\vec{A}\times(\vec{B}\times\vec{C})$ 与 $(\vec{A}\times\vec{B})\times\vec{C}$具有很大不同，请注意三重矢积中括号的位置. 直接计算三重矢积比较烦琐，但是有更简单的计算方法：

$$\vec{A}\times(\vec{B}\times\vec{C})=\vec{B}(\vec{A}\cdot\vec{C})-\vec{C}(\vec{A}\cdot\vec{B}). \tag{2.14}$$

前面讨论的都是矢量以不同的方式相乘，自然有人奇怪，为什么式（2.14）的右端$\vec{B}$与$\vec{A}\cdot\vec{C}$和$\vec{C}$与$\vec{A}\cdot\vec{B}$之间既没有圈也没有叉？请注意，$\vec{A}\cdot\vec{C}$与$\vec{A}\cdot\vec{B}$都是标量，因此式（2.14）括号中的表达式只是矢量$\vec{B}$与$\vec{C}$的标量乘子. 这是否能说明$\vec{A}\times(\vec{B}\times\vec{C})$ 是三重矢积中第二个和第三个矢量的某种线性组合呢？答案是肯定的，如图 2.5 所示.

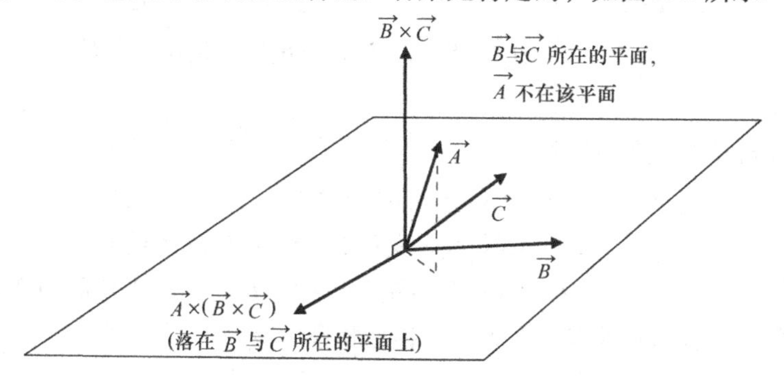

图 2.5　三重矢积$\vec{A}\times(\vec{B}\times\vec{C})$ 中的矢量

从图中可以看出，矢量$\vec{B}\times\vec{C}$垂直于$\vec{B}$与$\vec{C}$所在的平面并且方向向上. 想象用右手手掌将矢量$\vec{A}$推向矢量$\vec{B}\times\vec{C}$的方向叉积就可以得到$\vec{A}$与$\vec{B}\times\vec{C}$的叉积，矢量$\vec{A}\times(\vec{B}\times\vec{C})$又落回$\vec{B}$、$\vec{C}$所在的平面. 这是因为$\vec{B}\times\vec{C}$的结果是矢量且一定垂直于$\vec{B}$与$\vec{C}$所在的平面，然后用$\vec{A}$去叉乘这个矢量，结果依然是矢量且既垂直于$\vec{A}$又垂直于$\vec{B}\times\vec{C}$，因此这个矢量一定落在$\vec{B}$与$\vec{C}$所在的平面，也就是说$\vec{A}\times(\vec{B}\times\vec{C})$落回到$\vec{B}$与$\vec{C}$所在的平面. 既然由运算$\vec{A}\times(\vec{B}\times\vec{C})$得到的矢量与矢量$\vec{B}$与$\vec{C}$在同一个平面，那么它一定可以表示成这两个矢量的线性组合.

要注意三重矢积中三个矢量的顺序. 只要按照（$\vec{A}$，$\vec{B}$，$\vec{C}$）的顺序写并且把后两个矢量括起来，那么式（2.14）可以按照法则“*BAC* 减去 *CAB*”来记忆. 这样的法则是如何得到的？利用叉积（式(2.6)）的定义很容易就可以证明这个法则. 因为

$$\vec{A}\times(\vec{B}\times\vec{C})=\begin{vmatrix}\hat{i} & \hat{j} & \hat{k}\\ A_x & A_y & A_z\\ (\vec{B}\times\vec{C})_x & (\vec{B}\times\vec{C})_y & (\vec{B}\times\vec{C})_z\end{vmatrix}. \tag{2.15}$$

由式（2.5）可得：

$$\vec{B}\times\vec{C}=(B_yC_z-B_zC_y)\hat{i}+(B_zC_x-B_xC_z)\hat{j}+(B_xC_y-B_yC_x)\hat{k}. \tag{2.16}$$

将上式代入到式（2.15）中，有：

$$\vec{A}\times(\vec{B}\times\vec{C})=\begin{vmatrix}\hat{i} & \hat{j} & \hat{k}\\ A_x & A_y & A_z\\ B_yC_z-B_zC_y & B_zC_x-B_xC_z & B_xC_y-B_yC_x\end{vmatrix}. \tag{2.17}$$

将行列式乘出来，得到：

$$\begin{aligned}\vec{A}\times(\vec{B}\times\vec{C})=&[A_y(B_xC_y-B_yC_x)-A_z(B_zC_x-B_xC_z)]\hat{i}\\&+[A_z(B_yC_z-B_zC_y)-A_x(B_xC_y-B_yC_x)]\hat{j}\\&+[A_x(B_zC_x-B_xC_z)-A_y(B_yC_z-B_zC_y)]\hat{k}.\end{aligned} \tag{2.18}$$

这个结果看起来没有什么规律，稍加整理后有：

$$\vec{A}\times(\vec{B}\times\vec{C})=(A_yC_y+A_zC_z)(B_x\hat{i})-(A_yB_y+A_zB_z)(C_x\hat{i})$$
$$+(A_zC_z+A_xC_x)(B_y\hat{j})-(A_zB_z+A_xB_x)(C_y\hat{j})$$
$$+(A_xC_x+A_yC_y)(B_z\hat{k})-(A_xB_x+A_yB_y)(C_z\hat{k}).\tag{2.19}$$

式（2.19）已经有了一点法则的雏形，但仍不够好. 为了证明式（2.14），不妨在式（2.19）的每一个行加上一个值为零的式子：

$A_xB_xC_x(\hat{i})-A_xB_xC_x(\hat{i})$　　加在第一行

$A_yB_yC_y(\hat{j})-A_yB_yC_y(\hat{j})$　　加在第二行

$A_zB_zC_z(\hat{k})-A_zB_zC_z(\hat{k})$　　加在最后一行

得到：

$$\vec{A}\times(\vec{B}\times\vec{C})$$
$$=(A_xC_x+A_yC_y+A_zC_z)(B_x\hat{i})-(A_xB_x+A_yB_y+A_zB_z)(C_x\hat{i})$$
$$+(A_xC_x+A_yC_y+A_zC_z)(B_y\hat{j})-(A_xB_x+A_yB_y+A_zB_z)(C_y\hat{j})$$
$$+(A_xC_x+A_yC_y+A_zC_z)(B_z\hat{k})-(A_xB_x+A_yB_y+A_zB_z)(C_z\hat{k}).$$

或者

$$\vec{A}\times(\vec{B}\times\vec{C})=(A_xC_x+A_yC_y+A_zC_z)(B_x\hat{i}+B_y\hat{j}+B_z\hat{k})$$
$$-(A_xB_x+A_yB_y+A_zB_z)(C_x\hat{i}+C_y\hat{j}+C_z\hat{k}).$$

其中，$B_x\hat{i}+B_y\hat{j}+B_z\hat{k}$为矢量$\vec{B}$，$C_x\hat{i}+C_y\hat{j}+C_z\hat{k}$为矢量$\vec{C}$. 根据式（2.1），$A_xC_x+A_yC_y+A_zC_z$ 为矢量$\vec{A}$，$\vec{C}$的点积，$A_xB_x+A_yB_y+A_zB_z$ 为矢量$\vec{A}$，$\vec{B}$的点积. 因此，

$$\vec{A}\times(\vec{B}\times\vec{C})=(\vec{A}\cdot\vec{C})\vec{B}-(\vec{A}\cdot\vec{B})\vec{C}$$
$$=\vec{B}(\vec{A}\cdot\vec{C})-\vec{C}(\vec{A}\cdot\vec{B}).$$

2.5 偏导数

点积、叉积以及三重积是矢量的基本运算，也是梯度、散度、旋度和拉普拉斯算子等更高级矢量运算的基础. 梯度、散度、旋度和拉普拉斯算子属于矢量微分运算，在学习之前，我们首先要搞清楚普通导数和偏导数之间的区别. 同时，这些微分运算在物理学和工程领域

中都有广泛的应用，花费时间和精力来学习这部分内容是非常必要的.

大多数人第一次接触普通导数可能是在求曲线的斜率$\left(m=\frac{\mathrm{d}y}{\mathrm{d}x}\right)$或者已知位移函数（位移是时间的函数），求物体的速度$\left(v_x=\frac{\mathrm{d}x}{\mathrm{d}t}\right)$这样的问题. 很幸运，偏导数与普通导数建立在同样概念的基础上，偏导数只是将这样的概念推广到多变量的函数. 但是二者的表示符号不同，普通导数记为$\frac{\mathrm{d}}{\mathrm{d}x}$或者$\frac{\mathrm{d}}{\mathrm{d}t}$，偏导数则记为$\frac{\partial}{\partial x}$或者$\frac{\partial}{\partial t}$，这样普通导数和偏导数就不会产生混淆了.

我们都知道，普通导数的产生是因为考虑到一个变量相对于另一个变量变化这样的问题. 例如，已知变量 y 是另一个变量 x 的函数（意思是 y 的值依赖于 x 的值），记为 $y=f(x)$. y 称为“因变量”，x 称为“自变量”. 当自变量 x 有一个微小的变化时，由 y 关于 x 的普通导数$\left(记作\frac{\mathrm{d}y}{\mathrm{d}x}\right)$就可以得出相应 y 值会有多少变化. 不妨以 x 为横轴 y 为纵轴作图，画一条曲线，(x_1, y_1) 与 (x_2, y_2) 为线上的两个点，如图 2.6 所示. 根据定义，斜率等于“纵移除以横移”，横移为 Δx，相应的纵移为 Δy，任意两点间的斜率就是$\frac{\Delta y}{\Delta x}$，因此线上 (x_1, y_1) 与 (x_2, y_2) 这两点之间的斜率可以简单表示为$\frac{y_2-y_1}{x_2-x_1}=\frac{\Delta y}{\Delta x}$.

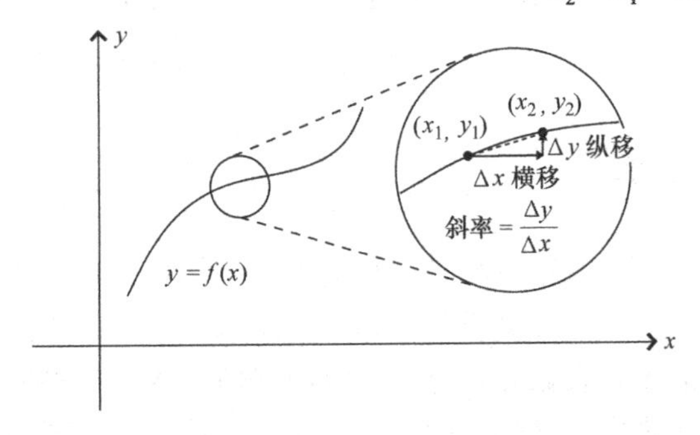

图 2.6 曲线 $y=f(x)$ 的斜率

但是，仔细观察图2.6放大的区域就会发现，y关于x的图像在（x_1，y_1）和（x_2，y_2）两点之间有微小的弧度，所以这一小段上曲线的斜率是变化的. 因此，比值$\frac{\Delta y}{\Delta x}$不能代表图像上这两点之间每个点处的斜率. 但是，$\frac{\Delta y}{\Delta x}$是连接两点（$x_1$，$y_1$）和（$x_2$，$y_2$）虚线的斜率，表示这段区间上的平均斜率$\left(\right.$根据中值定理，$\frac{\Delta y}{\Delta x}$等于这两点之间曲线上某个点处的斜率，但不一定是中点$\left.\right)$. 为了求出曲线在给定点处斜率的精确值，不妨令“横移”Δx变得非常小. 当Δx趋近于0时，图2.6中虚线和曲线的差别就可以逐渐忽略. 此时，将横向增量记为$\mathrm{d}x$，纵向增量记为$\mathrm{d}y$，则曲线上任意点处的斜率就可以记为$\frac{\mathrm{d}y}{\mathrm{d}x}$. 这也是为什么函数的导数等于该函数图像的斜率的原因.

假设变量z依赖于另外两个变量，不妨记为x，y，即有$z=f(x,y)$，可以表示为三维空间中的曲面，如图2.7所示. 该曲面在xOy平面上的高为z并且当x，y取不同的值时有高有低，同时在不同方向上具有不同的变化率. 因此，在该曲面上从一个点移动到另一个点时，单个导数通常不能完整的描述高z的变化. 从图2.8中可以看出，高z具有不同的变化率. 观察图2.8中曲面的给定点，当朝向y增加的方向移动时（x保持不变），曲面的坡度非常陡；当朝向x增加的方向移动时，曲面的斜率几乎为0（y保持不变）.

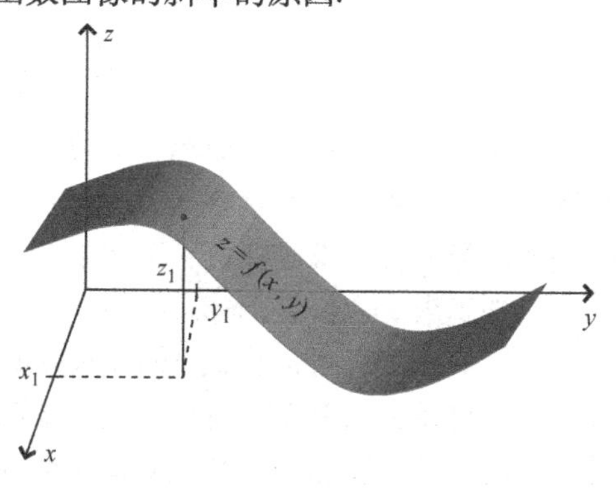

图2.7 3－D曲面（$z=f(x,y)$）

这也反映了偏导数的重要性. 偏导数是保持其他自变量为常量，只允许一个自变量（如图2.8中的x或者y）变化而形成的导数. 因

此偏导数$\frac{\partial z}{\partial x}$表示曲面从给定点出发只沿 x 轴方向移动的斜率，偏导数$\frac{\partial z}{\partial y}$表示只沿 y 轴方向移动的斜率. 偏导数也记为$\left.\frac{\partial z}{\partial x}\right|_y$、$\left.\frac{\partial z}{\partial y}\right|_x$，其中竖线下标处的变量表示该变量为常量.

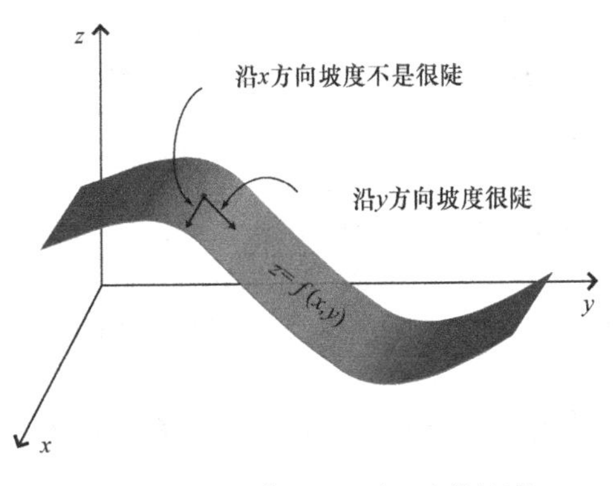

图 2.8　3-D 曲面 $z=f(x,y)$ 的坡度

不难想到，通过偏导数可以得到 z 随 x 或者 y 变化的变化. 如果只有 x 变化，则 $\mathrm{d}z=\frac{\partial z}{\partial x}\mathrm{d}x$；如果只有 y 变化，则 $\mathrm{d}z=\frac{\partial z}{\partial y}\mathrm{d}y$. 如果 x 与 y 都变化，则

$$\mathrm{d}z=\frac{\partial z}{\partial x}\mathrm{d}x+\frac{\partial z}{\partial y}\mathrm{d}y. \tag{2.20}$$

求函数的偏导数非常简单，只要会求普通导数，也就掌握了求偏导数的方法. 将所有变量视为常量（要对其求导的变量除外），然后按普通求导的方法求导即可. 下面来看一个具体的例子.

已知函数 $z=f(x,y)=6x^2y+3x+5xy+10$. 该多项式的项比较复杂，不太好作图，可以借助 Mathematica 或者 MATLAB 这样的计算工具，只要简单几行代码就能帮助我们了解函数的性态，如图 2.9 所示. 粗略一看这张曲面，就能知道函数在 x 方向和 y 方向的斜率有很大不同，并且很大程度上取决于曲面上的位置. 3D 图形中，边缘的斜率是最容易观察的. 比如图 2.9 中的图形，考虑 y 取值为 -3 时沿 x 方向的斜率. 当 x 从 -3 变化到 3 时（y 是常量，取值 -3），斜率开始为正值，随着从 $x=-3$ 沿着 x 方向朝 $x=0$ 移动时，斜率变得平缓. 当到达 $x=0$ 附近的某个位置时，斜率变成 0. 随后斜率成为负值并且当 x 接近 3 的时候，变得越来越陡峭. 同样可以快速分析出 x 取值为 -3 沿 y 方向的斜率，当 y 从 -3 变化到 3 时，斜率始终取正值并且近似为常数.

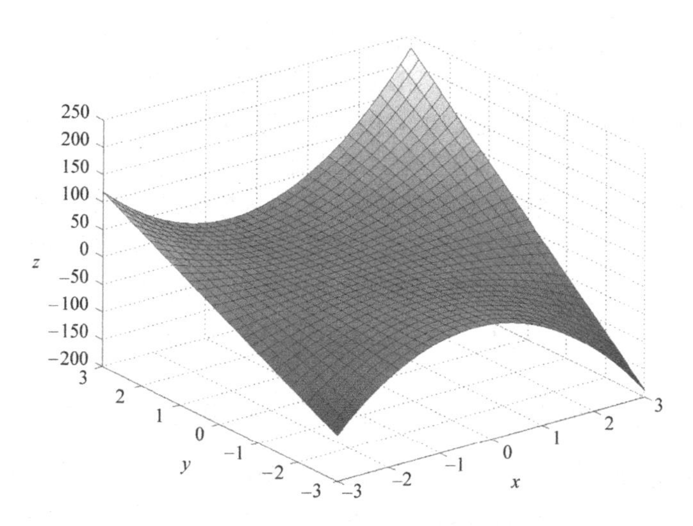

图2.9　函数 $z=f(x,y)=6x^2y+3x+5xy+10$ 在 $-3\leqslant x\leqslant 3$，$-3\leqslant y\leqslant 3$ 上的图形

现在我们就应该知道如何求函数的偏导数了．要求 $z=6x^2y+3x+5xy+10$ 关于 x 的偏导数，只要将变量 y 视作一个常量即可，有：

$$\frac{\partial z}{\partial x}=12xy+3+5y, \tag{2.21}$$

同样，把变量 x 视作常量就可以得到函数关于 y 的偏导数：

$$\frac{\partial z}{\partial y}=6x^2+5x. \tag{2.22}$$

在分析偏导数的结果之前，首先要理解为什么在函数的求导过程中相应变量的指数会降低并将指数减 1（例如，$\mathrm{d}(x^2)=2x$）．答案很简单，这是因为导数表示当自变量 x 变化很小的时候函数 z 的变化率，因此导数的规范定义可以记为

$$\frac{\mathrm{d}z}{\mathrm{d}x}\equiv\lim_{\Delta x\to 0}\frac{z(x+\Delta x)-z(x)}{\Delta x}. \tag{2.23}$$

因此，当 $z=x^2$ 时，有：

$$\frac{\mathrm{d}(x^2)}{\mathrm{d}x}\equiv\lim_{\Delta x\to 0}\frac{(x+\Delta x)^2-x^2}{\Delta x}. \tag{2.24}$$

将式（2.24）的分子展开为 $x^2+2x\Delta x+(\Delta x)^2-x^2$，即 $2x\Delta x+$

$(\Delta x)^2$，再除以 Δx 得到 $2x+\Delta x$. 当 Δx 趋近于 0 时，Δx 的项可以忽略，$2x+\Delta x$ 也就趋近于 $2x$. 那么这个 2 是怎么来的？"2" 是将（$x+\Delta x$）升到二次幂产生交叉项（也就是 x 与 Δx 的乘积）的数目. 如果要对 x^3 关于 x 求导，就有三个这样的交叉项. 因为（$x+\Delta x$）取到这个幂次产生交叉项的个数就是幂次，所以求导只需要将指数作为系数就可以了. 为什么要将指数减 1 呢？这是因为求函数 z 的改变量（即，$(x+\Delta x)^2-x^2$）时，幂次最高的项（本例中为 x^2）会被抵消掉，只剩下低一个幂次的项（本例中为 x^1）. 同样，$\frac{\mathrm{d}(x^3)}{\mathrm{d}x}=3x^2$ 以及 $\frac{\mathrm{d}(x^n)}{\mathrm{d}x}=nx^{n-1}$ 也可以用同样的方式分析，只是稍微复杂一些.

这就是指数降低并减 1 的原因，但求偏导的结果又怎么理解（例如式（2.21）和式（2.22））？简单来说，它们表示曲面 z 的斜率随方向和位置的变化而变化. 例如，曲面在 $(-3,2)$ 这个点沿 x 轴方向的斜率为 $12xy+3+5y=12(-3)(2)+3+5(2)=-59$，同一个点处沿 y 轴方向的斜率为 $6x^2+5x=6[(-3)^2]+5(-3)=39$.

下面对由式（2.21）计算得到的偏导数做一个简单的验证. 考虑当 y 取 -3 时曲面 z 的斜率为 $12(x)(-3)+3+5(-3)=-36x-12$. 因此，固定 $y=-3$ 并沿 x 方向移动，斜率会从 $x=-3$ 处的 $+96$ 变化到 $x=-1/3$ 处的 0，然后在 $x=+3$ 处减少到 -120. 这与我们对图 2.9 斜率的直观分析是一致的.

同样地，由式（2.22）可以得出曲面 z 在 $x=-3$ 处沿 y 方向的斜率是一个常数并且取正，这与 z 的图形分析得出的结论也是一致的.

就像求普通"高阶"导数一样$\left(\text{例如}\frac{\mathrm{d}}{\mathrm{d}x}\left(\frac{\mathrm{d}z}{\mathrm{d}x}\right)=\frac{\mathrm{d}^2z}{\mathrm{d}x^2}\text{和}\frac{\mathrm{d}}{\mathrm{d}y}\left(\frac{\mathrm{d}z}{\mathrm{d}y}\right)=\frac{\mathrm{d}^2z}{\mathrm{d}y^2}\right)$，也可以求高阶偏导数. 例如，由 $\frac{\partial}{\partial x}\left(\frac{\partial z}{\partial x}\right)=\frac{\partial^2 z}{\partial x^2}$ 可以得出 z 在 x 方向的斜率沿 x 方向移动时的变化，$\frac{\partial}{\partial y}\left(\frac{\partial z}{\partial y}\right)=\frac{\partial^2 z}{\partial y^2}$ 可以得出 z 在 y 方向斜率沿 y 方向移动时的变化.

这里强调一下，高阶导数是导数的导数，例如表达式 $\frac{\partial^2 z}{\partial x^2}$ 是指 $\frac{\partial z}{\partial x}$ 的

导数，而不是第一个导数的平方$\left(\frac{\partial z}{\partial x}\right)^2$. 这个很容易验证，比如上面的例子中$\frac{\partial z}{\partial x}=12xy+3+5y$，$\frac{\partial^2 z}{\partial x^2}=12y$，而$\left(\frac{\partial z}{\partial x}\right)^2=(12xy+3+5y)^2$. 按照惯例，导数的阶数通常写在“d”或者“$\partial$”与函数之间，例如$d^2z$或者$\partial^2 z$，因此在求导时一定要注意上标的位置.

我们有可能还会遇到“混合”偏导数，例如$\frac{\partial}{\partial x}\left(\frac{\partial z}{\partial y}\right)=\frac{\partial^2 z}{\partial x\partial y}$㊀. 如果已经读过前面的内容，就应该知道偏导数为函数在不同方向的斜率，自然可以想到$\frac{\partial^2 z}{\partial x\partial y}$表示$y$方向斜率沿$x$方向移动时的变化，$\frac{\partial^2 z}{\partial y\partial x}$表示$x$方向斜率沿$y$方向移动时的变化. 如果函数具有好的性质㊁，这两种表达是可以互换的，因此求偏导时可以按照任意顺序. 通过上面的例子，比较式（2.21）的偏导数$\frac{\partial}{\partial y}$与式（2.22）的偏导数$\frac{\partial}{\partial x}$很容易就可以验证上述结论（结果均为$12x+5$）.

偏导数中的链式法则也非常重要，必须要掌握. 上面的内容讨论的都是函数$z=f(x,y)$中x和y均为最终变量，并没有涉及变量x和y本身又是其他变量的函数这种情况. 但是这种情况也非常常见. 一般会把其他的变量记为u和v，而x和y是依赖于u和v中一个或者两个变量的函数. 如果已知u和v发生变化，那么函数z相应会产生多大的变化？由偏导数的链式法可以得出：

$$\frac{\partial z}{\partial u}=\frac{\partial z}{\partial x}\frac{\partial x}{\partial u}+\frac{\partial z}{\partial y}\frac{\partial y}{\partial u}, \tag{2.25}$$

并且

$$\frac{\partial z}{\partial v}=\frac{\partial z}{\partial x}\frac{\partial x}{\partial v}+\frac{\partial z}{\partial y}\frac{\partial y}{\partial v}. \tag{2.26}$$

链式法则简洁地表达了z与x和y的依赖关系，因为x和y会随着u的变化而变化，因此z关于u的变化可以写成两项的和. 第一项

㊀ 混合偏导数的表示所代表的求导顺序与国内的不同，正好相反.

㊁ 函数具有好的性质是指什么？通常是指函数在区域上是连续的，并且具有连续导数.

是 x 随 u 的变化$\frac{\partial x}{\partial u}$乘以 z 随 x 的变化$\frac{\partial z}{\partial x}$，第二项是 y 随 u 的变化$\frac{\partial y}{\partial u}$乘以 z 随 y 的变化$\frac{\partial z}{\partial y}$，这两项加起来就是式（2.25），同样可以得到 z 随 v 变化而变化为式（2.26）.

2.6 导数矢量

在很多关于矢量和张量的文献中，会发现“方向导数”就是矢量，并且把$\frac{\partial}{\partial x}$和$\frac{\partial}{\partial y}$这样的偏导数称为沿坐标轴的基矢量.

为了理解矢量和导数之间的这种对应关系，考虑如图 2.10 所示的路径. 不妨假设该路径在 xOy 平面上，我们沿着该路径移动，速度为$\vec{v}$，并且移动的时候会记录时间，这样就给曲线上的每个点都赋予了一个值（如图形上的 t 值）. 通过对曲线赋值，曲线就被“参数化”了（t 为参数）⊖. 请注意，参数值之间对应的曲线长度不必都相等（如果选择时间作为参数并且移动的过程中速度是变化的，参数值之间曲线的长度就不相等；从图 2.10 中可以看出，在转弯处司机很莽撞，有明显的加速）.

再举个形象的例子，假设曲线位于某个区域，区域上每个地方的气温都不同. 当沿着曲线移动时，就能体会到空气温度随时间的变化（换句话说，可以画出气温与时间的关系图）. 当然，我们感觉到气温变化的快慢既依赖于前进方向上温度可测变化的距离，也依赖于前进的

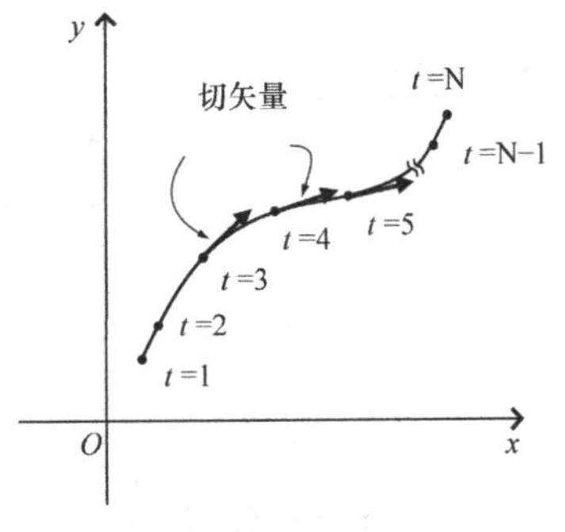

图 2.10 参数化曲线及其切矢量

⊖ 有些作者会将“路径”和“曲线”严格区分，只有当路径上的每个点都被赋予了参数值时才称为“曲线”.

速度（在这段距离的速度）.

这样就很容易理解方向导数的概念了. 如果函数$f(x,y)$表示每个(x,y)点的温度，方向导数$\left(\frac{\mathrm{d}f}{\mathrm{d}t}\right)$表示当沿曲线移动很小的距离（在时间$\mathrm{d}t$上）时函数值$f$的变化. 根据链式法则：

$$\frac{\mathrm{d}f}{\mathrm{d}t}=\frac{\mathrm{d}x}{\mathrm{d}t}\frac{\partial f}{\partial x}+\frac{\mathrm{d}y}{\mathrm{d}t}\frac{\partial f}{\partial y}. \tag{2.27}$$

该式说明函数f沿参数为t的曲线的方向导数$\left(即，\frac{\mathrm{d}f}{\mathrm{d}t}\right)$等于沿曲线移动时$x$坐标的变化率$\left(\frac{\mathrm{d}x}{\mathrm{d}t}\right)$乘以温度函数对$x$的变化率$\left(\frac{\partial f}{\partial x}\right)$加上沿曲线移动时$y$坐标的变化率$\left(\frac{\mathrm{d}y}{\mathrm{d}t}\right)$乘以温度函数对$y$的变化率$\left(\frac{\partial f}{\partial y}\right)$. 而$\frac{\mathrm{d}x}{\mathrm{d}t}$就是速度的$x$分量$v_x$，$\frac{\mathrm{d}y}{\mathrm{d}t}$就是速度的$y$分量$v_y$. 又因为速度是个矢量并且与移动路径相切，因此可以将方向导数$\frac{\mathrm{d}f}{\mathrm{d}t}$看作是一个矢量，方向与曲线相切，长度等于$f$随$t$的变化率（即，气温随时间的变化率）.

这里给出一个重要概念：因为f可以是任意函数，所以式（2.27）可以写成一个“算子”方程（即，只要添加一个函数就可以运算的方程）：

$$\frac{\mathrm{d}}{\mathrm{d}t}=\frac{\mathrm{d}x}{\mathrm{d}t}\frac{\partial}{\partial x}+\frac{\mathrm{d}y}{\mathrm{d}t}\frac{\partial}{\partial y}. \tag{2.28}$$

要想知道导数与矢量之间关系，只要将这个方程看作矢量方程即可：

矢量$=x$分量$\cdot x$基矢量$+y$分量$\cdot y$基矢量.

将该式与式（2.28）比较，就可以发现方向导数算子$\frac{\mathrm{d}}{\mathrm{d}t}$表示曲线的切矢量，$\frac{\mathrm{d}x}{\mathrm{d}t}$、$\frac{\mathrm{d}y}{\mathrm{d}t}$这两项分别表示该矢量的$x$分量、$y$分量，$\frac{\partial}{\partial x}$、$\frac{\partial}{\partial y}$这两个算子表示$x$、$y$坐标轴方向的基矢量.

函数$f(x,y)$不仅表示气温，也可以表示空间中分布在曲线区域上的任意量. 因此$f(x,y)$可以表示道路的海拔，风景的品质，或者在曲线上变化的其他量. 同样，该路径不仅可以选择时间作为参数，也可以选择其他参数. 比如路径上的每个点可以赋予s值或者λ值，那么方向导数$\frac{\mathrm{d}}{\mathrm{d}s}$或者$\frac{\mathrm{d}}{\mathrm{d}\lambda}$依然表示曲线的切矢量，$\frac{\mathrm{d}x}{\mathrm{d}s}$或者$\frac{\mathrm{d}x}{\mathrm{d}\lambda}$依然表示该矢量的$x$分量，$\frac{\mathrm{d}y}{\mathrm{d}s}$或者$\frac{\mathrm{d}y}{\mathrm{d}\lambda}$依然表示该矢量的$y$分量.

理解沿坐标轴方向的基矢量与偏导数之间的关系具有重要意义，如果想要继续研究张量，我们就会发现这一点.

2.7 矢量微分算子

上一节所讲的偏微分具有广泛的应用. 我们在很多相关问题中都会发现其方程常常涉及上方有矢量标识的倒大写 delta（$\vec{\nabla}$）. 这个符号表示矢量微分算子，被称为“nabla”或者“del”，当该算子作用在某个量上时，也就是对该量求导. 导数的具体形式取决于 del 算子后面的符号，$\vec{\nabla}$（）表示梯度，“$\vec{\nabla}\cdot$”表示散度，“$\vec{\nabla}\times$”表示旋度，$\vec{\nabla}^2$（）表示拉普拉斯算子. 后面几节会分别讨论这些运算，现在要考虑的是什么是 del 算子及其在笛卡儿坐标系下的表示.

同所有数学算子一样，del 是一个即将发生的运算. 就像$\sqrt{\ }$是要对根号下的量取平方根，$\vec{\nabla}$表示要在三个方向求导. 特别地，在笛卡儿坐标系下

$$\vec{\nabla}\equiv\hat{i}\frac{\partial}{\partial x}+\hat{j}\frac{\partial}{\partial y}+\hat{k}\frac{\partial}{\partial z}. \tag{2.29}$$

其中，$\hat{i}$，$\hat{j}$，$\hat{k}$表示笛卡儿坐标x，y，z方向的单位矢量.

这个表达式中没有运算对象，所以可能看起来很奇怪. 但是如果在 del 后跟一个标量场或者矢量场，就能知道场在空间上如何变化. 本文中，“场”是指定义在各点处值的数组或者集合. 标量场完全由其在这些点处的大小确定：比如房间中的空气温度和海平面以上地形

的海拔高度都是标量场. 矢量场则是由其在这些点处的大小和方向确定：比如电场、磁场、重力场. 我们将在下面几节内容中用具体的例子说明 del 算子如何作用于标量场和矢量场.

2.8 梯度

del 算子$\vec{\nabla}$作用于标量场所得结果被称为这个标量场的梯度. 由梯度可以得出标量场的两个重要特征：由梯度的大小可知标量场在空间上变化的快慢，由梯度的方向可知标量场在区域上增加最快的方向. 虽然梯度作用于标量场，但其运算结果是一个矢量，既有大小又有方向. 如果标量场是地形的高度，任意点处梯度的大小表示该处地形的陡峭程度，梯度的方向指向上坡并且是最陡峭的上坡.

标量场 ψ 的梯度在笛卡儿坐标系下的定义为

$$\text{grad}(\psi)=\vec{\nabla}\psi\equiv\hat{i}\frac{\partial\psi}{\partial x}+\hat{j}\frac{\partial\psi}{\partial y}+\hat{k}\frac{\partial\psi}{\partial z}.\ (\text{笛卡儿坐标系}) \qquad (2.30)$$

因此，标量场 ψ 梯度的 x 分量表示标量场在 x 方向的斜率，其他分量表示标量场相应方向的斜率. 梯度分量平方和的平方根表示总的陡峭程度.

下面关于梯度运算举一个简单的例子. 考虑图 2.11a 中倾斜平面，这个平面方程很简单，为 $\psi(x, y)=5x+2y$，通过式 (2.30) 的二维情形就可以求出 ψ 的梯度：

$$\begin{aligned}\vec{\nabla}\psi &=\hat{i}\frac{\partial(5x+2y)}{\partial x}+\hat{j}\frac{\partial(5x+2y)}{\partial y}\\ &=5\hat{i}+2\hat{j}.\end{aligned}$$

由此可以看出，ψ 是个标量函数，但是它的梯度是个矢量，并且沿 x 轴和 y 轴有分量. 这些分量又能提供什么信息呢?

首先，x 分量大小是 y 分量大小的两倍多，这说明了该平面在 x 方向倾斜的更多，而在 y 方向相对平缓. 另外，每个分量既不是 x 的函数也不是 y 的函数，因此每个方向的斜率都是常数. 这些结论与图 2.11a是一致的.

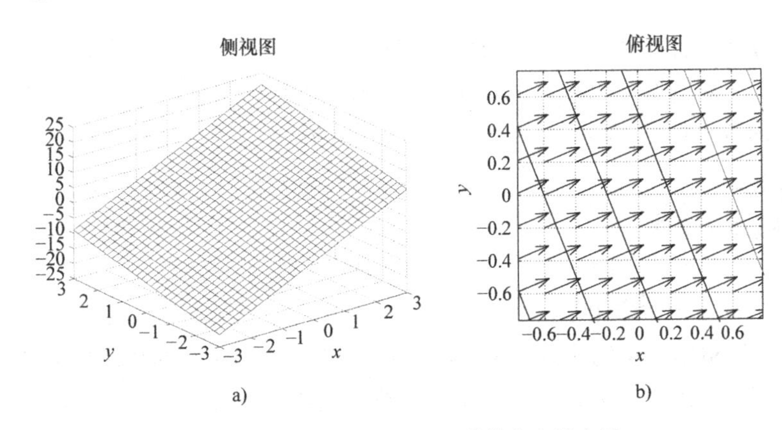

图 2.11 函数 $\psi = 5x + 2y$ 及其梯度和等高线

梯度的大小也很容易求. 因为梯度的 x 分量为 5，y 分量为 2，整个平面上梯度的大小为 $(5^2+2^2)^{1/2}=5.39$. 也可以求出梯度矢量与 x 轴正方向的夹角为 $\arctan(2/5)=21.8°$. 函数 ψ 中间部分的梯度和等高线见图 2.11b.

在柱面坐标系和球面坐标系下，梯度表示为

$$\vec{\nabla}\psi \equiv \hat{r}\frac{\partial\psi}{\partial r}+\hat{\varphi}\frac{1}{r}\frac{\partial\psi}{\partial\varphi}+\hat{z}\frac{\partial\psi}{\partial z},(\text{柱面坐标系}) \tag{2.31}$$

$$\vec{\nabla}\psi \equiv \hat{r}\frac{\partial\psi}{\partial r}+\hat{\theta}\frac{1}{r}\frac{\partial\psi}{\partial\theta}+\hat{\varphi}\frac{1}{r\sin\theta}\frac{\partial\psi}{\partial\varphi}.(\text{球面坐标系}) \tag{2.32}$$

第 2.11 节的拉普拉斯算子也会涉及梯度，拉普拉斯算子是梯度的散度. 接下来讨论的内容就是散度.

2.9 散度

涉及矢量场的问题时，我们可能会遇到 del 算子后跟一个点 $(\vec{\nabla}\cdot)$，表示矢量场的散度. 散度描述了矢量在某点处“流入”或者“流出”的趋势[⊖]，因此常常出现在物理问题和工程领域，用来解决

⊖ 很多情况下，矢量场中实际上不存在流动. “流”这个词仅仅用来做一个类比，把箭头指向场的方向想象成不可压缩流体的实体流动.

矢量场空间变化的问题. 例如，静电场可以用由正电荷指向径向向外的矢量来表示，就像从源流出的流矢量（如水中喷泉）一样. 同样，静电场矢量指向负电荷所在的位置，类似于流体流向低洼处或下水道. 杰出的苏格兰数学物理学家詹姆斯·克拉克·麦克斯韦（James Clerk Maxwell）创造了数学运算中“收敛”一词，可以用来衡量矢量“流向”指定位置的速率. 现代用法中，我们会讨论反向行为（矢量从某个点流出），向外流出散度为正. 如果是流体流动，任意一点的散度用来度量流矢量在该点发散的趋势（即，从该点带走的物质多于带来的物质）. 散度为正的点代表了源的位置，散度为负的点代表了汇的位置.

为了加深对散度的理解，不妨以图2.12和图2.13中所示的矢量场为例进行说明. 要找到矢量场中散度为正的点有两种方法. 一种方法是找哪些点的场矢量是散开的，一种方法是找哪些点离开该点的场矢量大于指向该点的场矢量，这些点就是散度为正的点. 有的作者提出，想象在流动的水面上洒木屑来判断散度. 如果木屑散开，这个点处为散度为正，如果木屑向一起集中，这个点处散度为负.

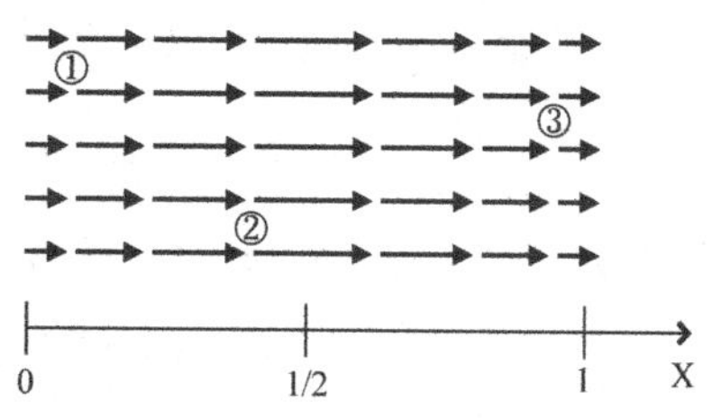

图2.12　大小变化的平行矢量场

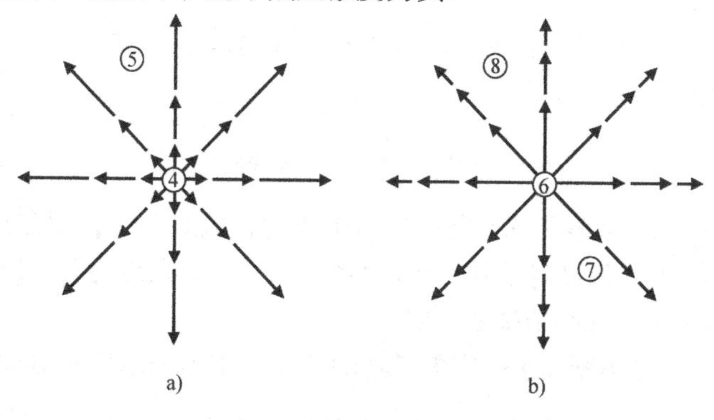

图2.13　大小变化的径向矢量场

下面运用这些方法来判断图 2.12 以及图 2.13 中矢量场的散度. 很明显图 2.12 中的点 1、2 和图 2.13a 中的点 4、5 处散度为正（这些点流出比流入多），图 2.12 中点 3 处散度为负（流入比流出多）.

图 2.13b 中各点的散度不太明确. 点 6 处的散度明显为正，但是点 7、8 处的散度呢？这两个点处场线显然同图 2.13a 的点 5 处一样沿径向发散，但是场线随径向向外逐渐变短. 向外散开可以补偿流动的减缓吗？

回答这个问题还需要借助数学方法，首先要明确散度的数学表示. 散度描述了矢量场在区域上如何变化，在笛卡儿坐标系下，$\vec{\nabla}\cdot$ 作用于矢量 $\vec{A}$ 或者说散度数学运算的微分形式为

$$\vec{\nabla}\cdot\vec{A}=\left(\hat{i}\frac{\partial}{\partial x}+\hat{j}\frac{\partial}{\partial y}+\hat{k}\frac{\partial}{\partial z}\right)\cdot(\hat{i}A_x+\hat{j}A_y+\hat{k}A_z), \tag{2.33}$$

又因为 $\hat{i}\cdot\hat{i}=\hat{j}\cdot\hat{j}=\hat{k}\cdot\hat{k}=1$，就有

$$\vec{\nabla}\cdot\vec{A}=\left(\frac{\partial A_x}{\partial x}+\frac{\partial A_y}{\partial y}+\frac{\partial A_z}{\partial z}\right). \tag{2.34}$$

因此，$\vec{A}$ 的散度等于 $\vec{A}$ 的 x 分量沿 x 轴的变化加上 y 分量沿 y 轴的变化再加 z 分量沿 z 轴的变化. 请注意，矢量场的散度是个标量，只有大小没有方向.

下面利用式（2.34）求图 2.12 中矢量场的散度. 假设图中矢量场的大小沿 x 轴呈正弦变化，为 $\vec{A}=\sin(\pi x)\hat{i}$，同时在 y 和 z 方向保持不变. 因此，

$$\vec{\nabla}\cdot\vec{A}=\frac{\partial A_x}{\partial x}=\pi\cos(\pi x). \tag{2.35}$$

其中，A_y，A_z 都等于 0. 当 $0<x<1/2$ 时，该式为正，即散度为正；当 $x=1/2$ 时，散度等于 0；当 $1/2<x<3/2$ 时，散度为负. 以上结论与图 2.12 中直观判结果断一致.

接下来考虑图 2.13a 中矢量场的散度. 该图表示球状对称矢量场的切片，矢量的大小随到原点距离的平方而递增，有 $\vec{A}=r^2\hat{r}$. 其中，$r^2=(x^2+y^2+z^2)$ 并且

$$\hat{r}=\frac{x\,\hat{i}+y\,\hat{j}+z\,\hat{k}}{\sqrt{x^2+y^2+z^2}},$$

因此，

$$\vec{A}=r^2\hat{r}=(x^2+y^2+z^2)\frac{x\,\hat{i}+y\,\hat{j}+z\,\hat{k}}{\sqrt{x^2+y^2+z^2}}$$
$$=(x^2+y^2+z^2)^{1/2}(x\,\hat{i}+y\,\hat{j}+z\,\hat{k}),$$

且

$$\frac{\partial A_x}{\partial x}=(x^2+y^2+z^2)^{1/2}+x\left(\frac{1}{2}\right)(x^2+y^2+z^2)^{-1/2}(2x).$$

同样也可以求出 $\vec{A}$ 的 y 分量关于 y 的偏导数和 z 分量关于 z 的偏导数，把它们加起来有：

$$\vec{\nabla}\cdot\vec{A}=3(x^2+y^2+z^2)^{1/2}+\frac{(x^2+y^2+z^2)}{\sqrt{x^2+y^2+z^2}}=4(x^2+y^2+z^2)^{1/2}=4r.$$

因此，图 2. 13a 中矢量场的散度随到原点的距离线性增加.

最后，考虑图 2. 13b 中矢量场的散度. 图中矢量场与上一个例子类似，但是矢量大小随着到原点距离的平方递减，因此 $\vec{A}=(1/r^2)\hat{r}$. 图 2. 13b 中场线同图 2. 13a 一样向外扩散，但是矢量大小的递减会影响到散度的值吗？因为 $\vec{A}=(1/r^2)\hat{r}$,

$$\vec{A}=\frac{1}{(x^2+y^2+z^2)}\frac{x\,\hat{i}+y\,\hat{j}+z\,\hat{k}}{\sqrt{x^2+y^2+z^2}}=\frac{x\,\hat{i}+y\,\hat{j}+z\,\hat{k}}{(x^2+y^2+z^2)^{(2/3)}},$$

且

$$\frac{\partial A_x}{\partial x}=\frac{1}{(x^2+y^2+z^2)^{3/2}}-x\left(\frac{3}{2}\right)(x^2+y^2+z^2)^{-5/2}(2x),$$

同样也可以求出 $\vec{A}$ 的 y 分量关于 y 的偏导数和 z 分量关于 z 的偏导数，把它们加起来有：

$$\vec{\nabla}\cdot\vec{A}=\frac{3}{(x^2+y^2+z^2)^{3/2}}-\frac{3(x^2+y^2+z^2)}{(x^2+y^2+z^2)^{5/2}}=0.$$

这也就验证了矢量场矢量大小随到原点距离的减小可以抵消场线向外的扩散. 请注意，这个结论只适用于矢量大小以 $1/r^2$ 的形式衰减的矢量场（并且只对原点以外的点成立）[⊖]．因此，要求任意点的散度时要考虑两个要素：该点处场线的间距和相对长度．这两个因素都会影响到在点周围无限小的体积内场线进或出的总流量．如果向外的流量大于向内的流量，则该点处散度为正；如果向外的流量小于向内的流量，则该点处散度为负；如果向外的流量等于向内的流量，则该点处散度为 0.

目前为止，计算的都是笛卡儿坐标系下的散度．但是如果问题具有对称性，利用非笛卡儿坐标系来计算可能会更简单．柱面坐标系和球面坐标系下的散度为：

$$\vec{\nabla}\cdot\vec{A}=\frac{1}{r}\frac{\partial}{\partial r}(rA_r)+\frac{1}{r}\frac{\partial A_\varphi}{\partial\varphi}+\frac{\partial A_z}{\partial z},\text{(柱面坐标系)} \tag{2.36}$$

$$\vec{\nabla}\cdot\vec{A}=\frac{1}{r^2}\frac{\partial}{\partial r}(r^2A_r)+\frac{1}{r\sin\theta}\frac{\partial}{\partial\theta}(A_\theta\sin\theta)+\frac{1}{r\sin\theta}\frac{\partial A_\varphi}{\partial\varphi}.\text{(球面坐标系)} \tag{2.37}$$

选择恰当的坐标系会为散度的计算带来极大的便利，大家可以尝试利用球面坐标重新计算本节的最后两个例子.

2.10 旋度

del 算子后面跟一个叉（$\vec{\nabla}\times$）表示旋度微分运算．矢量场的旋度衡量的是场围绕一个点的旋转程度，就像散度度量的是场在某点发散的程度．但是散度得到的结果是标量，而旋度得到的结果是矢量．旋度矢量的大小与围绕关注点的环流量成比例，旋度矢量的方向垂直于场环流量最大的平面.

不妨以图 2.14 中的矢量场为例说明什么是矢量场中点的旋度．要想找出每个场中旋度大的点，就去找两侧场线明显不同（大小、方向，或二者都包含在内）的点．还可以用更形象的方法理解旋度．不妨做一个思维实验：想象在水流的每个点处放置一个微型桨轮．如果

⊖ 原点处 $r=0$，$1/r^2$ 矢量场在该处产生奇点，必须用 Dirac delta 函数确定散度.

水流引起浆轮旋转，则浆轮中心就是一个旋度不为零的点. 旋度的方向与浆轮轴的方向一致. 依照惯例，正旋度的方向由右手法则确定：沿着循环方向弯曲右手的四根手指，大拇指指向正旋度的方向.

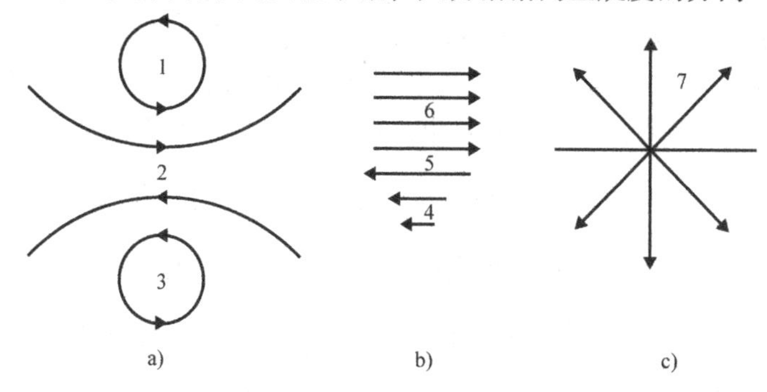

图 2.14　旋度值不同的矢量场

通过浆轮实验可以看出，图 2.14a 中点 1、2、3 以及图 2.14b 中点 5 均为高旋度位置，点 4 处也有一点旋度. 点 6 周围是等速流并且图 2.14c 中点 7 周围场线是发散的，不能引起微型浆轮的旋转，也就是这些点处的旋度很小或者为零.

我们可以在笛卡儿坐标下通过旋度的微分形式或者 “del 叉” ($\vec{\nabla}\times$) 算子实现定量计算：

$$\vec{\nabla}\times\vec{A}=\left(\hat{i}\frac{\partial}{\partial x}+\hat{j}\frac{\partial}{\partial y}+\hat{k}\frac{\partial}{\partial z}\right)\times\left(\hat{i}A_x+\hat{j}A_y+\hat{k}A_z\right), \tag{2.38}$$

因为矢量的叉乘可以写成行列式的形式：

$$\vec{\nabla}\times\vec{A}=\begin{vmatrix}\hat{i} & \hat{j} & \hat{k}\\ \dfrac{\partial}{\partial x} & \dfrac{\partial}{\partial y} & \dfrac{\partial}{\partial z}\\ A_x & A_y & A_z\end{vmatrix}, \tag{2.39}$$

展开成

$$\vec{\nabla}\times\vec{A}=\left(\frac{\partial A_z}{\partial y}-\frac{\partial A_y}{\partial z}\right)\hat{i}+\left(\frac{\partial A_x}{\partial z}-\frac{\partial A_z}{\partial x}\right)\hat{j}+\left(\frac{\partial A_y}{\partial x}-\frac{\partial A_x}{\partial y}\right)\hat{k}. \tag{2.40}$$

请注意，$\vec{A}$ 旋度的每个分量表示场在一个坐标面上的旋转程度. 如果

场旋度的 x 分量很大，这表明场在 yOz 面上关于点的环流量显著. 旋度的整体方向就是旋转最快的轴，方向由右手法则确定.

等式中的每一项是如何度量旋转的呢？不妨考虑图 2.15 中的矢量场在给定点处的旋度. 首先看图 2.15a 中的场和等式中旋度的 x 分量：该项包括 A_z 随 y 的变化以及 A_y 随 z 的变化. 先观察 A_z，沿着 y 轴正方向从该点的左侧走向右侧，A_z 明显增加（在该点的左侧指向 z 轴负方向，在该点的右侧指向 z 轴正方向），所以 $\frac{\partial A_z}{\partial y}$ 这一项一定取正；再来观察 A_y，可以看出点的下方为正且上方为负，A_y 沿 z 轴正方向是减小的，所以 $\frac{\partial A_y}{\partial z}$ 取负. 因此，当 $\frac{\partial A_z}{\partial y}$ 减去 $\frac{\partial A_y}{\partial z}$ 时，旋度的值是增加的. 因此，该点处旋度的值很大，与我们依据 $\vec{A}$ 在该点的循环判断结果一致.

图 2.15b 中的情况完全不同. 这种情况下，图中 $\frac{\partial A_y}{\partial z}$ 与 $\frac{\partial A_z}{\partial y}$ 均为正，$\frac{\partial A_z}{\partial y}$ 减去 $\frac{\partial A_y}{\partial z}$ 的值就很小，因此旋度的 x 分量就很小. 旋度处处为零的矢量场称为“无旋场”.

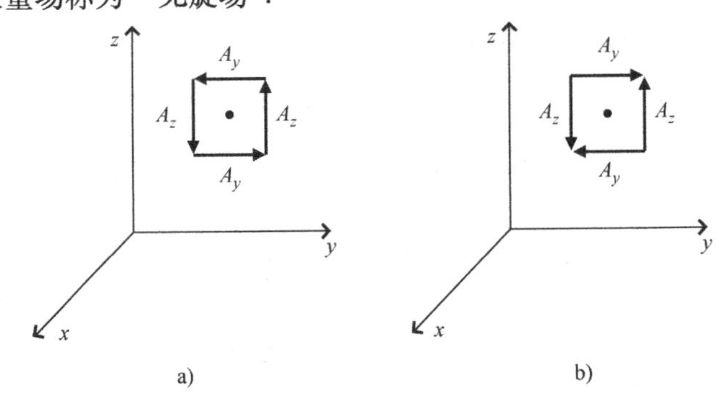

图 2.15 $\frac{\partial A_y}{\partial z}$ 与 $\frac{\partial A_z}{\partial y}$ 对旋度的影响

柱面和球面坐标系下的旋度为

$$\vec{\nabla}\times\vec{A}=\left(\frac{1}{r}\frac{\partial A_z}{\partial\varphi}-\frac{\partial A_\varphi}{\partial z}\right)\hat{r}+\left(\frac{\partial A_r}{\partial z}-\frac{\partial A_z}{\partial r}\right)\hat{\varphi}+\frac{1}{r}\left(\frac{\partial(rA_\varphi)}{\partial r}-\frac{\partial A_r}{\partial\varphi}\right)\hat{z},\text{（柱面坐标系）}^{㊀}\tag{2.41}$$

$$\vec{\nabla}\times\vec{A}=\frac{1}{r\sin\theta}\left(\frac{\partial(A_\varphi\sin\theta)}{\partial\theta}-\frac{\partial A_\theta}{\partial\varphi}\right)\hat{r}+\frac{1}{r}\left(\frac{1}{\sin\theta}\frac{\partial A_r}{\partial\varphi}-\frac{\partial(rA_\varphi)}{\partial r}\right)\hat{\theta}+\frac{1}{r}\left(\frac{\partial(rA_\theta)}{\partial r}-\frac{\partial A_r}{\partial\theta}\right)\hat{\varphi}.\text{（球面坐标系）}^{㊁}\tag{2.42}$$

我们常常认为矢量场的旋度在曲线的位置是非零的，这是一个错误的认识．大家知道散度既与场线向外扩散程度有关又与场线的长度变化有关，同样，旋度不仅取决于场线曲率，还取决于场强．不妨考虑指向 $\hat{\varphi}$ 方向并且以 $1/r$ 递减的曲线型矢量场：

$$\vec{A}=\frac{k}{r}\hat{\varphi}.$$

在柱面坐标系下求这个场的旋度非常简单：

$$\vec{\nabla}\times\vec{A}=\left(\frac{1}{r}\frac{\partial A_z}{\partial\varphi}-\frac{\partial A_\varphi}{\partial z}\right)\hat{r}+\left(\frac{\partial A_r}{\partial z}-\frac{\partial A_z}{\partial r}\right)\hat{\varphi}+\frac{1}{r}\left(\frac{\partial(rA_\varphi)}{\partial r}-\frac{\partial A_r}{\partial\varphi}\right)\hat{z},$$

由于 $A_r=0$，$A_z=0$，有

$$\vec{\nabla}\times\vec{A}=\left(-\frac{\partial A_\varphi}{\partial z}\right)\hat{r}+\frac{1}{r}\left(\frac{\partial(rA_\varphi)}{\partial r}\right)\hat{z}=\left(-\frac{\partial(k/r)}{\partial z}\right)\hat{r}+\frac{1}{r}\left(\frac{\partial(rk/r)}{\partial r}\right)\hat{z}=0.$$

这个结果的物理意义是什么？不妨再次用流水以及桨轮进行类比．想象在图 2.16a 的场中放置桨轮，力作用于桨轮．图中场线曲率中心远低于图形底部，箭头的间距表明距离中心越远，场越弱．场线在左桨处指向略微向上，而在右桨处略微向下，场线这样的弯曲方向似乎将推动桨轮顺时针旋转．但是，桨轮轴上方的场会减弱，因此上方桨受到来自场的推力比下方桨受到的推力弱，如图 2.16b 所示，则下方桨受到较强的力会试图推动桨轮逆时针旋转．由于距离曲率中心越远场强越弱，减弱了的场强对桨轮的作用与场中曲率向下对桨轮的

㊀ $\hat{r}$，$\hat{\varphi}$，$\hat{z}$ 为柱面坐标系中的单位矢量．

㊁ $\hat{r}$，$\hat{\theta}$，$\hat{\varphi}$ 为球面坐标系中的单位矢量．

作用就会相互抵消. 如果场以 $1/r$ 减小，则左右桨受到向上 - 向下的推力正好被上下桨受到的弱 - 强推力补偿. 顺时针和逆时针的力平衡，桨轮不转动——即使场线是弯曲的，这个位置的旋度也为零. 在 $1/r$ 场中，除了在曲率中心（奇点所在位置，并且必须使用 delta 函数处理）之外，所有点处的旋度都为零.

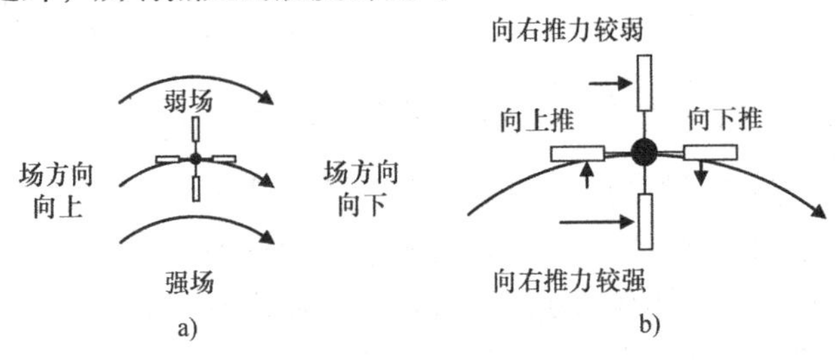

图 2.16 矢量场 $\vec{A}$ 的旋度补偿组成

2.11 拉普拉斯算子

梯度作用于标量函数并产生一个矢量，散度作用于矢量并产生一个标量，能不能将这两个运算结合起来得到一种有意义的运算呢？事实证明，标量函数 ϕ 梯度的散度在物理学和工程领域中是最有用的数学运算之一，记为 $\vec{\nabla}\cdot(\vec{\nabla}\phi)$. 为了纪念法国伟大的数学家和天文学家皮埃尔 · 西蒙 · 拉普拉斯（Pierre - Simon Laplace），这个运算被称为"拉普拉斯算子"，常常记为 $\vec{\nabla}^2\phi$（有时也记为 $\Delta\phi$）.

要理解拉普拉斯算子的重要性，我们先来回顾一下笛卡儿坐标系下的梯度和散度这两个运算：

梯度：

$$\vec{\nabla}\phi=\hat{i}\frac{\partial\phi}{\partial x}+\hat{j}\frac{\partial\phi}{\partial y}+\hat{k}\frac{\partial\phi}{\partial z},\tag{2.43}$$

散度：

$$\vec{\nabla}\cdot\vec{A}=\frac{\partial A_x}{\partial x}+\frac{\partial A_y}{\partial y}+\frac{\partial A_z}{\partial z},\tag{2.44}$$

因为 ϕ 梯度的 x 分量为$\frac{\partial\phi}{\partial x}$，$y$ 分量为$\frac{\partial\phi}{\partial y}$，$z$ 分量为$\frac{\partial\phi}{\partial z}$，该梯度矢量的散度为

$$\vec{\nabla}\cdot(\vec{\nabla}\phi)=\nabla^2\phi=\frac{\partial^2\phi}{\partial x^2}+\frac{\partial^2\phi}{\partial y^2}+\frac{\partial^2\phi}{\partial z^2}. \tag{2.45}$$

正如梯度（$\vec{\nabla}$）、散度（$\vec{\nabla}\cdot$）、旋度（$\vec{\nabla}\times$）都表示微分算子，拉普拉斯算子（∇^2）也是一个要作用在函数上的算子. 根据前面的内容，梯度给出了标量函数增长最快的方向（上升的陡峭程度），散度反映了矢量函数从一个点“流出”的强度（当散度是负值，表示流入该点的强度），旋度表示出了矢量函数围绕一个点旋转的强度. 那么，梯度的散度—拉普拉斯算子又有什么意义？

如果把拉普拉斯算子记为$\nabla^2=\frac{\partial^2}{\partial x^2}+\frac{\partial^2}{\partial y^2}+\frac{\partial^2}{\partial z^2}$，利用这个算子就可以求出函数在给定点处沿各个方向变化的变化（从图形上看表示斜率的变化）. 拉普拉斯算子可以解决什么样的实际问题呢？例如，加速度为位移随时间变化的变化，位移函数的极大值和极小值处（峰和谷）斜率有显著的变化，在数字图像中可以通过寻找亮度梯度突然变化的点找到图像中的斑点和边界，要解决这类问题都要用到拉普拉斯算子.

为什么拉普拉斯算子具有这么广泛的应用？因为对于空间中的每个点，利用函数的拉普拉斯运算都可以求出该点函数值与周围各点平均函数值之间的差异. 下面以图 2.17 中点（0，0，0）周围的区域为例进行说明. 函数 ϕ 在三维空间的这个区域中有定义，中心点（0，0，0）的函数 ϕ 值为 ϕ_0，图中立方体是为了表示出中心（0，0，0）点周围的六个点的位置. 其中，中心点的前后有两个点（沿 x 轴），左右有两个点（沿 y 轴），上下有两个点（沿 z 轴）. 为便于分析 ϕ 相对于 ϕ_0 变化的变化，不妨以 x 轴上的点为例，如图 2.18 所示. 中心点后面点的 ϕ 值记为 $\phi_{后}$，中心点前面点的 ϕ 值记为 $\phi_{前}$. 如果从（0,0,0）到这些点的距离均为 Δx，则 B 点处 ϕ 的偏导数近似为 $(\phi_0-\phi_{后})/\Delta x$. 同理，$A$ 点处 ϕ 的偏导数近似为$(\phi_{前}-\phi_0)/\Delta x$.

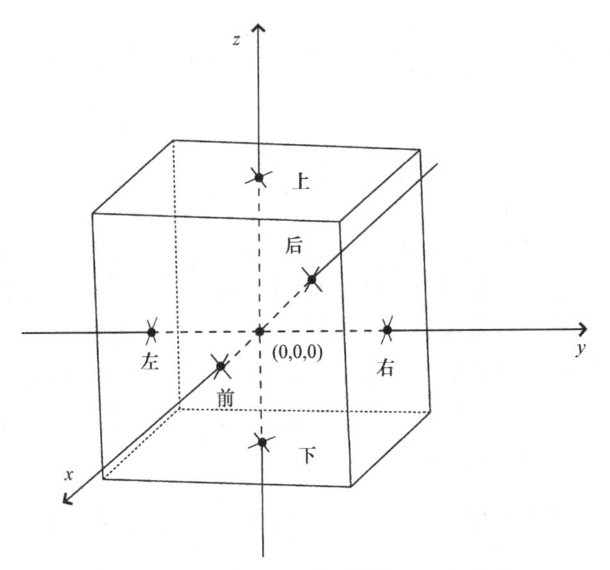

图 2.17 点（0，0，0）周围 $\phi=\phi_0$ 的点

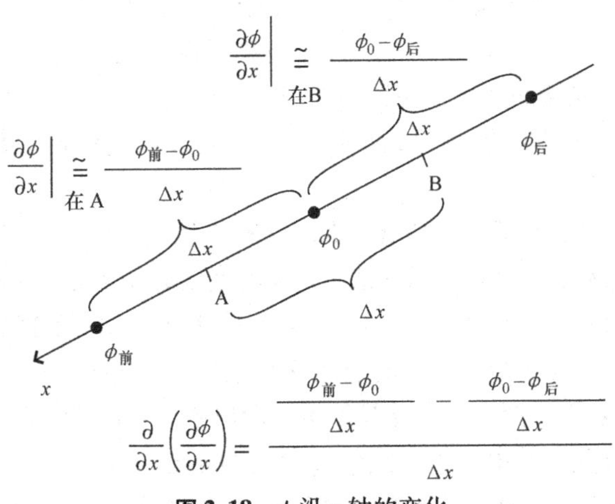

图 2.18 ϕ 沿 x 轴的变化

但是拉普拉斯算子不是求关于 ϕ 的变化，而是 ϕ 变化的变化. 为此，有

$$\frac{\partial}{\partial x}\left(\frac{\partial\phi}{\partial x}\right)=\frac{(\phi_{前}-\phi_0)/\Delta x-(\phi_0-\phi_{后})/\Delta x}{\Delta x},$$

$$\frac{\partial^2\phi}{\partial x^2}=\frac{\phi_{前}+\phi_{后}-2\phi_0}{(\Delta x)^2}. \tag{2.46}$$

结合上式考虑点（0，0，0）左右两个点，可以得到

$$\frac{\partial^2\phi}{\partial y^2}=\frac{\phi_{右}+\phi_{左}-2\phi_0}{(\Delta y)^2}, \tag{2.47}$$

同样可以得到点（0，0，0）上下两个点的等式：

$$\frac{\partial^2\phi}{\partial z^2}=\frac{\phi_{上}+\phi_{下}-2\phi_0}{(\Delta z)^2}, \tag{2.48}$$

如果这些点都是对称的，有 $\Delta x=\Delta y=\Delta z$，以上三个等式加起来可以得到：

$$\frac{\partial^2\phi}{\partial x^2}+\frac{\partial^2\phi}{\partial y^2}+\frac{\partial^2\phi}{\partial z^2}=\frac{\phi_{前}+\phi_{后}+\phi_{右}+\phi_{左}+\phi_{上}+\phi_{下}-6\phi_0}{(\Delta x)^2}, \tag{2.49}$$

运用 del 平方的符号表示拉普拉斯算子，将上式稍加整理：

$$\begin{aligned}\nabla^2\phi &=\frac{-6}{(\Delta x)^2}\left[\phi_0-\frac{1}{6}(\phi_{前}+\phi_{后}+\phi_{右}+\phi_{左}+\phi_{上}+\phi_{下})\right]\\ &=\frac{-6}{(\Delta x)^2}(\phi_0-\phi_{avg}).\end{aligned} \tag{2.50}$$

其中，$\phi_{avg}=\frac{1}{6}(\phi_{前}+\phi_{后}+\phi_{右}+\phi_{左}+\phi_{上}+\phi_{下})$为周围六个点的平均函数值.

由式 2.50 可以得出，拉普拉斯算子作用于任意点处函数 ϕ 的结果同该点 ϕ 值与周围点平均 ϕ 值之差成比例. 方程中的负号说明，当该点函数值比周围点平均函数值大时，函数拉普拉斯算子为负，当该点函数值比周围点的平均函数值小时，函数的拉普拉斯算子为正.

一点的函数值与周围相邻各点平均函数值之差与函数梯度的散度有什么关联呢？首先，前者与函数的峰谷有关. 如果某点函数值大于周围各点平均值，则该点是函数的局部最大值点. 同理，如果某点函数值小于周围各点平均值，该点为局部最小值点. 因为拉普拉斯算子可以找到函数值比周围各点函数值都大或者都小的点，所以拉普拉斯算子也被称为“凹凸检测器”或“峰谷检测器”.

再来考虑峰谷与函数梯度的散度之间的关系. 我们知道，梯度指向函数值增加最快的方向（如果梯度为负，则为下降最快的方向），散度衡量的是某个区域内矢量向外发散的程度（散度为负时，表示矢量汇聚于该区域）. 现在观察图 2. 19a 中函数的峰值以及峰值附近函数的梯度，如图 2. 19b 所示. 峰值附近，梯度矢量从各个方向“流向”峰顶. 因为收敛于一点的矢量场散度为负，所以峰顶附近梯度的散度会是一个很大的负数. 这与拉普拉斯算子在函数的最大值点附近是负值这个结论是一致的.

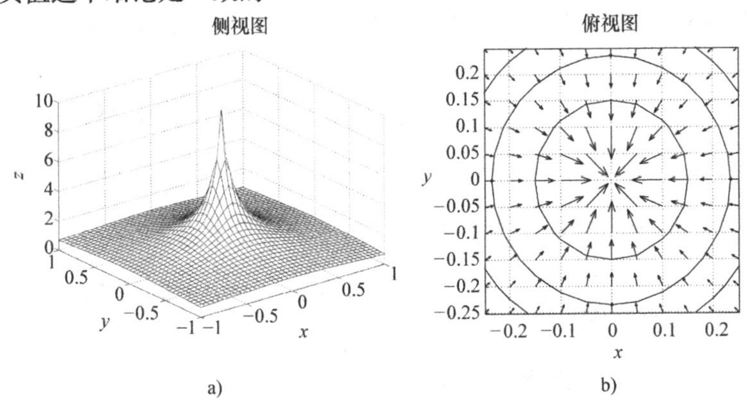

图 2.19 函数 $\phi(1/r)$ 以及 ϕ 在峰附近的梯度和等高线

图 2. 20a 和图 2. 20b 是另一种情况. 图中，在谷底附近，梯度向各个方向流出，因此这种情况下梯度的散度是一个很大的正数（再次与最小值点的拉普拉斯算子为正这个结论保持一致）. 拉普拉斯算子在远离峰顶和谷底的值是多少？这个值取决于函数在所关注点附近的形状. 如第 2. 9 节所述，散度的值取决于函数从包含某个点的小体积“流出”的强度. 拉普拉斯算子为梯度的散度，因此要考虑梯度矢量是从点“流入”还是“流出”（换句话说，梯度矢量是向这个点集中还是从点向外发散）. 如果梯度矢量流入和流出相等，则函数的拉普拉斯算子在该点处为零. 如果梯度矢量的长度和方向共同作用下，使得某点处流出大于流入，则拉普拉斯算子在该点处为正.

例如，如果你从一个坡度相同的圆对称山谷中爬出来，梯度矢量则向外分散并且长度不变，这意味着梯度的散度（即拉普拉斯算子）在该点上有一个正值. 但是如果山谷有弧坡，当从谷底离开的时候，斜坡就变得不那么陡峭了（所以梯度矢量变短），梯度矢量强度的降低有可能恰好可以补偿这些矢量的向外扩散，在这种情况下，函数的拉普拉斯算子为零.

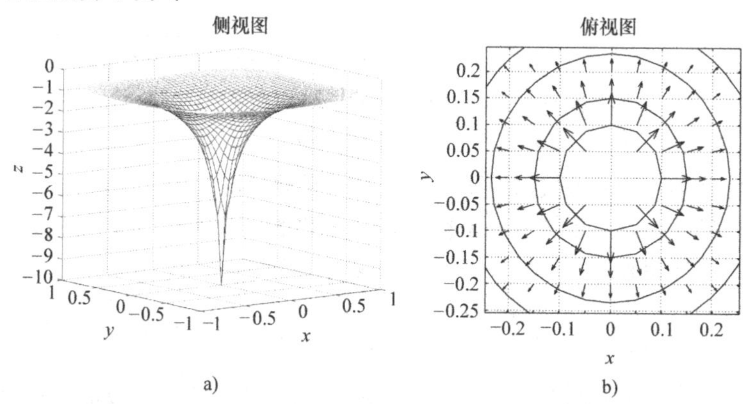

图 2.20　函数 ϕ（$-1/r$）以及 ϕ 在谷底附近的梯度和等高线

下面用数学方法重新推导这个过程. 以三元函数 ϕ 为例，函数值与到原点的距离 r 成反比，可以写成 $\phi=k/r$，其中，k 为比例常数，r 为到原点的距离. 因为 $r=(x^2+y^2+z^2)^{1/2}$，因此 $\phi=k/(x^2+y^2+z^2)^{1/2}$. 利用式 2.45 可以求出函数 ϕ 的拉普拉斯算子值. 首先求 ϕ 关于 x 的偏导数：

$$\frac{\partial\phi}{\partial x}=\frac{-k(2x)}{2(x^2+y^2+z^2)^{3/2}}=\frac{-kx}{(x^2+y^2+z^2)^{3/2}},$$

接下来再求一次关于 x 的偏导数：

$$\begin{aligned}\frac{\partial^2\phi}{\partial x^2}&=\frac{-k}{(x^2+y^2+z^2)^{3/2}}+\left(\frac{3}{2}\right)\frac{kx(2x)}{(x^2+y^2+z^2)^{5/2}}\\&=\frac{-k}{(x^2+y^2+z^2)^{3/2}}+\frac{3kx^2}{(x^2+y^2+z^2)^{5/2}},\end{aligned}$$

同理，可以求出函数关于 y，z 的二阶偏导数为

$$\frac{\partial^2\phi}{\partial y^2}=\frac{-k}{(x^2+y^2+z^2)^{3/2}}+\frac{3ky^2}{(x^2+y^2+z^2)^{5/2}},$$

$$\frac{\partial^2\phi}{\partial z^2}=\frac{-k}{(x^2+y^2+z^2)^{3/2}}+\frac{3kz^2}{(x^2+y^2+z^2)^{5/2}},$$

最后，把三个二阶偏导数相加：

$$\frac{\partial^2\phi}{\partial x^2}+\frac{\partial^2\phi}{\partial y^2}+\frac{\partial^2\phi}{\partial z^2}=\frac{-3k}{(x^2+y^2+z^2)^{3/2}}+\frac{3k(x^2+y^2+z^2)}{(x^2+y^2+z^2)^{5/2}}$$

$$=\frac{-3k}{(x^2+y^2+z^2)^{3/2}}+\frac{3k}{(x^2+y^2+z^2)^{3/2}}=0.$$

因此，若三元函数与 $1/r$ 成比例，则非原点处拉普拉斯算子为零. 此时，$1/r$ 的分母不能为零，所以函数在原点 $r=0$ 处要特殊处理，运用的是 Dirac delta 函数以及积分法，而不是微分法.

有时也会在非笛卡儿坐标下计算函数的拉普拉斯算子. 例如，函数 ψ 在柱面和球面坐标下的拉普拉斯算子为

$$\nabla^2\psi=\frac{1}{r}\frac{\partial}{\partial r}\left(r\frac{\partial\psi}{\partial r}\right)+\frac{1}{r^2}\frac{\partial^2\psi}{\partial\varphi^2}+\frac{\partial^2\psi}{\partial z^2},\text{（柱面坐标系）}\tag{2.51}$$

$$\nabla^2\psi=\frac{1}{r^2}\frac{\partial}{\partial r}\left(r^2\frac{\partial\psi}{\partial r}\right)+\frac{1}{r^2\sin\theta}\frac{\partial}{\partial\theta}\left(\sin\theta\frac{\partial\psi}{\partial\theta}\right)+\frac{1}{r^2\sin^2\theta}\frac{\partial^2\psi}{\partial\varphi^2},\text{（球面坐标系）}\tag{2.52}$$

2.12 习题

2.1 已知矢量 $\vec{A}=3\,\hat{i}+2\,\hat{j}-\hat{k}$，$\vec{B}=\hat{j}+4\,\hat{k}$，求数量积 $\vec{A}\cdot\vec{B}$ 以及 $\vec{A}$ 与 $\vec{B}$ 的夹角.

2.2 已知矢量 $\vec{J}=2\,\hat{i}-\hat{j}+5\,\hat{k}$，$\vec{K}=3\,\hat{i}+2\,\hat{j}+\hat{k}$，$\vec{L}$ 与叉积 $\vec{J}\times\vec{K}$ 相等，求矢量 $\vec{L}$ 并证明 $\vec{L}$ 既垂直于 $\vec{J}$ 又垂直于 $\vec{K}$.

2.3 证明：$\vec{A}\cdot\vec{B}=A_xB_x+A_yB_y+A_zB_z=|\vec{A}||\vec{B}|\cos(\theta)$，$\vec{A}\times\vec{B}=|\vec{A}|\,|\vec{B}|\sin(\theta)$.

2.4 求三重积 $\vec{J}\cdot(\vec{A}\times\vec{B})$ 以及 $(\vec{J}\times\vec{A})\cdot\vec{B}$ 并比较二者的结果，其中，$\vec{A}$，$\vec{B}$，$\vec{J}$ 是习题 2.1、2.2 中相应的矢量.

2.5 求三重矢积$\vec{J}\times(\vec{A}\times\vec{B})$，$(\vec{J}\times\vec{A})\times\vec{B}$以及$\vec{B}\times(\vec{J}\times\vec{A})$并比较三者的结果，其中，$\vec{A}$，$\vec{B}$，$\vec{J}$是习题2.1、2.2中相应的矢量.

2.6 已知函数$f(x,y)=x^2+3y^2+2xy+3x+5$，求$\frac{\partial f}{\partial x}$，$\frac{\partial f}{\partial y}$.

2.7 已知$\phi=x^2+y^2$，求点$(x,y)=(3\text{cm},\ -2\text{cm})$的$\vec{\nabla}\phi$是多少?

2.8 求矢量场$\vec{C}=5xy\,\hat{i}-3x\,\hat{j}+5z^2\,\hat{k}$的散度.

2.9 求矢量场$\vec{C}=5xy\,\hat{i}-3x\,\hat{j}+5z^2\,\hat{k}$的旋度.

2.10 求函数$f(x,y)=x^2+3y^2+2xy+3x+5$的拉普拉斯算子.

2.11 力学中，力（$\vec{F}$）在位移（$\mathrm{d}\,\vec{r}$）上所做的功（W）定义为力与位移的数量积，即$W=\vec{F}\cdot\mathrm{d}\,\vec{r}$. 假设汽车的重量为1200kg，山丘的表面与水平面成20°角，当汽车沿着山丘向下行驶50m，垂直向下的重力（$|\vec{F}|=mg$，其中，g是重力加速度）对汽车做了多少功?

2.12 想象一下，试着通过推动扳手手柄来转动螺栓头. 施加力（$\vec{F}$）产生的矢量扭矩为$\vec{\tau}=\vec{r}\times\vec{F}$，其中，$\vec{r}$表示从旋转点指向施力点的矢量. 如果在距离旋转点12cm处用25N的力推动扳手手柄，要使螺栓头上的扭矩最大，应朝哪个方向推动? 如果朝这个方向推动扳手，在螺栓头上施加了多少扭矩?

第 3 章

矢量的应用

离开矢量，许多问题都难以解决．如果掌握了矢量并且意识它可以解决各种问题，自然也就明白了其真正的价值，也就更清楚如何去应用它．本章将给出四个问题的详解：沿斜面下滑的物体，沿曲线移动的物体，电场中的带电粒子以及磁场中的带电粒子．要想解决这些问题，就要用到第 1 章和第 2 章中许多矢量的概念和运算．

3.1 斜面上的物体

如图 3.1 所示，女送货员正在将一个很重的箱子沿斜面推到她的货运卡车上．显然有多个力作用在这个箱子上，因此要想确定箱子如何移动，就要知道如何处理矢量．具体来说，要解决这类问题首先用矢量加法求出作用在箱子上的合力，然后运用牛顿第二定律通过合力求出箱子移动的加速度．

图 3.1　货运卡车问题

为什么可以这么做？想象送货员从斜面一边离开，只留下箱子在重力的作用下从斜面上自由滑落．首先假设斜面足够光滑，箱子和斜面表面的摩擦力可以忽略不计（因此摩擦系数实际上等于零）．箱子滑到斜面底部时移动的速度有多快？这个速度取决于什么？后者可能是我们更关注的．

遇到这类问题时，首先要画图并且把作用在箱子上的力画出来．“受力分析图”可以帮助我们确定作用在物体上的合力，这样运用牛顿第二定律（$\vec{a} = \sum \vec{F}/m$）㊀很容易就可以求出物体的加速度．只要知道加速度，速度就很容易求了．图 3.2 就是这种情况下（无摩擦）的受力分析图．

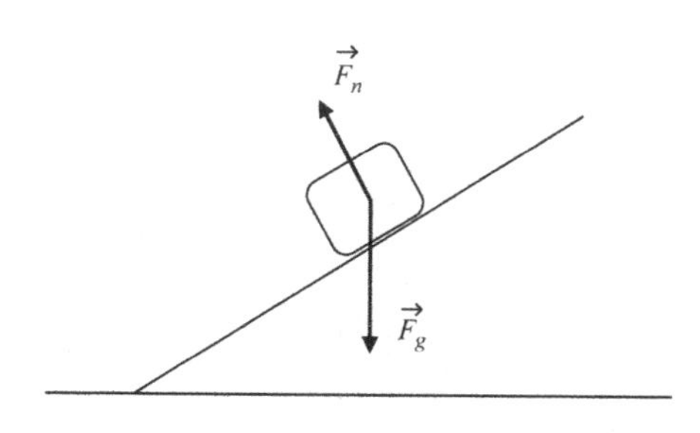

图 3.2　光滑斜面上物体的受力分析图

该问题中女送货员已经离开并且也没有摩擦力，则作用在箱子上的力只剩下重力 $\vec{F}_g$㊁和斜面的正压力 $\vec{F}_n$．其中，重力方向竖直向下，正压力垂直（“正交”）于斜面．这些力的产生很容易理解．地球的质量产生了重力；箱子放在斜面上产生压力作用，同时斜面对箱子就会产生反作用力，也就是正压力（如果没有斜面对箱子斜向上的支撑作用，箱子就会在重力的作用下直接掉下来）．

㊀ 更常见的形式为 $\vec{F} = m\vec{a}$，但是文中给出的形式是为了提醒我们加速度是由所有力的矢量和产生的，并且质量是用来对抗加速度的（这就是为什么质量在分母上——如果同样的力作用在质量不同的物体上，那么质量小的物体加速度更大）．

㊁ 这里忽略了重力的地区差异，解决这类问题时可以这样处理，这样是非常合理的．

这两个力会如图 3.3 所示一样作用在箱子里的某个点上吗？显然不是，因为箱子的每个质点都会被重力向下牵引，并且箱子整个底面都受到斜面对箱子的作用力. 但是要求箱子的加速度，不必考虑力的实际作用点，而是把箱子看作某个位置上的质点就可以了. 并不是所有的问题都可以这样处理，例如涉及扭矩和角加速度，力的作用点就非常关键. 但是本例中箱子沿斜面滑动向下，而不是滚动向下，因此完全可以把这个箱子看作一个质点，受力分析图中认为所有的力作用在同一个点，这样力的方向也不容易画错，如图 3.2 所示. 根据质心（CM）的概念可以将质量为 m 的刚体看作一个点并且有 $\vec{a}_{CM} = \vec{F}_{CM}/m$，这也说明了这样做的合理性.

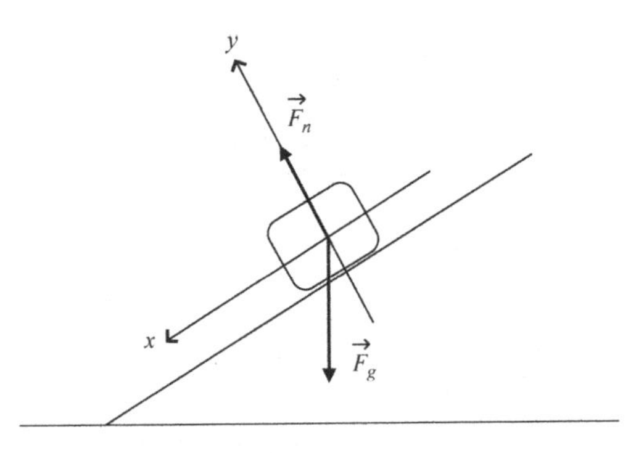

图 3.3 建立坐标系的受力分析图

要想运用矢量加法求出作用在箱子上力的合力，首先要在受力分析图上建立坐标系，画出坐标轴，如图 3.3 所示. 理论上坐标轴的方向可以任意选取，但是本例中讨论的物体落在斜面上，不妨选择 x 轴方向平行于斜面向下，y 轴方向垂直于斜面向上，这样选取坐标轴方向会带来极大的便利. 因为正压力完全沿着 y 的正半轴，物体沿斜面向下的移动完全沿着 x 的正半轴（只要箱子仍然在斜面上）. 但是重力 $\vec{F}_g$ 方向竖直向下，既不与斜向下的平面一致（x 轴方向），也不与垂直于平面轴（y 轴）的方向一致，因此要运用一些几何方法找出重

力的 x 分量和 y 分量.[⊖]

要想求出重力 $\vec{F}_g$ 的 x 分量 $\vec{F}_{g,x}$ 和 y 分量 $\vec{F}_{g,y}$，关键是要先求出斜面与水平面的夹角 θ，并且这个夹角和 $\vec{F}_g$ 与 y 轴负方向的夹角相等，如图 3.4a 所示.

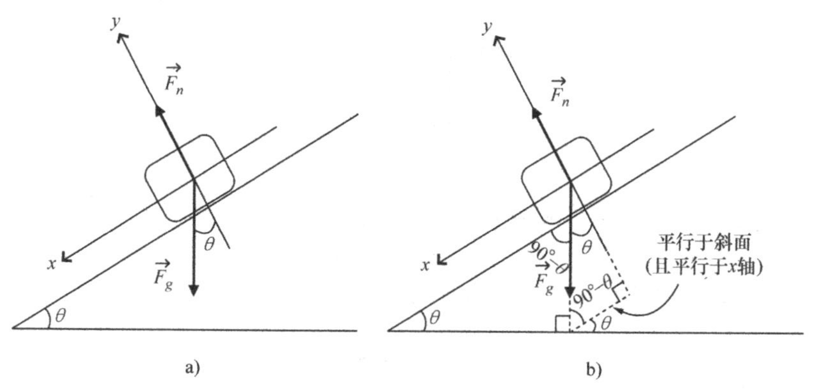

图 3.4 $\vec{F}_g$ 角度的几何分解

如果不能理解图 3.4a 中给出的两个角 θ 为什么相等，参考图 3.4b. 将图中两个三角形补充完整，如图 3.4b 所示，就很容易看出 $\vec{F}_g$ 与 y 轴负方向的夹角确实为 θ（本例中如果 $\theta=0°$ 或 $\theta=90°$ 结果同样成立）.

知道 $\vec{F}_g$ 与 y 轴负方向的夹角为 θ，就能直接求出重力矢量 $\vec{F}_g$ 的 x 分量 $\vec{F}_{g,x}$ 和 y 分量 $\vec{F}_{g,y}$. 如图 3.5 所示，$\vec{F}_g$ 的分量为

$$\vec{F}_{g,x}=|\vec{F}_g|\sin\theta(\hat{i}),$$

$$\vec{F}_{g,y}=|\vec{F}_g|\cos\theta(-\hat{j}). \tag{3.1}$$

⊖ 也可以选择水平坐标轴和垂直坐标轴，这样 $\vec{F}_g$ 完全沿着 y 的负半轴. 此时，就要知道正交矢量 $\vec{F}_n$ 的 x 分量和 y 分量了. 但是其他的力（例如摩擦力和女送货员的推力）一般会沿坡道表面的方向，倾斜坐标轴将在后续问题中帮我们节省大量时间.

其中，$\hat{j}$ 前面的负号说明这个分量指向 y 轴负方向.

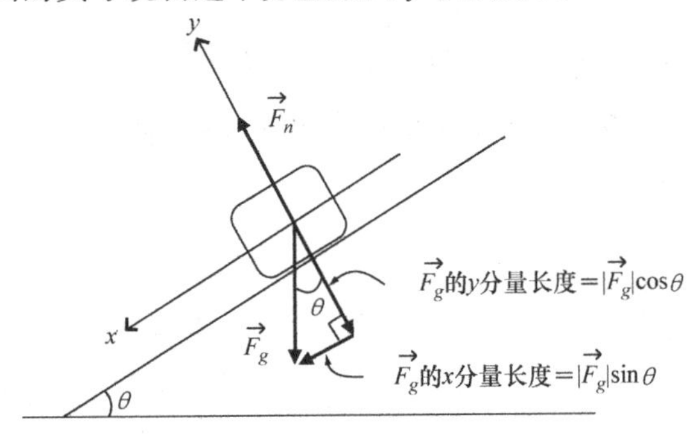

图 3.5 $\vec{F}_g$ 的 x 分量和 y 分量

如第 1 章所述，式 3.1 通常记为

$$F_{g,x} = |\vec{F}_g|\sin\theta,$$
$$F_{g,y} = -|\vec{F}_g|\cos\theta. \tag{3.2}$$

即，写成标量的形式，而不是矢量. 这是因为由矢量分量的下标就可以知道矢量分量的方向：x 分量的方向就是 $\hat{i}$ 的方向（如果 x 分量为负，则为 $-\hat{i}$ 的方向），y 分量的方向就是 $\hat{j}$ 的方向（如果 y 分量为负，则为 $-\hat{j}$ 的方向）. 所以矢量的分量既可以写成标量也可以写成矢量，但是每个分量都指向一个特定的方向，即使 x 分量和 y 分量用标量表示也不能简单地把它们用代数方法相加，而是作为矢量相加.

无论分量是用矢量表示还是标量表示，知道了 $\vec{F}_g$ 的 x 分量和 y 分量以及作用在箱子底面的正压力沿 y 的正半轴，接下来要做的就是利用矢量加法求出作用在箱子上的合力. x 方向合力的大小是：

$$\left|\sum \vec{F}_x\right| = |\vec{F}_g|\sin\theta, \tag{3.3}$$

并且 y 方向合力的大小是：

$$\left|\sum \vec{F}_y\right| = (|\vec{F}_n| - |\vec{F}_g|\cos\theta), \tag{3.4}$$

也可以换一种表示方法，将合力 x 分量和 y 分量这两个方程合并起来，用一个矢量方程表示：

$$\sum \vec{F} = (|\vec{F}_g|\sin\theta)\hat{i} + (|\vec{F}_n| - |\vec{F}_g|\cos\theta)\hat{j} \qquad (3.5)$$

这与式 3.3 和式 3.4 是等价的.

由作用在箱子上的合力很容易就能求出箱子的加速度，根据牛顿第二定律，加速度的 x 分量和 y 分量分别为

$$a_x = \left|\sum \vec{F}_x\right|/m = |\vec{F}_g|\sin\theta/m, \qquad (3.6)$$

$$a_y = \left|\sum \vec{F}_y\right|/m = (|\vec{F}_n| - |\vec{F}_g|\cos\theta)/m, \qquad (3.7)$$

或者全矢量形式：

$$\vec{a} = \sum \vec{F}/m = (|\vec{F}_g|\sin\theta/m)\hat{i} + [(|\vec{F}_n| - |\vec{F}_g|\cos\theta)/m]\hat{j}. \qquad (3.8)$$

不知大家是否意识到，有两个常识可以把上述方程大大简化. 第一个是质量为 m 的物体受到的重力大小 $|\vec{F}_g|$ 等于 mg，其中，"g" 为重力加速度的大小（地球表面上为 9.8m/s^2）[⊖]. 因此，只要遇到 $|\vec{F}_g|$，就可以用 mg 来替代.

第二个是只要箱子在斜面上而没有离开飞向空中或者冲破障碍落在地上，加速度的 y 分量（a_y）始终等于零（注意，y 轴与斜面垂直）. 结合 $|\vec{F}_g| = mg$ 以及 $a_y = 0$，式（3.6）和式（3.7）可以写成：

$$a_x = mg\sin\theta/m = g\sin\theta, \qquad (3.9)$$

$$a_y = (|\vec{F}_n| - mg\cos\theta)/m = 0. \qquad (3.10)$$

当求解物理问题时，暂时不要考虑计算，而是先去观察中间结果是否包含一些重要信息，以上方程的简化就是这样做带来的好处. 从式（3.9）可以得出一个重要结论：没有女送货员向上推箱子并且没有摩擦力的情况下，箱子会加速沿斜面向下滑（即，沿 x 轴正方向），其中加速度取决于两点：货运卡车停在哪个星球上（即，g 的值）以

⊖ 请记住，质量是一个物体所含物质量的度量，而重量是作用在物体上的重力. 因此，质量是一个标量（只有大小），而重量是一个矢量（大小 $= mg$，方向 = 竖直向下）. 如果在太空旅行，重量会随着离开地球引力而改变，但是质量会保持不变.

及斜面与水平面形成的夹角（θ）. 就像物体做自由落体一样，箱子的加速度与质量无关[⊖].

坡度角的正弦不可能大于1，所以由式（3.9）可知物体加速度的大小（$g\sin\theta$）不可能大于重力加速度 g. 如果 $\sin\theta=1$，$g\sin\theta$ 等于 g，说明 θ 一定是 $90°$（因为 $\sin 90°=1$），也就是斜面会垂直于地面，因此不存在物体沿斜面下滑，而是物体靠墙掉下来.

式（3.10）中含有一个重要信息，但是需要先思考一下才能发现. 根据方程，箱子加速度的 y 分量等于正压力（$|\vec{F}_n|$）大小与重力 y 分量（$mg\cos\theta$）的差再除以箱子质量 m. 本例中箱子始终在斜面上，所以加速度 y 分量等于零，因此由方程（3.10）可以确定正压力的大小. 因为

$$a_y=(|\vec{F}_n|-mg\cos\theta)/m=0,$$

则

$$|\vec{F}_n|=mg\cos\theta. \tag{3.11}$$

由式（3.11）可知，正压力取决于物体的重量（mg）以及坡度角（θ）的余弦，明白这一点可以有效避免学生常犯的一个错误. 即，因为正压力是斜面对物体反作用力，继而错误的认为正压力一定等于物体重量（mg）. 这种推理只适用于水平面，因为对于任何倾斜面，只有物体重量在垂直于倾斜面方向的分量才会产生反作用力，也就是我们所说的正压力. 物体重量的垂直分量如图3.5所示，为 $mg\cos\theta$，范围从 mg（当 $\theta=0°$，表示斜面是水平的，承受了物体的全部重量）到0（当 $\theta=90°$，表示斜面是垂直于水平面的，不承受物体的重量）. 这两种特殊情况以外，正压力的大小都将介于0到 mg 之间.

如果只关心加速度的 x 分量，是否还要考虑 $|\vec{F}_n|$ 呢？当然还要考

⊖ 但是地球不是对质量更大的物体引力更大吗？是的，但是质量大的物体也比质量小的物体更能对抗加速度. 由于引力质量（它决定了重力对物体吸引力的强度）与惯性质量的值相同（它决定了物体对抗加速度的强度），结果是所有的物体都会自由下落（或沿着无摩擦的坡道自由滑下）并且加速度不依赖于它们的质量.

虑，如果在无摩擦力的情形下不必考虑$|\vec{F}_n|$（除非担心斜面会不会塌掉），但是如果斜面与箱子底部有摩擦力，则一定会用到$|\vec{F}_n|$.

已知加速度沿斜面向下的分量大小（a_x），就可以求出箱子在斜面底端的速度. 如果已知箱子到达斜面底端所需的时间或者（更可能实现）箱子从起点到斜面底端的距离，由加速度求出速度就很简单了，尤其加速度是恒定不变的情况（本例中就是如此）. 另外还要知道初始速度（通常由初始条件可得），本例中初始速度取为零. 根据动力学原理，已知物体沿x方向移动，初始速度为$v_{x,\text{initial}}$，恒定加速度为a_x，经过一段时间t，则物体的最终速度为

$$v_{x,\text{final}} = v_{x,\text{initial}} + a_x t. \tag{3.12}$$

或者已知沿x正方向加速的距离d，则有：

$$(v_{x,\text{final}})^2 = (v_{x,\text{initial}})^2 + 2a_x d. \tag{3.13}$$

代入式（3.9）中加速度的表达式，有：

$$(v_{x,\text{final}})^2 = (0)^2 + 2(g\sin\theta)d,$$

或者

$$v_{x,\text{final}} = \sqrt{2(g\sin\theta)d}. \tag{3.14}$$

例如，箱子沿长2m，坡度角为30°的斜面向地面滑行，箱子到斜面底端的速度是：

$$v_{x,\text{final}} = \sqrt{2((9.8\text{m/s}^2)\sin 30°)2\text{m}} = 4.4\text{m/s}. \tag{3.15}$$

如果想要知道箱子沿斜面向下滑行2m经过了多长时间，将式（3.15）求出来的值代入到式（3.12）中并解出t即可，本例的结果为0.9s.

学习问题基本知识的时候，通常不考虑摩擦力等因素的影响，这是一个很好的方法，但遇到物理教材以外这类的问题，大多数是要考虑摩擦力的. 但是，只要掌握了如何运用矢量，考虑摩擦力影响的“斜面上的箱子”问题解决起来也会非常简单，只需要在合力中加入另外一个力再来求加速度.

摩擦有两种形式：“静”摩擦决定了要用多大的力才能推动一个静止物体使其移动，但是一旦物体移动，摩擦力就转换成了阻碍运动

的“动”摩擦. 因此，尽管这两种摩擦都在阻碍物体运动，但静摩擦力的大小取决于施加的力（推得越用力，静摩擦这个反作用力就越强，直到物体“打破静止”并将要移动），而动摩擦力的大小只取决于正压力和物体与接触面之间的动摩擦系数[㊀]. 为了确定动摩擦对箱子在斜面底端速度的影响，只要在受力分析图中把摩擦力（$\vec{F}_f$）考虑在内即可，如图 3.6 所示.

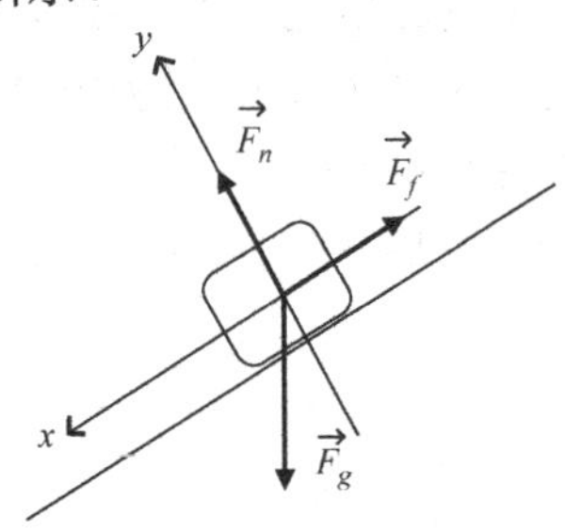

图 3.6 有摩擦下的斜面物体受力分析图

请注意，摩擦力是在阻碍运动，要依据这个事实来确定摩擦力的方向. 因为本例中箱子沿斜面向下滑动，所以动摩擦力指向斜面向上的方向（x 轴负方向）.

要想确定摩擦力会对箱子下滑的加速度产生什么影响，只要在 x 方向的合力方程式（3.3）中加入摩擦力（$\vec{F}_f$），得到：

$$\left|\sum \vec{F}_x\right| = |\vec{F}_g|\sin\theta - |\vec{F}_f|, \tag{3.16}$$

加速度为

$$a_x = \sum \vec{F}_x/m = (|\vec{F}_g|\sin\theta - |\vec{F}_f|)/m. \tag{3.17}$$

很显然，要想确定加速度（a_x）的大小，就要知道力的大小，式（3.9）给出了$|\vec{F}_{g,x}|$的表达式 $mg\sin\theta$，还要知道$|\vec{F}_f|$表达式. 动摩擦力的大小就等于正压力大小（$|\vec{F}_n|$）与动摩擦系数（μ_k）的乘积：

㊀ 可以在 Serway & Jewett 或者 Halliday, Resnick, & Walker 等的入门物理教材中了解更多相关知识.

$$|\vec{F}_f| = \mu_k |\vec{F}_n|, \tag{3.18}$$

又，由式（3.11）可知$|\vec{F}_n| = mg\cos\theta$，因此

$$\begin{aligned} a_x &= (mg\sin\theta - \mu_k mg\cos\theta)/m \\ &= g\sin\theta - \mu_k g\cos\theta. \end{aligned} \tag{3.19}$$

将该加速度表达式与无摩擦情形下箱子的加速度（式（3.9））进行比较，会发现重力的项（$g\sin\theta$）完全相同，只要从重力项中减去摩擦力的项（$\mu_k g\cos\theta$）即可. 这就是说摩擦力会导致箱子的加速度减小. 仍然考虑箱子沿长2m，坡度角为30°的斜面向地面滑行，如果箱子和斜面之间的动摩擦系数为0.4，那么箱子滑到斜面底端时的速度减小为

$$\begin{aligned} v_{x,\text{final}} &= \sqrt{2((9.8\text{m/s}^2)\sin 30° - (0.4)(9.8\text{m/s}^2)\cos 30°)2\text{m}} \\ &= 2.5\text{m/s}. \end{aligned} \tag{3.20}$$

如果式（3.19）中第二项大于第一项会怎么样呢？因为0°到45°之间任意角的余弦都大于其正弦，如果动摩擦系数（μ_k）足够大，则由该方程得出：加速度方向为x轴负方向. 这说明，即使没有人推动，箱子也会沿斜面上加速. 正如物理学家喜欢说的那样，“这不是物理”，意思是这样的结论与其他公认的物理定律相矛盾（本例中要注意能量守恒）. 是不是哪里分析错了呢？分析没有错，但是没有仔细考虑初始条件. 我们这样分析的条件之一是箱子沿着斜面向下滑动，因此所受摩擦力方向沿斜面向上，如受力分析图（3.6）所示. 但是如果斜面不是很陡且箱子和斜面之间的摩擦系数足够大，那么重力沿斜面向下的分量就不足以克服摩擦力，箱子也不会沿斜面下滑[⊖]. 所以式（3.19）没有任何问题，但它只适用于箱子受重力作用正在沿斜面下滑的情形，此时动摩擦力方向沿斜面向上.

这一节内容主要包括用矢量表示重力和摩擦力，以及如何找到矢量分量并运用矢量加法求出各种情形下箱子的加速度和速度. 箱子沿斜面下滑的问题比较简单，下面还会介绍矢量的三个应用，体会矢量

⊖ 通过比较最大静摩擦力（等于静摩擦系数与正压力的乘积）与其他所有力的x分量之和，就可以确定箱子是否会向下滑动.

以及矢量运算在弯曲路径上的运动以及电场和磁场中的运用.

3.2 曲线运动

日常用语中,“加速度”就是“提高速度”的代名词. 因此,汽车中的“加速器”通常是指油门. 但是在物理学和工程领域中,加速度定义为速度的任意变化,其中速度是一个既有大小又有方向的矢量. 因此,改变速度的方向也是一种加速形式,也就是说大多数汽车都有三种加速装置:油门、刹车和方向盘. “踩油门”产生的加速度与速度矢量方向相同(引起速度增加),“踩刹车”产生的加速度与速度矢量方向正好相反(引起速度降低),“转动方向盘”产生的加速度垂直于速度矢量(引起汽车行进方向改变,但是不影响速率). ㊀ 方向平行于速度矢量(或反平行)的加速度称为“切向的”,方向垂直于速度的加速度称为“径向的”. 当物体有径向加速度时,它不会沿直线移动,其运动被称为是“曲线的”. 图 3.7 中的汽车沿着曲线行驶,这就是曲线运动的一个例子.

请注意,任意时刻的速度矢量的方向都是与行进路径的方向一致的. 如果路径是曲线的,这就是指瞬时速度矢量与路径相切,我们可以观察图 3.7 中汽车行驶到 B 点的速度. 如果想要求出汽车在路径上 A,B,C 点的加速度,只知道速度是不够的,还需要知道这些点处速度随时间的变化.

为了更直观的体现出车辆的加速度,不妨先画出车辆位于 A,B,C 点前后的瞬时速度矢量. 图 3.8 给出了三种加速度的三种情况:由于车辆接近转弯,在 A 位置减速;在 B 处转弯,速率恒定不变;然后在 C 处离开弯道,加速行驶.

下面观察速度矢量在每个点处的变化来体会加速度. 比较 A 点前后的速度矢量,从图中可以看出矢量的方向没有变化,但是长度变小了. 这就是说汽车的速度降低但是没有转弯. 然后比较 B 点前后的速

㊀ 实际情况中,转动方向盘会产生摩擦力,从而导致汽车减速,但是引起汽车转弯的是加速度的垂直分量.

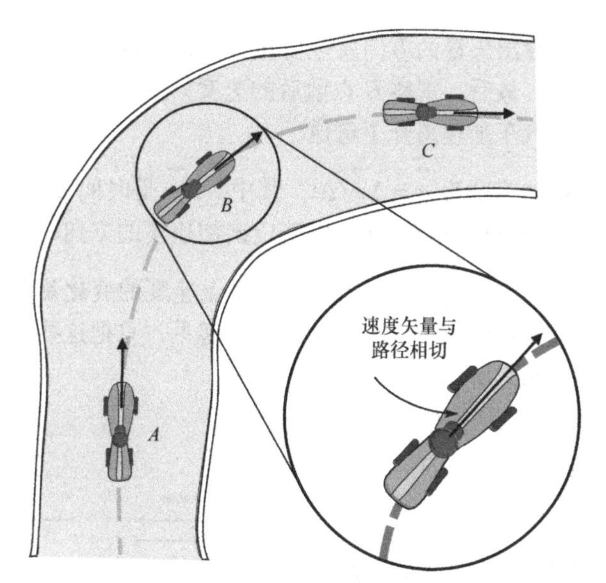

图3.7　汽车沿曲线路径行驶的速度矢量

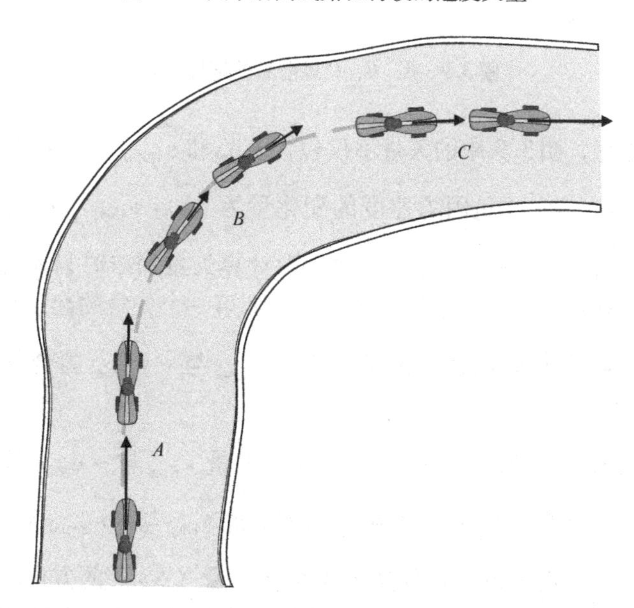

图3.8　汽车的速度矢量在A，B，C处前后的变化

度矢量，可以看出矢量的方向发生变化，但是长度不变，说明汽车以恒定速率转弯. 最后，观察 C 点前后的速度矢量，可以看出矢量长度在增加，说明汽车加速离开了弯道.

已知平均加速度为 $\vec{a}=\Delta\vec{v}/\Delta t$，其中，$\Delta\vec{v}$ 是时间 Δt 上速度的变化量. 根据这个方程很容易就可以确定出加速度的方向. 速度的变化量可以写成 $\vec{v}_{\text{final}}-\vec{v}_{\text{initial}}$，图 3.8 中每个点速度的变化量用点后面的速度减去前面的速度就可以求出来. 直观起见，只把这些速度矢量提取出来，如图 3.9 所示.

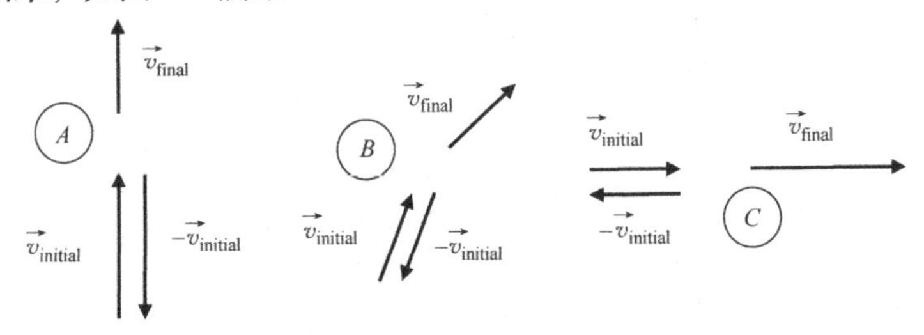

图 3.9 A，B，C 点前后的速度矢量

请注意，图 3.9 中的矢量不仅包含 $\vec{v}_{\text{final}}$ 和 $\vec{v}_{\text{initial}}$，也包含 $\vec{v}_{\text{initial}}$ 的负矢量 $-\vec{v}_{\text{initial}}$. 这是因为速度的变化量为 $\Delta\vec{v}=\vec{v}_{\text{final}}-\vec{v}_{\text{initial}}$，也就是 $\Delta\vec{v}=\vec{v}_{\text{final}}+(-\vec{v}_{\text{initial}})$. 运用图形计算矢量加法时只需将一个矢量尾部移动到另一个矢量的头部，然后从第一个矢量的起点指向第二个矢量终点的矢量就是合矢量. 矢量 $\vec{v}_{\text{final}}$ 与 $-\vec{v}_{\text{initial}}$ 的合矢量如图 3.10 所示 .

图 3.10 中，如果将 A，C 处的速度矢量 $\vec{v}_{\text{final}}$ 与 $-\vec{v}_{\text{initial}}$ 画成首尾相接会产生重叠，所以 A，C 处的速度矢量 $\vec{v}_{\text{final}}$ 与 $-\vec{v}_{\text{initial}}$ 会画得稍有偏移. 下面来观察每个点处速度矢量变化量（$\Delta\vec{v}$）的方向. 可以看出，当汽车在 A 处减速时，速度变化量的方向与这一点速度方向相反. 又因为加速度（$\vec{a}$）定义为速度变化矢量（$\Delta\vec{v}$）除以发生变化

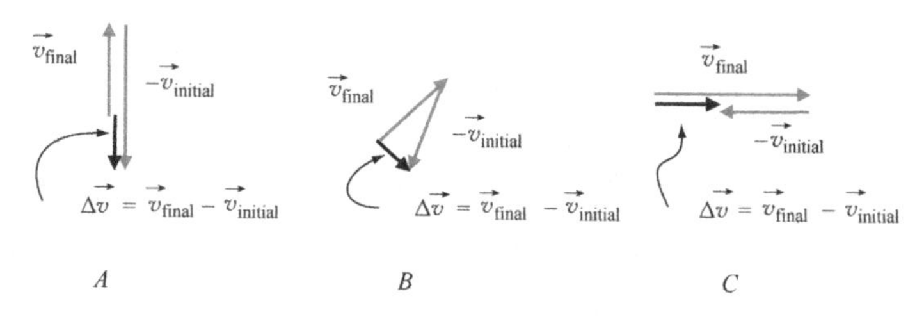

图3.10　A，B，C处速度矢量的变化量

的时间间隔标量（Δt），$\vec{a}$ 的方向与 $\Delta\vec{v}$ 的方向相同，因此和大家预想的一样，当汽车在A处减速时，该点处加速度的方向与速度矢量的方向相反. 这是一个负切向加速度的例子.

下面考虑速度矢量在B点处变化量 $\Delta\vec{v}$ 的方向，汽车在该点处以恒定速率转弯. 在这种情形下，由 $\vec{v}_{\text{final}}$减去 $\vec{v}_{\text{initial}}$得到的矢量 $\Delta\vec{v}$ 垂直于速度矢量. 这说明如果物体沿曲线移动并且速率恒定不变，它的加速度指向曲率中心（为了更直观地看到这个方向，图3.11画出了汽车行驶路径上的矢量 $\Delta\vec{v}$）. B点处的加速度是径向加速度的一个例子⊖.

最后，当汽车在C点处加速时，我们可以看出速度矢量变化量 $\Delta\vec{v}$ 的方向与速度矢量方向相同，也就是说这种情形下加速度与速度相互平行. 因此，C点处加速度为正切向加速度的一个例子.

仔细分析B点处速度矢量变化量的长度就可以得出，径向加速度的大小取决于速率的平方以及路径的曲率半径. 在进一步说明之前，我们要先明确曲线运动中描述力和加速度的常用术语. 指向曲率中心的加速度（例如图3.11中B点处的加速度）称为“向心”（搜索中心）加速度，产生向心加速度的力称为向心力. 有一点要明白，向心力不是某种新的力，它与机械力、电力、磁力或其他力有所不同. “向心”这一词直接给出了力的方向，但是力本身与我们平时见到的

⊖ 大部分文献中定义径向加速度的正方向为从曲率中心向外，因此B点处的加速度为径向加速度的负方向，本节后面的内容会讲到.

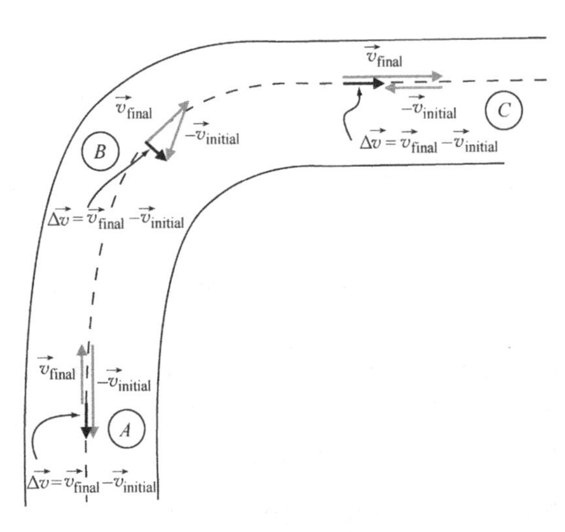

图 3.11 *A*，*B*，*C* 处的加速度矢量

各种力没什么不同. 对于沿曲线路径行驶的汽车，向心力就是轮胎与地面的摩擦力. 如果在绳子上栓一块石头并绕圈旋转，作用在石头上的向心力来自于绳子的张力. 如果在桶里装满水并把它甩过头顶，作用在桶上的向心力（通过桶作用于水）来自于手臂的肌肉. 因此，只要可以产生向心加速度使得物体沿曲线经路移动的力就是向心力.

正如前面的脚注所述，通常径向加速度（$\vec{a}_r$）的正方向为从曲率中心指向外，而向心加速度（$\vec{a}_c$）的正方向为指向曲率中心. 方程 $\vec{a}_r = -\vec{a}_c$ 直接阐明了径向加速度与向心加速度大小相等，方向相反.

我们可以发现，无论是沿曲线路径行驶的汽车，还是拴在绳子上绕圈旋转的石头或者是甩过头顶的一桶水，这些例子中向心加速度（以及相应的向心力）都是指向曲率中心的，并没有加速度（也没有力）的方向沿径向向外. 但是汽车上的人会感受到朝着曲线向外（比如汽车向右转，但朝向左侧门）的“离心”力，这是为什么？当汽车加速向右转弯时，车上的人遵循牛顿第一定律继续做匀速直线运动，因此他们会感受到指向左侧车门的作用力. 所以离心力是观察者在旋转的参考系中所感受到的惯性力（物理学家把这样的加速参考系称为

“非惯性系”）. 因此，如果汽车正在右转，你坐在汽车中就会滑过座位靠在左侧门上. 此时，在你的（旋转）参考系中，你正在向左加速，这就导致你认为有一个这个方向的力（从曲率中心指向外）. 但是对于没乘车的人，他们不会感受到任何这样的力，只是观察到汽车轮胎与路面的摩擦力提供了向心力（向右）并产生了向心加速度.

为了理解向心力和离心力的概念，下面再举一个例子. 想象奥运会链球运动员旋转链索末端的重物，如图 3.12 所示. 对投掷者来说，感觉物体受到了一个向外的拉力（远离她）. 在体育场非旋转参考系中，这只是因为物体试图遵循牛顿第一定律继续沿直线运动. 因此，从观察台的角度看到的是链球运动员必须制造向心力（径向向内），使物体沿着弯曲路径运动.

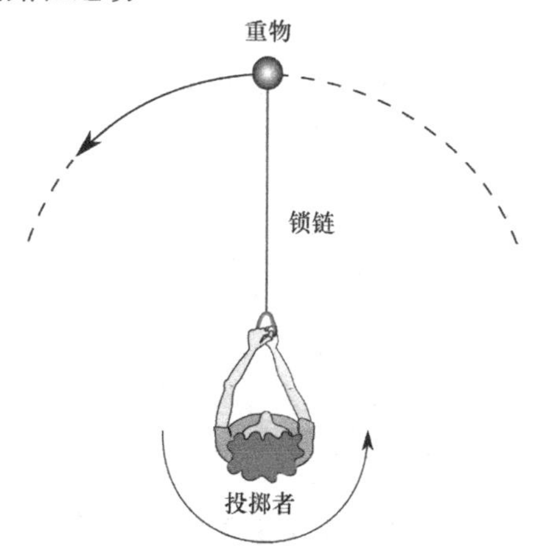

图 3.12　链球运动员俯视图

链球运动员的判断是错误的吗？当然不是. 运动员自己的参考系是随重物旋转的参考系，在这个参考系中，她认为存在沿径向向外的力（离心力）的结论是完全正确的. 她知道必须对链索施加一个大的向内的力，才能使重物与她保持相同的距离（因为在她的参考系中，投掷之前物体的加速度为零）. 因此，链球运动员的结论是正确的，在她的参考系中一定有一个力径向向外并与她向内的拉力相平衡. 有人会说离心力是“虚构的”，它们通常指的离心力是观察者在旋转

(非惯性) 参考系中的惯性力.

了解了向心加速度和向心力的概念，自然想知道要使得物体沿指定路径运动，向心力的大小是多少？如果已知物体的质量并可以求出向心加速度，就可以运用牛顿第二定律（$\vec{F}=m\vec{a}$）求出向心力. 可以证明向心加速度只取决于物体的速率和路径的曲率半径，见图 3. 13 和图 3. 14.

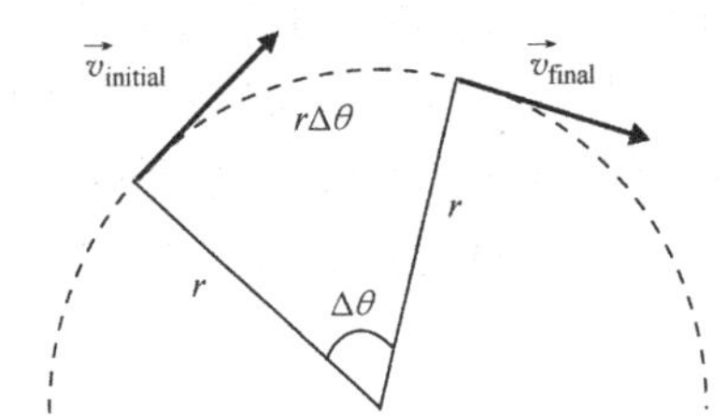

图 3. 13 速度方向的变化

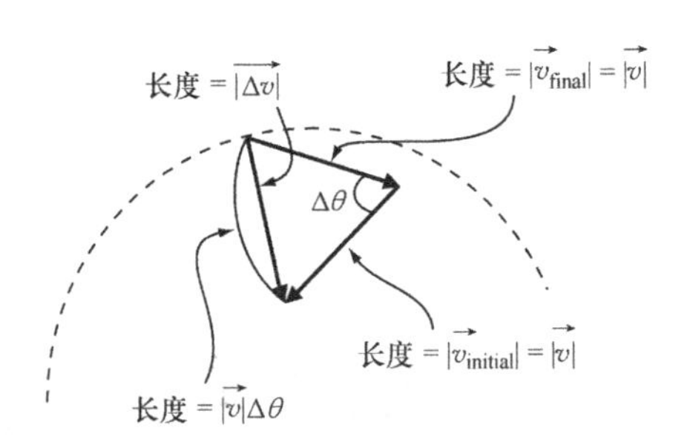

图 3. 14 $\Delta\vec{v}$ 的长度的几何表示

图 3. 13 给出了做匀速圆周运动（也就是在考虑的时间间隔内，物体的速率和运动路径的曲率均为常数）的物体在两个点的速度. 请注意，这两个点与曲率中心连线的夹角为 $\Delta\theta$，对应弧长为 $r\Delta\theta$，其中，r 为曲率半径，$\Delta\theta$ 是弧度. 因为物体在这段路程上的速度的大小是恒定的，所以 $|\vec{v}_{\text{initial}}|$ 与 $|\vec{v}_{\text{final}}|$ 一定相等（也就是说速度矢量的方向改变，大小不变）. 因此，令 $|\vec{v}_{\text{initial}}|=|\vec{v}_{\text{final}}|=|\vec{v}|$，其中，$|\vec{v}|$ 是物体在这两个点处的速率. 因为物体运动的平均速率

等于走过的路程除以走过这段路程所用的时间，所以有：

$$|\vec{v}| = \frac{r\Delta\theta}{\Delta t}, \tag{3.21}$$

也就有：

$$\Delta\theta = \frac{|\vec{v}|\Delta t}{r}, \tag{3.22}$$

$\Delta\theta$ 的表达式（式 3.22）非常重要，因为这个角的变化与速度的矢量变化量大小直接相关，同时也是求向心加速度的必要条件. 首先通过 $\vec{v}_{\text{final}}$ 与 $-\vec{v}_{\text{initial}}$ 的和得到 $\Delta\vec{v}$，如图 3.14 所示．请注意，矢量 $\vec{v}_{\text{final}}$ 与 $-\vec{v}_{\text{initial}}$ 的夹角等于 $\Delta\theta$（将图 3.13 中的矢量 $\vec{v}_{\text{final}}$ 与 $-\vec{v}_{\text{initial}}$ 延长相交就可以看出）. 另外，矢量 $\Delta\vec{v}$ 是在 $\vec{v}_{\text{initial}}$ 的始端和 $\vec{v}_{\text{final}}$ 的始端中间绘制的，因为这正是向心加速度的位置. 最后要注意的是，图中的 $\vec{v}_{\text{final}}$ 与 $-\vec{v}_{\text{initial}}$ 的长度都等于 $|\vec{v}|$，因此图中相应的弧长等于 $|\vec{v}|\Delta\theta$.

如果夹角 $\Delta\theta$ 趋近于 0，会有什么现象？随着角度减小，弧长 $|\vec{v}|\Delta\theta$ 越来越趋近于 $\Delta\vec{v}$ 的长度. 因此，当夹角很小的时候，将式（3.22）中 $\Delta\theta$ 的值代入，有

$$|\Delta\vec{v}| \approx |\vec{v}|\Delta\theta = |\vec{v}|\frac{|\vec{v}|\Delta t}{r} = \frac{|\vec{v}|^2\Delta t}{r}. \tag{3.23}$$

瞬时向心加速度的大小为

$$|\vec{a}_c| = \frac{|\Delta\vec{v}|}{\Delta t} = \frac{|\vec{v}|^2\Delta t}{r\Delta t} = \frac{|\vec{v}|^2}{r}. \tag{3.24}$$

由此可得，任意一点的向心加速度都可以用速率的平方除以路径在该点处的曲率半径直接计算. 因此，如果速度加快为原来的两倍，则向心加速度加大为原来的四倍，向心力也增大为原来的四倍.

式（3.24）不仅适用于匀速圆周运动，只要 $\Delta\theta$ 任意小，就可以认为相应时间段内的速率和曲率半径都没有改变，同样可以运用式

(3.24) 求运动物体的向心加速度.

由式 (3.24) 还可以求出使得物体沿着指定曲线路径运动所需的力是多少. 仍以图 3.12 中链球运动员为例, 假设运动员想要将链长 1.2m 重 4kg 铁球以 20m/s 的速度抛掷出去. 假设她在松开链锁之前达到了最大速度, 此刻的向心加速度为

$$|\vec{a}_c| = \frac{|\vec{v}|^2}{r} = \frac{(20\text{m/s})^2}{1.2\text{m}} = 333.3\text{m/s}^2.$$

运动员必须提供的向心力为

$$|\vec{F}_c| = m|\vec{a}_c| = 4\text{kg}\ (333.3\text{m/s}^2) = 1333.3\text{N}.$$

这大约是 300 磅的力 (不包含链锁的重量).

式 (3.24) 给出了向心加速度的大小, 又因为切向加速度为速率在相应时间段内的变化率 ($\vec{a}_{\text{tang}} = \Delta\vec{v}/\Delta t$), 运用矢量加法就可以得到总加速度, 如图 3.15 所示. 因此总加速度的大小就是

$$\begin{aligned} |\vec{a}_{\text{Total}}| &= \sqrt{(|\vec{a}_c|)^2 + (|\vec{a}_{\text{tang}}|)^2} \\ &= \sqrt{\left(\frac{v^2}{r}\right)^2 + \left(\frac{|\Delta\vec{v}|}{\Delta t}\right)^2}. \end{aligned} \tag{3.25}$$

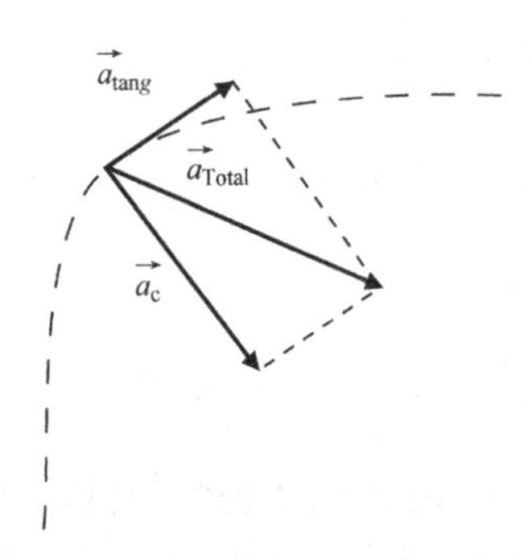

图 3.15 向心加速度与切向加速度的总加速度

3.3 电场

前两节的内容体现了矢量在力学问题中的重要作用，接下来的两节内容将帮助我们体会矢量在电场和磁场及其对带电粒子的影响这类问题中的重要性. 另外，我们还将看到散度、旋度、梯度和拉普拉斯算子这些矢量运算在静电学中是如何使用的. 即使从未修过机电（E&M）课程（也不希望修该课程的），这两节的例子也足以说明矢量以及矢量运算在机电工程中如何应用.

要想讨论电场和磁场，自然先要给出简单而准确的定义说明什么是电场，什么是磁场. 但目前还没有标准的定义. 迈克尔·法拉第（Michael Faraday）最开始用“力场”来描述电荷周围的区域，但是将近两个世纪后，仍然没有一个标准的说法来说明这个场是什么.《牛津英语大辞典》中“场”的定义包括某个因素影响下的“区域或者空间”，施加力时的“状态或者情况”以及力的“作用”. 根据詹姆斯·克拉克·麦克斯韦（James Clerk Maxwell）的说法，“电场是带电体周围空间的一部分”. 哈里德、雷斯尼克、沃克（Halliday, Resnick, Walker）通过在某个点放置一个小的正检验电荷 q_0 并测量该电荷所受的电场力 $\vec{F}_E$ 来定义电场[⊖]，电场 $\vec{E}$ 定义为 $\vec{E}=\vec{F}_E/q_0$. 格里菲斯（Griffiths）在《电动力学导论》中指出“…在物理上，$\vec{E}(P)$表示将会作用在 P 点处单位检验电荷上的电场力. 该定义中的“将会”一词很重要，因为场的存在与检验电荷是否存在没有关系.

贯穿这些定义的主线都是：场和力是密切相关的. 因此，我们用下面这个式子来定义电场 $\vec{E}$：

⊖ 为什么物理和工程教材上要用到小检验电荷. 有两个原因：第一，检验电荷的电量必须很小，这样相对于要用检验电荷确定的电场，检验电荷产生的电场就可以忽略不计. 第二，检验电荷的实体必须很小，因为要用它来确定具体位置的场，所以检验电荷不能占有很大空间区域.

$$\vec{E} \equiv \frac{\vec{F}_E}{q_0}. \tag{3.26}$$

其中，$\vec{E}$ 是电场矢量，q_0 是一个小的检验电荷，$\vec{F}_E$ 是电场对检验电荷产生的电场力. 根据这个方程，可以看出 $\vec{E}$ 是一个矢量，大小与电场力的大小成比例并且方向与作用在正检验电荷的电场力方向相同（如果 q_0 是负电荷，那么在方程的右边就会有一个负号，此时矢量 $\vec{E}$ 与矢量 $\vec{F}_E$ 的方向相反）.

由该定义也可以看出，$\vec{E}$ 的量纲为电场力除以电量，国际标准单位（SI）是牛顿每库仑（N/C）. 因为伏特的量纲是力乘以距离除以电量（单位是牛顿・米/库仑），所以电场的单位等价于伏特每米（V/m）. 有些文献中电场单位是 N/C，有些文献中是 V/m，它们的含义完全相同.

但是，在电场矢量的单位中要强调：长度的量纲（在本例中以米为单位）出现在电场量纲的分母中. 这说明电场矢量与位置矢量（量纲为长度）、速度矢量（量纲为长度除以时间）或加速度矢量（量纲为长度除以时间的平方）等有根本区别. 第 4 章将会讲到，这是因为当坐标系变换时，量纲分子中含有长度的矢量变成量纲分母中含有长度的矢量. 有些读者不太理解这些，也不打算学习这本书张量部分的内容，依然可以运用第 1 章和第 2 章中的概念和运算来解决涉及这种矢量的问题，本节余下的内容就可以看到. 但是，如果遇到被称为“one - forms”或“余矢量”的矢量（电场就是一个例子），要想了解这与我们所说的矢量有什么不同，那么就先从量纲分母中的长度开始（第 4 章会解决剩余的部分）.

如果已知某个点的电场为 $\vec{E}$，在这个点处放置任意电荷 q，则该电荷受到的电场力 $\vec{F}_E$ 为

$$\vec{F}_E = q\vec{E}. \tag{3.27}$$

式（3.26）运用作用在正检验电荷的电场力定义了电场. 若已知

一点的电场，通过式（3.27）就可以求作用在该点处任意电荷上的电场力.

定义电场很重要，但是电场是如何产生的呢？每一点质量都可以形成重力场，同样每一点电荷都可以产生电场，因此我们可以把一些电荷集中起来产生所需的电场. 另外还可以利用磁场的变化产生电场. 由静止电荷产生的电场为“静电场”，本节要讨论的就是静电场中的矢量应用.

要理解电场中矢量的应用，不妨将带电体周围的电场形象的表示出来. 最常见的方法是用箭头或“场线”表示电场，箭头或“场线”指向电场的方向. 如果用箭头的方法，箭头的长度表示电场的强度；如果用场线的方法，场线的密度表示电场的强度，场线越密集表示场强越强. 请注意，当用场线或者箭头表示电场时，线与线之间也存在电场.

图3.16用箭头表示了正负点电荷产生的电场，图3.17用场线表示了正负点电荷产生的电场. 当用这样的电场线表示电场时，要注意电场中的箭头和线的方向与电场中正检验电荷所受到的电场力方向一致，同时静电场线的起点是正电荷，终点是负电荷. 场线表示出了任意给定点处电场的方向并且电场的方向是唯一的，因此两条场线不可能相交，否则在交叉点处电场不只有一个方向（如果在给定点处有两个电场叠加，只要将两个电场矢量相加作为该点处的合电场即可，合电场的方向是唯一的）.

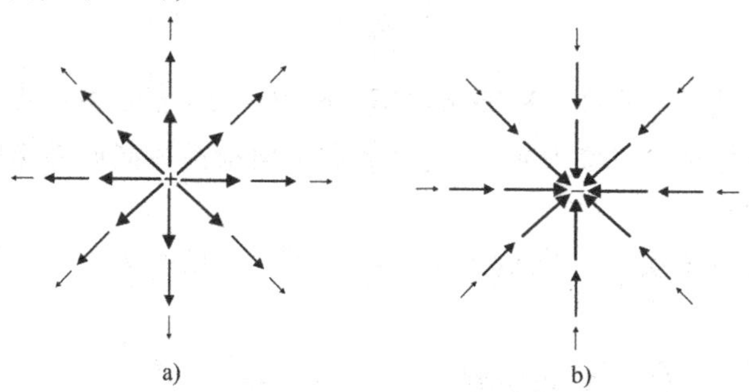

图3.16 用箭头表示正负点电荷产生的电场

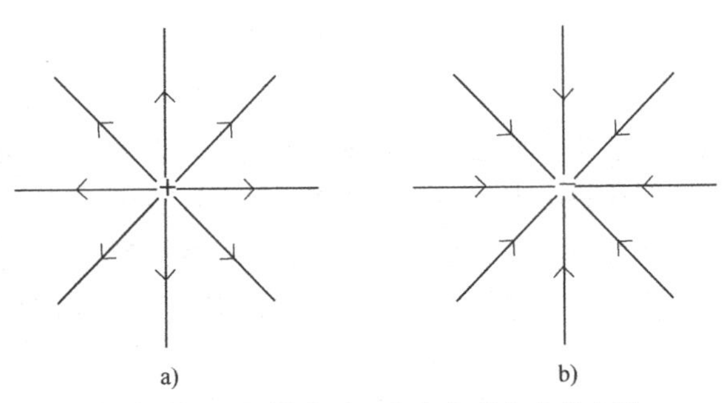

图 3.17 用场线表示正负点电荷产生的电场

由此可知电场可以由电荷产生，同时对电场中的其他电荷产生力的作用. 因此，解决问题时首先要确定某个位置处电荷产生的合电场，然后再求合电场对另外的电荷（不是产生电场的电荷）产生的作用. 但是被作用的电荷（我们称之为“受力电荷”）是否也会产生自己的电场呢？当然会，但只要受力电荷产生的电场比较弱，不会引起其他电荷的移动，就可以先求出所有其他电荷产生的合电场，然后用合电场来确定作用在受力电荷上的力，从而解决问题. 这种方法非常类似于先求空间某个点上地球的重力场，然后利用求出来的重力场计算出在该位置质量已知物体的重力，而不考虑物体质量对地球的影响.

如果电场是由一个或者多个离散的点电荷产生，问题就会简单很多. 因为，点电荷 q 的电场 $\vec{E}$ 可以写成：

$$\vec{E}=k_e\frac{q}{r^2}\hat{r}. \tag{3.28}$$

其中，k_e 为库仑常数（$8.99\times10^9\mathrm{N\cdot m^2/C^2}$），$r$ 是从场源点电荷到所求场点的距离，单位为 m，$\hat{r}$ 为从场源点电荷沿径向向外指向场点的单位矢量.

因此单个质子（电量为 $1.6\times10^{-19}\mathrm{C}$）在距离 1m 处产生的电场为

$$\begin{aligned}\vec{E}&=(8.99\times10^9\mathrm{N\cdot m^2/C^2})\left(\frac{1.6\times10^{-19}C}{(1\mathrm{m})^2}\right)\hat{r}\\&=1.45\times10^{-9}(\mathrm{N/C})\hat{r}.\end{aligned}$$

请注意，因为单位矢量 $\hat{r}$ 的方向为从质子指向场点，所以该电场的方向从质子处沿径向向外. 电子带负电荷，产生的电场与质子产生的电场大小相同，但是电子产生电场的方向从场点沿径向向内指向电子. 这是因为当我们将负电荷 q 带入式（3.28）时，有

$$\vec{E}=(8.99\times10^{9}\mathrm{N}\cdot\mathrm{m}^{2}/\mathrm{C}^{2})\left(\frac{-1.6\times10^{-19}C}{(1\mathrm{m})^{2}}\right)\hat{r}$$

$$=-1.45\times10^{-9}(\mathrm{N/C})\hat{r}=1.45\times10^{-9}(\mathrm{N/C})(-\hat{r}).$$

其中，负号表示电子产生电场的方向与 $\hat{r}$ 的方向相反，指向场源电荷（因为 $\hat{r}$ 的方向通常是场源电荷沿径向向外指向场点，则负 $\hat{r}$ 的方向径向向内）. 这恰恰与电场线从正电荷开始到负电荷结束是一致的.

下面考虑电场矢量如何相加，以图 3.18 所示情形为例. 其中，q_1 是正电荷，因此它的电场方向从 q_1 所在位置径向向外，q_2 和 q_3 是负电荷，因此它们的电场方向一定是指向电荷所在位置径向向内. 要想求出电子所在位置处的合电场，不妨画出 q_1，q_2 和 q_3 的电场，如图 3.19 所示.

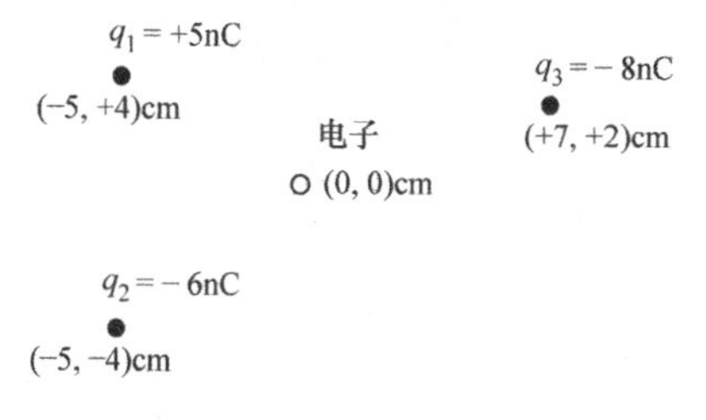

图 3.18　电子周围的电荷

本节前面介绍电场线的时候已经强调了电场不仅存在于场线上，也存在于场线与场线之间. 但是为了直观的表示出每个电荷产生电场的方向并使它们与所求合电场的位置（本例中为原点）在一条直线上，图 3.19 中画出的电场线是倾斜的. 另外要注意，图中的电场线看起来越来越小不代表电场趋近于 0. 因此由 q_1 产生的电场指向电子所在位置的右下方，q_2 产生的电场指向左下方，q_3 产生的电场指向右上方. 将这三个矢量场加在一起就可以确定原点处的合电场.

根据式（3.28），由三个点电荷 q_1，q_2 和 q_3 产生的电场分别是：

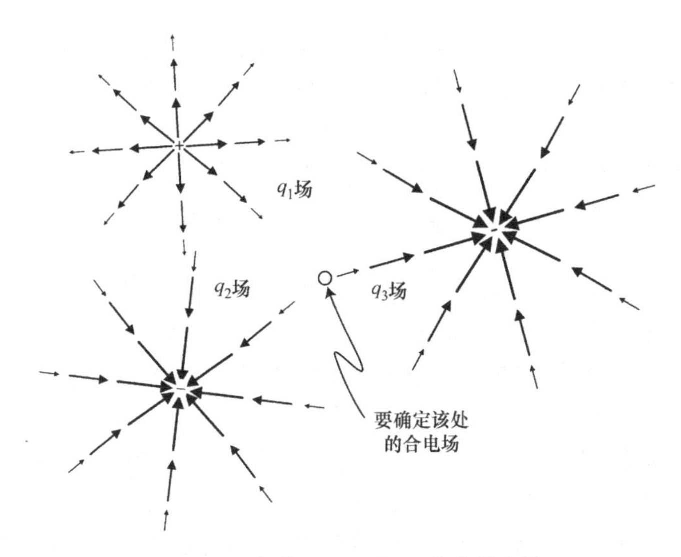

图 3.19 电荷 q_1，q_2 和 q_3 产生的电场

$$\vec{E}_1 = k_e \frac{q_1}{r_1^2}\hat{r}_1,$$

$$\vec{E}_2 = k_e \frac{q_2}{r_2^2}\hat{r}_2, \tag{3.29}$$

$$\vec{E}_3 = k_e \frac{q_3}{r_3^2}\hat{r}_3.$$

由图 3.19 可以看出，三个电场的方向并不相同. 这是因为单位矢量 $\hat{r}_1$ 的方向为从点电荷 q_1 的位置径向向外，而 $\hat{r}_2$ 和 $\hat{r}_3$ 的方向分别从点电荷 q_2 和 q_3 的位置径向向外. 显然，要想求出原点处的合电场，不能直接将三个电场按代数相加，而是必须运用矢量加法. 本章的习题中有电场矢量加法的题目并有线上解答.

静电学中不仅会用到矢量加法和数乘这样的简单矢量运算. 如果读者已经读过第 2 章中的散度运算，可能就会联想到点电荷产生静电场的散度究竟是什么（见图 3.16 和图 3.17）. 实际上，电场的高斯定律是静电学的基本定律之一，其微分形式是：

$$\vec{\nabla} \cdot \vec{E} = \rho/\varepsilon_0. \tag{3.30}$$

其中，ρ 表示电荷体密度（库仑每立方米），ε_0 表示自由空间的真空电容率（$8.85\times10^{-12}\mathrm{Nm^2/C^2}$）

电场的高斯定律说明，电场线从任意正电荷所在位置（正 ρ）向外发散，并会聚在负电荷所在的位置（负 ρ）．这就是为什么将静电场线的“流动”与液体流动进行类比．在这个类比中，正电荷就是静电场线的“源”，正如水龙头是水流的源一样，负电荷就是静电场线的“汇”，就像排水管一样．

点电荷的电场散度（在球面坐标系下计算最方便）为

$$\vec{\nabla}\cdot\vec{E}=\frac{1}{r^2}\frac{\partial}{\partial r}(r^2E_r)=\frac{1}{r^2}\frac{\partial}{\partial r}\left(r^2k_e\frac{q}{r^2}\right)$$

$$=\frac{1}{r^2}\frac{\partial}{\partial r}(k_eq)=0.$$

由上面的计算可知点电荷的电场散度为0，而第2章的例子中证明过大小为 $1/r^2$ 的径向矢量场的散度为0，这两个结论是一致的．注意，除了场源 $r=0$ 以外，所有的点处散度都为零．因此，由电场的高斯定律可知静电场线只在正电荷处发散，并且只在负电荷处收敛．

通过点电荷 $\vec{E}$ 的旋度，可以进一步了解静电场的性质．考虑球面坐标系下，E_θ 和 E_φ 均为零，则电场的旋度为

$$\vec{\nabla}\times\vec{E}=\frac{1}{r}\frac{1}{\sin\theta}\frac{\partial E_r}{\partial\varphi}\hat{\theta}+\frac{1}{r}\left(-\frac{\partial E_r}{\partial\theta}\right)\hat{\varphi}$$

$$=\frac{1}{r}\frac{1}{\sin\theta}\frac{\partial}{\partial\varphi}\left(\frac{k_eq}{r}\right)\hat{\theta}+\frac{1}{r}\left[-\frac{\partial}{\partial\theta}\left(\frac{k_eq}{r}\right)\right]\hat{\varphi}$$

$$=0.$$

由于点电荷静电场的径向性质，才能得出这样的结论．

根据第2章的内容，旋度为零的矢量场称为无旋场．因为梯度的旋度等于零，所以常常把无旋矢量场写成一个标量场的梯度．

如果是静电场，电场可以写成标量电位（常记为 ϕ 或者 V）的梯度．习惯上，电场写成标量电位梯度的负值，因此电场也常常写成这样的等式关系：

$$\vec{E}=-\vec{\nabla}V. \tag{3.31}$$

其中，V 是标量电位，单位为 Nm/C（相当于焦耳每库仑或者伏特）.

因为电场是电位随距离变化的负值，沿电场线方向移动的意思是朝着电位降低的区域移动. 同样，向相反的方向移动（与场的方向相反）就是朝电位升高的区域移动，向垂直于场线的方向移动不会引起电位的变化. 因此，“等电位面”总是垂直于电场线.

静电学中另一个常用的微分矢量运算就是拉普拉斯算子（∇^2）. 拉普拉斯算子涉及二阶空间导数，表示梯度的散度. 由于静电场 $\vec{E}$ 可写成标量电位 V 梯度的负值，因此电场的散度为

$$\vec{\nabla} \cdot \vec{E} = \vec{\nabla} \cdot (-\vec{\nabla} V) = -\vec{\nabla}^2 V. \tag{3.32}$$

根据电场的高斯定律，电场的散度是 ρ/ε_0，也就是

$$\nabla^2 E = -\rho/\varepsilon_0. \tag{3.33}$$

这就是著名的泊松方程. 因为拉普拉斯算子可以求出函数的峰和谷（函数值不同于周围平均值的点），所以由泊松方程可知电位只能在电荷处达到局部最大值或局部最小值（当 $\rho \neq 0$ 时）. 我们知道，拉普拉斯算子在峰处取负值并且谷处取正值，此处也就是正电荷产生电位的峰，负电荷产生电位的谷. 这也就是为什么电场是电位梯度负值的原因之一.

电荷密度（ρ）为零的区域中，泊松方程就变成了拉普拉斯方程：

$$\nabla^2 E = 0. \tag{3.34}$$

因此，电荷密度为零的地方电位没有极大值或者是极小值.

3.4 磁场

本节的主要内容包括磁场（$\vec{B}$）的性质、运动带电粒子受到的磁力以及矢量运算在静磁场中的应用—静磁场的散度和旋度.

我们知道电场线在正电荷处发散并且在负电荷处会聚，磁感线则不同. 电流（流动的电荷）在周围产生磁场，磁感线围绕电流形成环状. 就像固定的源电荷产生静电场，固定的电流（电荷流是恒定的）产生的磁场被称为“静磁场”，如图 3.20 所示. 静磁场场线的方向由

右手法则确定：如果右手大拇指指向电流的方向，弯曲另外四根手指（就像握住电流一样），那么磁场的方向就是手指弯曲的方向. 因此，如果反转电流的方向，磁感线仍然在电流周围形成环状，但是磁感线方向相反（只要大拇指指向相反的方向，观察四指弯曲的方向就可以验证）.

由图3.20中场线的间距可以告诉我们：距离电流越远，磁感应强度越弱. 假设无限长的细直导线载流为I，则磁感应强度的矢量方程为

$$\vec{B}=\frac{\mu_0 I}{2\pi r}\hat{\varphi}. \tag{3.35}$$

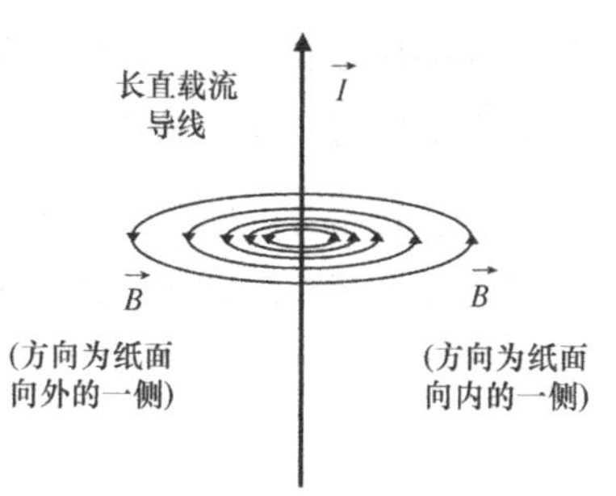

图3.20　长直导线的磁场

其中，μ_0是一个常数，称为真空磁导率，r表示从场点到导线的距离，$\hat{\varphi}$表示柱面坐标的横向单位矢量，指向绕导线旋转的方向. 磁感应强度的国际标准单位（SI）为特斯拉（T）.

将电流周围的磁感线与第2章讨论各种矢量场的散度和旋度对比，我们应该就能猜到磁场属于“低散度，高旋度”这种类型. 电场线源于正电荷止于负电荷，并且只有在这些电荷所在点处的静电场散度是非零的. 而磁感线闭合的，不会从某个点发散，也不会聚到某个点，因此认为磁场的散度值很小是合理的. 实际上，根据磁场的高斯定律，有：

$$\vec{\nabla}\cdot\vec{B}=0. \tag{3.36}$$

即，磁场（$\vec{B}$）的散度为零. 下面证明长直导线磁场式（3.35）的散度为零：

$$\begin{aligned}\vec{\nabla}\cdot\vec{B}&=\frac{1}{r\sin\theta}\frac{\partial B_{\varphi}}{\partial\varphi}=\frac{1}{r\sin\theta}\frac{\partial}{\partial\varphi}\left(\frac{\mu_0 I}{2\pi r}\right)\\&=0.\end{aligned}$$

根据第2章中旋度的讨论可以得出，载流导线周围的磁场旋度为零：

$$\vec{\nabla}\times\vec{B}=\left(-\frac{\partial B_{\varphi}}{\partial z}\right)\hat{r}+\frac{1}{r}\left(\frac{\partial(rB_{\varphi})}{\partial r}\right)\hat{z}$$
$$=\left[-\frac{\partial}{\partial z}\left(\frac{\mu_0 I}{2\pi r}\right)\right]\hat{r}+\frac{1}{r}\left[\frac{\partial}{\partial r}\left(r\frac{\mu_0 I}{2\pi r}\right)\right]\hat{z}$$
$$=0.$$

如同电场的散度只在电荷所在点处具有非零值一样，磁场的旋度只在电流存在的位置（即，奇点 $r=0$ 处）具有非零值.

要求磁场（$\vec{B}$）作用在运动电荷（q）上的力（$\vec{F}_B$）时就要用到矢量以及矢量运算. 这个作用力的矢量方程为

$$\vec{F}_B=q\vec{v}\times\vec{B}. \tag{3.37}$$

其中，$\vec{v}$ 表示带电粒子在磁场中的速度. 由矢量叉积的大小（$|\vec{A}\times\vec{B}|=|\vec{A}||\vec{B}|\sin\theta$）就可以求出力的大小：

$$|\vec{F}_B|=q|\vec{v}||\vec{B}|\sin\theta. \tag{3.38}$$

其中，θ 表示矢量 $\vec{v}$ 与矢量 $\vec{B}$ 的夹角.

仔细分析式（3.37）和式（3.38），将作用于带电粒子的磁力和电场力 $\vec{F}_E=q\vec{E}$（式（3.27））对比，就可以发现二者的相同和不同之处：

- 共性：均直接与带电量（q）成正比；
- 共性：均直接与场强（$\vec{E}$ 或者 $\vec{B}$）成正比；
- 特性：磁力依赖于粒子的速度（$\vec{v}$）；
- 特性：磁力依赖于速度和磁场之间的夹角；
- 特性：磁力既垂直于速度也垂直于磁场.

二者的共性很显然：电场力和磁力随着场强的增大而增强，随着带电量的增加而增强. 同时，符号相反的电荷受到力的方向也是相反的. 由第一个不同之处（磁力依赖于粒子的速度）可以得出很有意思的结论：磁场中静止的带电粒子（$\vec{v}=0$）感受不到来自磁场的任何力的作用；磁场中运动的粒子，速度越快，受到的磁力就会越强.

根据磁力方程中的矢量叉积还可以得出几个重要的结论. 其一，运动方向平行于或者反平行于磁场的带电粒子不受磁力的作用. 这是因为无论平行（$\theta=0°$）还是反平行（$\theta=180°$）的情况下，式（3.38）中的正弦项都为零. 因此，矢量 $\vec{v}$ 与矢量 $\vec{B}$ 的夹角 θ 越接近 $90°$，磁力越强. 其二，由式（3.37）中矢量叉积可知磁力（$\vec{F}_B$）永远不能指向磁场的方向. 这是因为根据定义，叉积的结果是矢量且垂直于构成该叉积的两个矢量（在本例中为 $\vec{v}$ 和 $\vec{B}$）. 同样，因为磁力垂直于粒子的速度矢量，磁力的方向永远不能指向速度矢量的方向. 因此，假设速度矢量和磁场构成一个平面，那么磁力（如果存在的话）一定垂直于这个平面.

根据本文第3.2节中讨论的径向加速度和切向加速度可知，磁场中的带电粒子具有径向加速度，但没有切向加速度. 要想有切向加速度，就要有与速度矢量平行或反平行方向上力的分量. 又因为 $\vec{v}\times\vec{B}$ 的方向总是垂直于速度矢量 $\vec{v}$，所以磁场只能提供径向加速度. 因此磁场可以改变带电粒子的运动方向，但不会改变其运动速率.

图3.21所示为磁力涉及的几何结构. 图中，磁场方向为纸面向内，用圆圈内画一个叉表示[⊖]，带电粒子向右运动.

本例中，矢量叉积 $\vec{v}\times\vec{B}$ 中运用右手法则就能确定磁力的方向，如图3.22所示. 要切记（但很容易忘记），如果确定了 $\vec{v}\times\vec{B}$ 的方向，当电荷 q 是负的，那么必须反转 $\vec{v}\times\vec{B}$ 的方向（根据式（3.37）有 $\vec{F}_B=q\vec{v}\times\vec{B}$，因此如果 q 是负的，磁力与 $\vec{v}\times\vec{B}$ 的方向相反）. 这就是为什么图3.22中磁力 $\vec{F}_B$ 有两个方向：q 为正时向上，q 为负时

⊖ 这是物理学和工程学中常用的表示符号. 想象猎人用的带羽毛的箭，从后面看可以看到羽毛的后面边缘，就像这样：⊗. 如果从前面看，看到的是箭头这个点，就像这样：⊙.

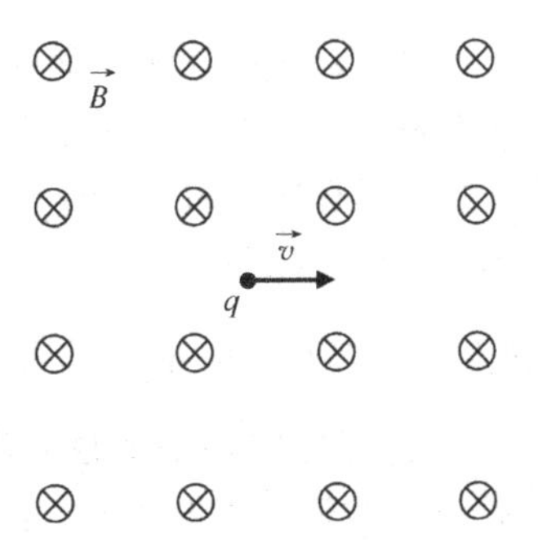

图 3.21　带电粒子向右运动，磁场方为纸面向内

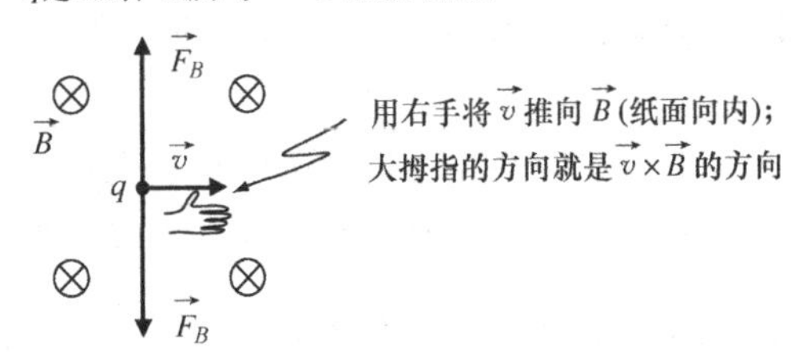

图 3.22　作用于正负电荷的磁力

向下.

我们可能会常常看到或听到关于带电粒子“绕磁感线旋转”或“沿磁场螺旋运动”的说法. 要理解这样的说法，先要理解磁力方向与带电粒子速度方向的关系. 以带正电的粒子 q 为例，如图 3.23 所示. 假设图中最左边的点为粒子的初始位置并且粒子以速度 $\vec{v}$ 竖直向上移动，磁场 $\vec{B}$ 的方向垂直纸面向外，则磁力 $q\vec{v}\times\vec{B}$ 的初始方向向右（由右手法则确定）. 在该力的作用下，粒子沿虚线路径移动到图中的最顶端位置. 同样，由于 q 是带正电的，顶端位置处磁力方向与 $\vec{v}\times\vec{B}$ 相同，所以磁力 $\vec{F}_B$ 方向竖直向下. 在竖直向下力的作用下，粒子移动到最右边的位置，此时速度的方向竖直向下且磁力 $\vec{F}_B$ 的方向

指向左边. 向左力的作用下，粒子移动到图 3.23 中最底部的位置，此时速度的方向向左且磁力 $\vec{F}_B$ 的方向竖直向上. 在这个力的作用下，粒子移动回到起始点（最左边）的位置，然后再重复整个循环. 所以如果磁场方向垂直纸面向外，那么带正电的粒子在磁场中做顺时针的圆周运动.

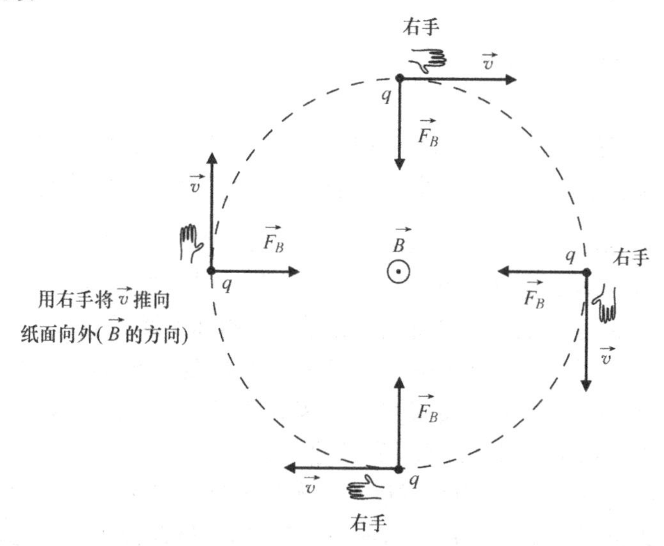

图 3.23　作用于正电荷的磁力

同理，如果磁场方向垂直纸面向外，带负电荷的粒子在磁场中做逆时针圆周运动. 如果反转磁场方向，使得 $\vec{B}$ 不是垂直向外而是向内，那么粒子的旋转方向将被反转（此时，带正电的粒子将逆时针旋转，带负电的粒子将顺时针旋转).

这些例子中的粒子都是沿着同一条路径一遍又一遍的运动，那么什么时候粒子“绕着”磁感线螺旋运动呢？简单来说：粒子的速度必须有一个与磁场方向平行（或反平行）的分量才能有螺旋运动. 请注意，图 3.23 所示的粒子只在纸面平面内运动并且磁场垂直于纸面. 因此，粒子的速度矢量没有沿着磁场方向的分量（纸面向内或者向外). 如果存在磁场方向的速度分量，粒子绕磁场进行圆周运动的同时也会沿着磁感线方向有一个运动分量，图 3.23 所示的圆周路径也会随时间朝纸面内或者外运动，环线就变成了螺旋线. 磁场对平行或者反平行于磁场方向的速度分量（$v_{\parallel}$）没有任何影响（因为这样的方向上没有磁力），因此只要没有其他外力的作用，粒子沿磁感线方向的速率就是一个常数.

3.5 习题

3.1 建立 x 轴正方向水平向右，y 轴正方向垂直向上的笛卡儿坐标系，重新求解无摩擦情形下斜面箱体问题（即，求箱子的加速度）.

3.2 最大静摩擦力为 $\mu_s\vec{F}_n$，其中，μ_s 为静摩擦系数，$\vec{F}_n$ 为正压力. 质量为 m 的重物置于斜面上，斜面与水平面的夹角为 20°，问静摩擦系数 μ_s 至少有多大才能防止该重物从斜面上滑下.

3.3 一名女送货员用 10N 的力把一箱质量为 m 的货物推上一个长 2m 的斜面. 如果斜面与水平面夹角为 25°，并且动摩擦系数为 0.33，那么箱子在斜面顶部的移动速度是多少？

3.4 本书的封面为链球运动员抛掷链球，如果运动员希望能以 22m/s 的速率将重 7.26kg 且链长 1.22m 的链球抛掷出去，他提供向心力的大小至少是多少？

3.5 假设一辆一级方程式赛车在半径为 10m 的弯道上行驶，并且想要在 2s 内将速度从 180mph 降到 120mph. 当速度达到 150mph 的瞬间，赛车加速度的大小和方向分别是什么？

3.6 有三个点电荷 q_1，q_2，q_3，点电荷的电量和所在位置如图 3.18 所示. 求它们在原点处（$x=0$，$y=0$）产生的电场，并利用该电场的值求出作用在原点处电子上的电场力.

3.7 如果某个区域的电场矢量 $\vec{E}$ 在球面坐标系下的表达式为 $\frac{5}{r}\hat{r}+\frac{2}{r}\sin\theta\cos\varphi\,\hat{\theta}-\frac{1}{r}\sin\theta\cos\varphi\,\hat{\varphi}$（N/C），问该区域的体积电荷密度 ρ 是多少？

3.8 如果某个区域的标量电位 V 在柱面坐标系下的表达式为

$V(r, \varphi, z)=r^2\sin\varphi e^{-3/z}$，求该区域的电场 $\vec{E}$.

3.9　针对题 3.8 给出的标量电位 V，运用泊松方程求出该区域的体积电荷密度 ρ.

3.10　某区域的磁场为 $\vec{B}=1.2\times10^{-3}\hat{i}+5.6\times10^{-3}\hat{j}-3.2\times10^{-3}\hat{k}$(T)，求作用在带电量为 −4nC 且速度为 $\vec{v}=2.5\times10^{4}\hat{i}+1.1\times10^{4}\hat{j}$ (m/s) 带电粒子上磁力的大小和方向.

第 4 章

矢量的协变与逆变分量

前几章介绍了矢量的基本概念、运算以及应用方法，这些都非常重要. 主要有两个原因：一是它们可以用来解决物理学和工程领域中大量不同类型的问题，二是它们建立了张量的基础，在矢量的基础上才能理解张量（“宇宙的真相”），但是要理解张量就不能仅仅停留在“矢量是既有大小又有方向的量”这种简单的定义中，而是将矢量视为其分量可以在坐标系之间以特定和可预测方式变换的对象. 同时还要认识到，矢量可以有多种类型的分量，这些不同类型的分量是根据它们在坐标变换下的性质来定义的.

因此，本章主要讨论的是不同类型的矢量分量. 如果坐标系变换的数学基础很扎实，本章内容会更容易理解.

4.1 坐标系变换

为了更好地从矢量过渡到张量，先考虑这样一个问题：“如果改变表示矢量的坐标系，矢量会发生怎样的变化?”简单地说就是矢量本身不会发生任何变化，但是在新坐标系下矢量的分量会有所不同. 本节的目的就是帮助大家理解这些分量会发生怎样的变化.

在此之前，先来思考为什么改变坐标系的情况下矢量本身不会发生变化. 如果是标量，这种说法很好理解，因为无论用摄氏度还是华氏度来衡量房间的温度，我们的感受是一样的，既不会感受到更热，也不会感受到更冷. 请注意，矢量是物理实体的数学表示，改变实体所在的坐标系不会引起实体本身发生变化. 思考：当把头歪向一边，房间的大小会改变吗？当然不会．但是如果歪着头定义上和下，所指的房间最高点和最低点可能就会发生变化，同时也改变了房间的“高”和“宽”．重要的是坐标系变化了，房间本身没有改变（房间“保持不变”）．如果将头部的中心定义为坐标系的原点，那么朝一面墙走，房间就会产生“位移”（也就是说，房间内位置的 x，y，z 值可能会更改），但再次强调房间本身保持不变．同样，以英寸而不是米为量纲表示房间的尺寸只能在房地产广告中增加更多的数字，但房间依然不能容纳更大的沙发.

因此，坐标系进行旋转、平移或者缩放等变换时，物理量本身并不发生变化，但是坐标变换会对矢量产生什么影响呢？为了便于理解，不妨以二维笛卡儿坐标系的旋转变换为例，如图 4.1 所示．旋转变换下，坐标原点的位置没有变化，但是 x 轴和 y 轴均逆时针旋转了 θ 角，旋转后的坐标轴记为 x'，y'，为了与原坐标轴区分开，图中用虚线表示.

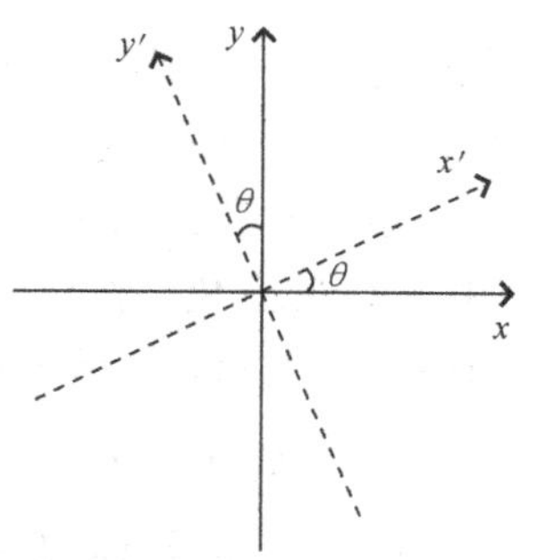

图 4.1　2 – D 坐标系的旋转

旋转变换对这个空间中的矢量有什么影响？观察图 4.2a 和图 4.2b 中的矢量 $\vec{A}$ 及其分量．请注意，旋转变换下矢量 $\vec{A}$ 的长度和方向没有任何变化（虽然看上去图 4.2a 和图 4.2b 中的 $\vec{A}$ 有一点儿不同，但是用直尺和量角器就可以验证矢量本身是完全相同的）．很明显，旋转变换会引起 $\vec{A}$ 的分量发生改变：A'_x（$\vec{A}$ 在旋转坐标系中的 x' 分量）比 A_x 要长，A'_y 比 A_y 要短．如果继续按原来的方向旋转坐标轴，

最终会有一个角度，使得坐标系转过这个角度时 $\vec{A}$ 完全落在 x'轴上，此时 $\vec{A}$ 就没有了 y' 分量（即，$A'_y=0$）并且 x'分量等于 $\vec{A}$ 的长度（$A'_x=|\vec{A}|$）.

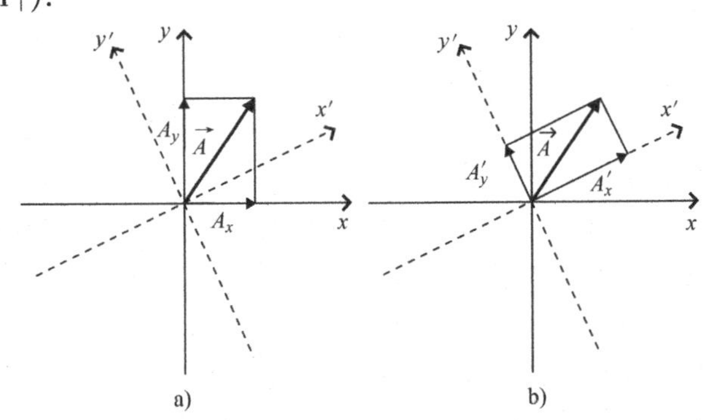

图 4.2　坐标系旋转下矢量分量的变化

要想求出坐标轴变化引起的矢量分量的变化，有两种方法. 一是运用几何法通过画图求解，二是运用数学解析法通过点积来求解. 本节主要介绍的是几何法，在本章末给出了一个关于解析法的习题.

要想求出图 4.2 中 A_x，A_y 的变化，首先要明确旋转后坐标系下的矢量分量 A'_x 不完全取决于原坐标系下的分量 A_x. 这是因为 A_x 只包含了矢量 $\vec{A}$ 的部分而不是全部信息，其余信息包含在 A_y 中. 而且当坐标轴旋转时，原来指向 x 方向的坐标轴现在指向偏（原）y 方向. 自然，$\vec{A}$ 先前指向原 y 方向的部分（也就是只对 A_y 做贡献）现在偏 x'方向，因此 $\vec{A}$ 先前指向原 y 方向的部分既对 x'分量做贡献也对 y'做贡献.

具体如图 4.3 所示. 图 4.3a 给出了原（未旋转的）坐标系下的矢量分量 A_x 对旋转后坐标系下分量 A'_x 的贡献，图 4.3b 给出了原坐标系下的矢量分量 A_y 对旋转后坐标系下的分量 A'_x 的贡献.

正如图中所看到的，A'_x 可以认为是由两个部分组成，记为 l_1，l_2. 因此有：

$$A'_x = l_1 + l_2. \tag{4.1}$$

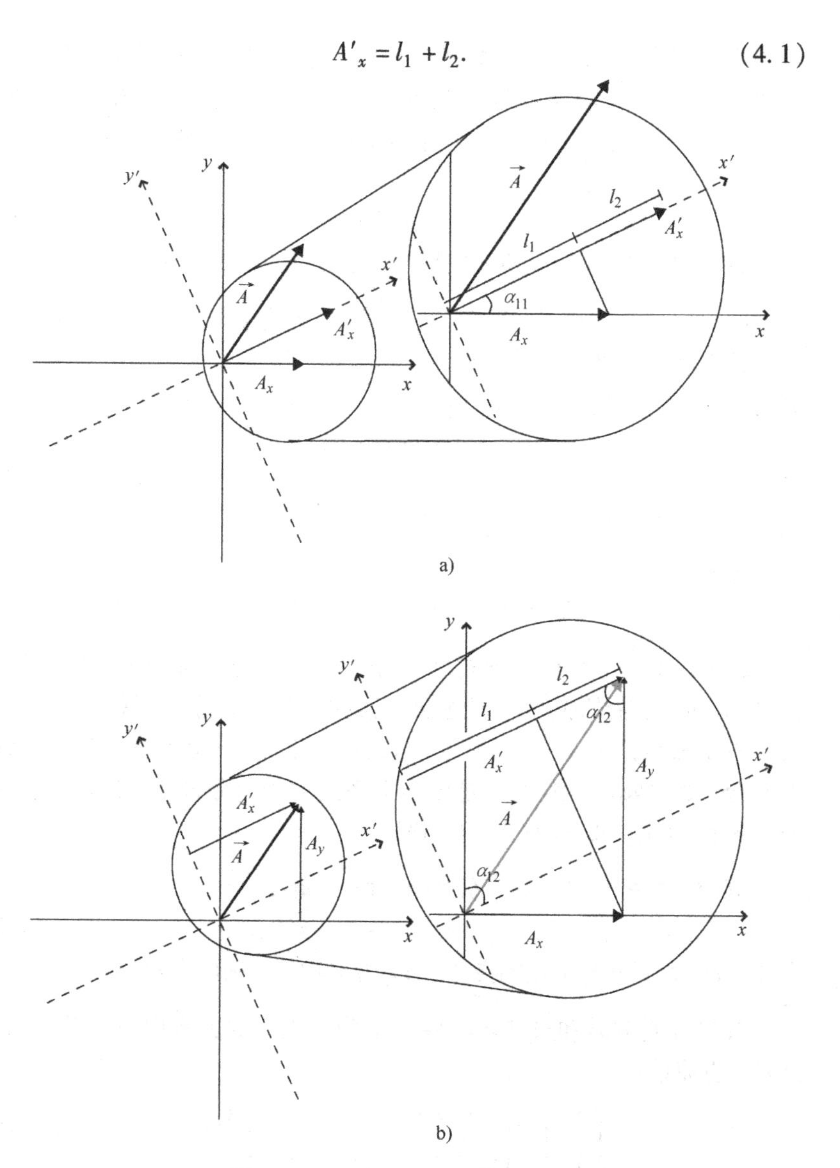

图 4.3　A'_x 对 A_x，A_y 的依赖关系

为了确定 l_1，l_2 与 A_x，A_y 的关系，观察图 4.3 中右侧的直角三角形.

从图4.3a中可以看出，从 A_x 的终点向 x'轴作垂线，A_x 就是这个直角三角形的斜边. x 轴与 x'轴的夹角记为 α_{11}（此处用双下标是为了便于用矩阵表示旋转变换），则 l_1 的长度（A_x 在 x'轴上的投影）为 $A_x\cos(\alpha_{11})$，因此

$$l_1 = A_x\cos(\alpha_{11}). \tag{4.2}$$

通过图4.3b中的直角三角形可以求出 l_2 的长度. 将 A'_x沿着 y'轴平行向上移动，直到 A'_x 的终点与 $\vec{A}$ 的终点重合，然后过 A'_x 的终点向 x 轴作垂线，过 A_x的终点向 A'_x 作垂线，形成直角三角形. 在这个直角三角形中，我们可以看到：

$$l_2 = A_y\cos(\alpha_{12}). \tag{4.3}$$

其中，α_{12}为 A'_x 与 A_y 终点端二者的夹角（同时也是 x'轴与 y 轴的夹角，从图4.3b中的平行四边形就可以看出）.

将 l_1，l_2 的表达式加起来，可以得到：

$$A'_x = A_x\cos(\alpha_{11}) + A_y\cos(\alpha_{12}). \tag{4.4}$$

其中，A_x，A_y是原坐标系下矢量 $\vec{A}$的分量，α_{11}为 x'轴与 x 轴的夹角，α_{12}为 x'轴与 y 轴的夹角. 请注意，新的分量（A'_x）是原分量（A_x，A_y）的加权线性组合. “加权”是因为余弦因子决定了每一个原分量对新分量的贡献. “线性”是因为关系式中的原分量是一次幂. “组合”是因为 A_x，A_y 都对 A'_x 有贡献.

同理，旋转后坐标系下矢量 $\vec{A}$ 的 y 分量 A'_y 为

$$A'_y = A_x\cos(\alpha_{21}) + A_y\cos(\alpha_{22}). \tag{4.5}$$

其中，α_{21}为 y'轴与 x 轴的夹角，α_{22}为 y'轴与 y 轴的夹角.

矢量 $\vec{A}$ 在旋转和未旋转坐标系中分量之间的关系用矢量/矩阵表示法[㊀]更简单：

$$\begin{pmatrix} A'_x \\ A'_y \end{pmatrix} = \begin{pmatrix} \cos(\alpha_{11}) & \cos(\alpha_{12}) \\ \cos(\alpha_{21}) & \cos(\alpha_{22}) \end{pmatrix} \begin{pmatrix} A_x \\ A_y \end{pmatrix}. \tag{4.6}$$

我们把式（4.6）称为矢量 $\vec{A}$ 的分量“变换方程”，其中两列的这个

㊀ 注意：本书的网站上有矩阵表示和代数的内容.

矩阵称为“变换矩阵”. 变换矩阵中的元素称为“方向余弦”. 如果坐标轴刚性旋转，转过的角度为 θ，则 α_{11} 和 α_{22} 都等于 θ，并且 $\alpha_{12} = 90° - \theta$，$\alpha_{21} = 90° + \theta$. 这种情况下，变换矩阵为

$$\begin{pmatrix} \cos(\theta) & \cos(90° - \theta) \\ \cos(90° + \theta) & \cos(\theta) \end{pmatrix} = \begin{pmatrix} \cos(\theta) & \sin(\theta) \\ -\sin(\theta) & \cos(\theta) \end{pmatrix}. \tag{4.7}$$

其中，$\cos(90° - \theta) = \sin(\theta)$，$\cos(90° + \theta) = -\sin(\theta)$。

下面举一个具体的例子. 假设 $\vec{A}$ 为二维笛卡儿坐标系下的矢量:

$$\vec{A} = 5\hat{i} + 3\hat{j}, \tag{4.8}$$

坐标系中的 x 轴和 y 轴逆时针旋转 150°，如图 4.4 所示.

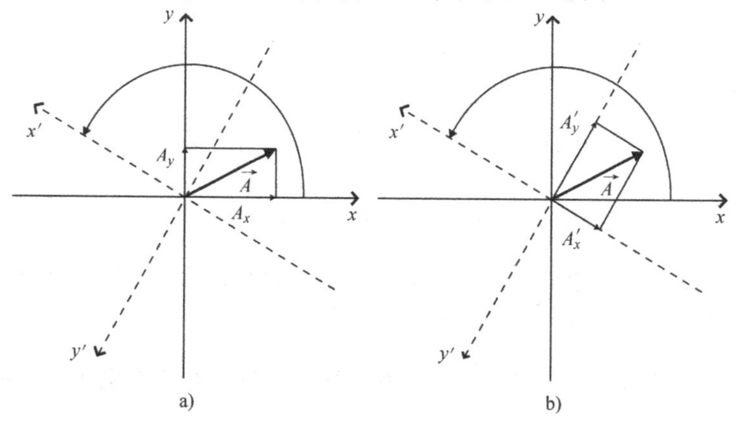

图 4.4　2 - D 笛卡儿坐标轴旋转 150°

运用方程求旋转后坐标系下的矢量分量 A'_x，A'_y 之前，我们先从图形中估计一下旋转对矢量分量的影响. 从图 4.4b 很容易看出分量 A'_x，A'_y 为负，并且 A'_y 分量比 A'_x 分量大.

对结果有了一个基本的估计之后，再将相关的值代入到式（4.6）中进行计算. 已知 $A_x = 5$，$A_y = 3$，坐标轴的夹角如图 4.5 所示，所以 $\alpha_{11} = 150°$，$\alpha_{12} = 60°$，$\alpha_{21} = 240°$，$\alpha_{22} = 150°$.

代入式（4.6）有:

$$\begin{pmatrix} A'_x \\ A'_y \end{pmatrix} = \begin{pmatrix} \cos(150°) & \cos(60°) \\ \cos(240°) & \cos(150°) \end{pmatrix} \begin{pmatrix} A_x \\ A_y \end{pmatrix}, \tag{4.9}$$

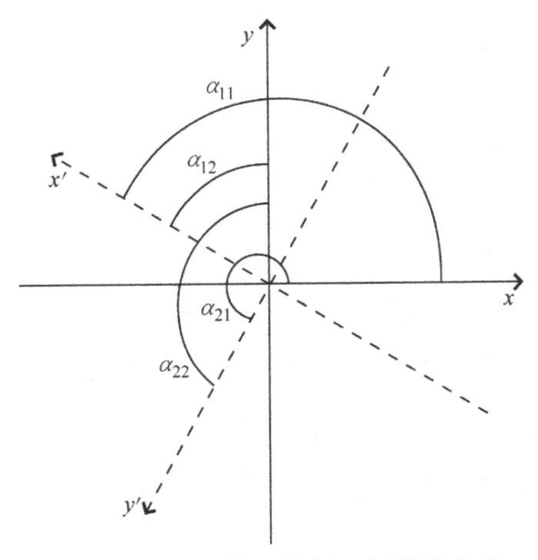

图 4.5　原坐标轴和旋转坐标轴的夹角

或者

$$A'_x = 5\cos(150°) + 3\cos(60°) = -2.8, \tag{4.10}$$

以及

$$A'_y = 5\cos(240°) + 3\cos(150°) = -5.1. \tag{4.11}$$

正如从图形中分析的一样，矢量 $\vec{A}$ 在旋转后坐标系下的两个坐标分量均为负数，并且 y' 分量要比 x' 分量大.

再次强调，变换方程式（4.6）并不会使得矢量 $\vec{A}$ 发生旋转或者其他的变化，该方程是用来确定矢量 $\vec{A}$ 在新坐标系下分量的值. 当运用方程求解 $\hat{i}$（1，0），$\hat{j}$（0，1）这样的基矢量在新坐标系下的分量时，特别要注意这一点. 如果坐标轴逆时针旋转 150°，$\hat{i}$ 在新坐标系下的分量为

$$\begin{pmatrix} \cos(150°) & \cos(60°) \\ \cos(240°) & \cos(150°) \end{pmatrix}\begin{pmatrix} 1 \\ 0 \end{pmatrix} = \begin{pmatrix} 1\cos(150°) + 0\cos(60°) \\ 1\cos(240°) + 0\cos(150°) \end{pmatrix} = \begin{pmatrix} -0.866 \\ -0.5 \end{pmatrix}, \tag{4.12}$$

$\hat{j}$ 在新坐标系下的分量为

$$\begin{pmatrix} \cos(150°) & \cos(60°) \\ \cos(240°) & \cos(150°) \end{pmatrix}\begin{pmatrix} 0 \\ 1 \end{pmatrix} = \begin{pmatrix} 0\cos(150°) + 1\cos(60°) \\ 0\cos(240°) + 1\cos(150°) \end{pmatrix} = \begin{pmatrix} -0.5 \\ -0.866 \end{pmatrix}. \tag{4.13}$$

这样做没有任何问题，但是要知道这个结果是什么意思：它们是原单位矢量 $\hat{i}$，$\hat{j}$（即，未旋转坐标系中的单位矢量）在旋转后坐标轴下的表示，如图4.6所示，但不是指向 x'轴和 y'轴方向的单位矢量 $\hat{i}'$，$\hat{j}'$（注意：变换后的坐标系下，指向旋转后坐标轴的单位矢量 $\hat{i}'$，$\hat{j}'$的分量一定分别是（1，0），（0，1）.

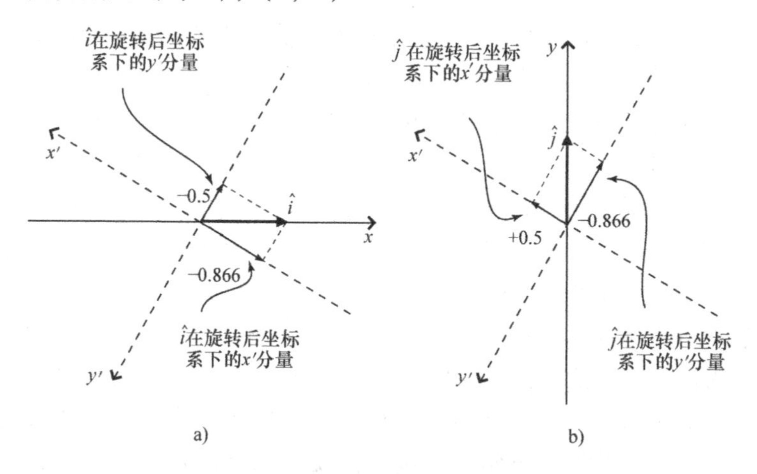

图4.6　基矢量 $\hat{i}$，$\hat{j}$ 在旋转后坐标系下的分量

很多坐标系变换都可以改变矢量分量，笛卡儿坐标轴的刚性旋转变换只是其中一种．但是，只要新的分量可以写为原始分量的加权和，该变换就是线性的并且可以表示成矩阵方程．本章第4.3节会讲到，这类矢量分量的变换称为“逆变换”或者“被动变换”，这种变换的矩阵方程如下所示：

$$\begin{pmatrix}\text{同一个矢量}\\\text{在新坐标系}\\\text{下的分量}\end{pmatrix}=(\text{逆变矩阵})\begin{pmatrix}\text{矢量在原坐标}\\\text{系下的分量}\end{pmatrix}\tag{4.14}$$

此时，您可能会问如何将原（未旋转）坐标系的单位矢量（即，$\hat{i}$，$\hat{j}$）转换为变换（旋转）坐标系的单位矢量（$\hat{i}'$，$\hat{j}'$）．这与“已知一个矢量在原坐标系下的分量，如何找到同一个矢量在另一个坐标系下的分量”不是同一个问题．您要问的是“如何将已知矢量（在本例中为原坐标系中的单位矢量）变为另一个矢量（另一个坐标系中的单位矢量）?”下一节我们就来讨论这个问题.

4.2 基矢量变换

上一节的内容阐明了二维笛卡儿坐标轴旋转时矢量分量发生的变化，结果不出意料：参照新（旋转）坐标轴的矢量分量与参照原（未旋转）坐标轴的矢量分量并不相同. 具体地说，新的分量是原分量的加权线性组合.

这里强调一点：要想通过矢量过渡到张量，就一定会讨论到矢量的“协变”和“逆变”分量[㊀]. 讨论中可能会遇到这样的说法：协变分量与基矢量变换的方式一样（"co"≈"with"），逆变分量与基矢量变换的方式相反（"cotra"≈"against"）. 从本章后面的内容会看到，这种说法固然包括很多真实的信息，但也设下一个很深的陷阱. 这是因为基矢量的“变换”通常是指从原（未旋转）坐标系下基矢量到新（旋转）坐标系下不同基矢量（沿坐标轴方向）的变换，而矢量分量的“变换”则是指同一个矢量相对两组不同的坐标轴分量的变化. 这里非常容易产生混淆，因此舒茨（Bernard F. Schutz）在 1983 年写到“放弃‘co’和‘contra’的原因是为了避免将两个完全不同的概念混淆到一起”[㊁]. 无论好坏，“协变/逆变”这两个术语仍然在使用，本书也会将这两个词语与更现代的术语一同使用.

为什么先提到“协变/逆变”？这可能是因为将一个矢量变换为另一个矢量的过程与将一个矢量的分量从一个坐标系变换为另一个坐标系的过程有很多共同之处. 下面就来介绍如何通过旋转生成新矢量（特别是如何旋转基矢量）.

以图 4.7a 中的矢量 $\vec{A}$ 为例说明如何旋转矢量. 旋转矢量 $\vec{A}$ 使其指向不同的方向，图 4.7b 所示，这意味着旋转后的矢量不再是原来

㊀ 目前为止，这些分量在笛卡儿坐标系下是相同的.

㊁ 舒茨（Bernard F. Schutz），《广义相对论入门》，p. 64. 见补充书目.

的矢量，因此把它记为$\vec{A}'$. 从几何图形中，很容易看出原（未旋转）矢量与新（旋转）矢量的分量之间的关系，如图 4.8 所示 .

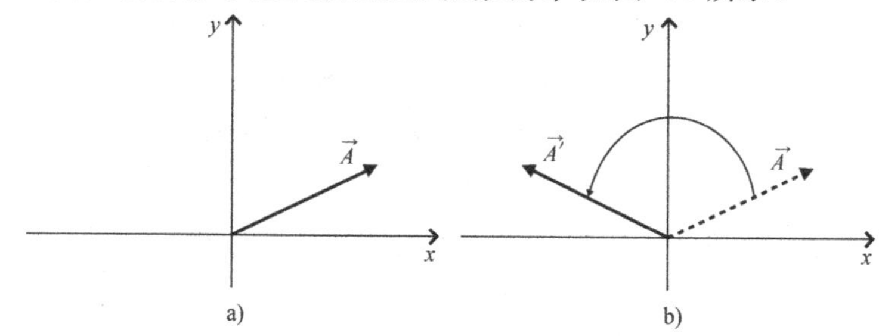

图 4.7　矢量的旋转

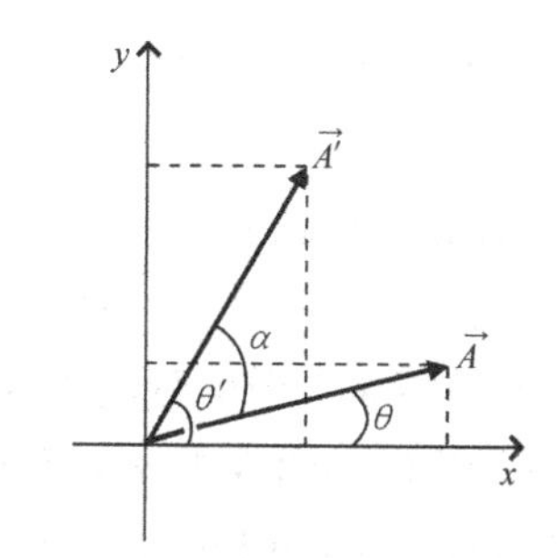

图 4.8　含角度的矢量旋转

如果该例中的旋转角度是 α，则矢量 $\vec{A}$，$\vec{A}'$的 x 分量和 y 分量分别为

$$A_x = |\vec{A}|\cos(\theta), A'_x = |\vec{A}'|\cos(\theta'),$$

$$A_y = |\vec{A}|\sin(\theta), A'_y = |\vec{A}'|\sin(\theta').$$

其中，$\theta' = \alpha + \theta$，因此分量 A'_x，A'_y 为

$$A'_x = |\vec{A}'|\cos(\alpha+\theta) = |\vec{A}'|[\cos(\alpha)\cos(\theta) - \sin(\alpha)\sin(\theta)],$$

$$A'_y = |\vec{A}'|\sin(\alpha+\theta) = |\vec{A}'|[\sin(\alpha)\cos(\theta) + \cos(\alpha)\sin(\theta)].$$

因为矢量$\vec{A}$与矢量$\vec{A}'$的长度相同（旋转矢量并不会改变矢量的长度），即$|\vec{A}| = |\vec{A}'|$，所以：

$$\begin{aligned} A'_x &= |\vec{A}'|[\cos(\alpha)\cos(\theta) - \sin(\alpha)\sin(\theta)] \\ &= |\vec{A}|\cos(\alpha)\cos(\theta) - |\vec{A}|\sin(\alpha)\sin(\theta), \\ A'_y &= |\vec{A}'|[\sin(\alpha)\cos(\theta) + \cos(\alpha)\sin(\theta)] \\ &= |\vec{A}|\sin(\alpha)\cos(\alpha) + |\vec{A}|\cos(\alpha)\sin(\theta). \end{aligned}$$

又因为$|\vec{A}|\cos(\theta) = A_x$，$|\vec{A}|\sin(\theta) = A_y$，所以：

$$\begin{aligned} A'_x &= A_x\cos(\alpha) - A_y\sin(\alpha), \\ A'_y &= A_x\sin(\alpha) + A_y\cos(\alpha). \end{aligned}$$

或者写成矩阵方程：

$$\begin{pmatrix} A'_x \\ A'_y \end{pmatrix} = \begin{pmatrix} \cos(\alpha) & -\sin(\alpha) \\ \sin(\alpha) & \cos(\alpha) \end{pmatrix} \begin{pmatrix} A_x \\ A_y \end{pmatrix}. \tag{4.15}$$

也就是通过式（4.15）可以求出新矢量（$\vec{A}'$）在同一坐标系下的分量A'_x，A'_y.

下面举一个例子，考虑图4.7中矢量的旋转，已知原矢量为$\vec{A} = A_x\hat{i} + A_y\hat{j} = 5\hat{i} + 3\hat{j}$，若矢量旋转的角度为$\alpha = 150°$，则：

$$\begin{pmatrix} A'_x \\ A'_y \end{pmatrix} = \begin{pmatrix} \cos(150°) & -\sin(150°) \\ \sin(150°) & \cos(150°) \end{pmatrix} \begin{pmatrix} 5 \\ 3 \end{pmatrix} = \begin{pmatrix} -5.83 \\ -0.10 \end{pmatrix}. \tag{4.16}$$

因此，新矢量为$\vec{A}' = -5.83\hat{i} - 0.10\hat{j}$. 可以看出，将矢量$\vec{A}$旋转150°后得到的新矢量几乎完全落在$x$的负半轴上（因为新矢量的$x$分量是负值并且要比其$y$分量长得多）. 请注意，这是新矢量在同一个基（$\hat{i}$，$\hat{j}$）下的表达式，而不是同一个矢量在新基下的表达式（因为这里旋转的是矢量，而不是坐标系）.

同理，也可以旋转基矢量$\hat{i}$，$\hat{j}$. 如果遇到的问题中涉及旋转后坐标系，并且想要用原（未旋转）坐标系中的基矢量表示指向旋转后坐标系下坐标轴方向的基矢量，这就要用到基矢量旋转. 例如，将单位矢量$\hat{i}$逆时针旋转150°，有：

$$\begin{pmatrix} \hat{i}'_x \\ \hat{i}'_y \end{pmatrix} = \begin{pmatrix} \cos(150°) & -\sin(150°) \\ \sin(150°) & \cos(150°) \end{pmatrix} \begin{pmatrix} 1 \\ 0 \end{pmatrix} = \begin{pmatrix} -0.866 \\ 0.5 \end{pmatrix}, \tag{4.17}$$

其中，$\hat{i}'_x$表示矢量$\hat{i}$旋转了150°后的x分量，$\hat{i}'_y$表示矢量$\hat{i}$旋转了150°后的y分量，如图4.9a所示. 同样，将单位矢量$\hat{j}$逆时针旋转相同的角度，有：

$$\begin{pmatrix} \hat{j}'_x \\ \hat{j}'_y \end{pmatrix} = \begin{pmatrix} \cos(150°) & -\sin(150°) \\ \sin(150°) & \cos(150°) \end{pmatrix} \begin{pmatrix} 0 \\ 1 \end{pmatrix} = \begin{pmatrix} -0.5 \\ -0.866 \end{pmatrix}. \quad (4.18)$$

其中，$\hat{j}'_x$表示矢量$\hat{j}$旋转了150°后的x分量，$\hat{j}'_y$表示矢量$\hat{j}$旋转了150°后的y分量，如图4.9b所示.

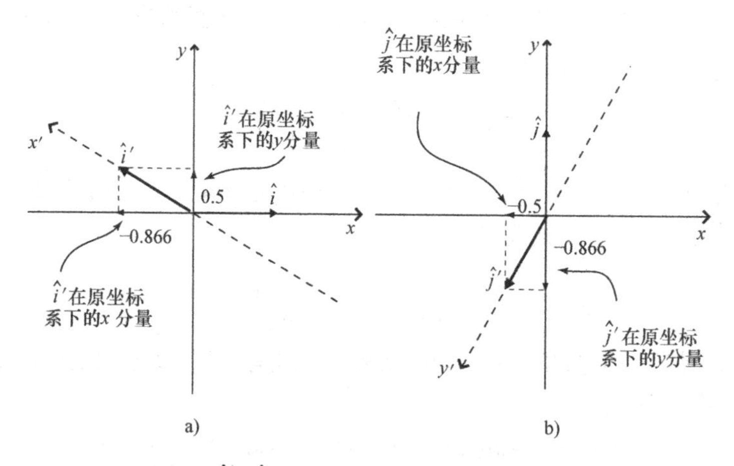

图4.9　$\hat{i}'$，$\hat{j}'$在原（未旋转）坐标系下的分量

同式（4.15）一致，新基矢量$\hat{i}'$，$\hat{j}'$的分量与原基矢量$\hat{i}$，$\hat{j}$的分量都是在原坐标系下表示的. 但是，$\hat{i}'$，$\hat{j}'$在旋转坐标系下的分量一定是（1，0），（0，1），见上一节内容.

因此，要想将一组基矢量变换为新的基矢量（指向不同的坐标轴），就要运用“直接”或“主”变换矩阵，矩阵方程如下：

$$(\text{新的基矢量}) = \begin{pmatrix} \text{直接} \\ \text{变换矩阵} \end{pmatrix} (\text{原基矢量}) \quad (4.19)$$

比较式（4.14）与式（4.19）就能知道变换矩阵可以用于两种不同但是相关的运算：一是可以求出同一个矢量在新坐标系下的分量，二是可以求出不同矢量（例如新的基矢量）在原坐标系下的分量. 下一节内容就来比较这两种不同类型的变换矩阵.

4.3 分量变换与基矢量变换

因为式（4.14）与式（4.19）中都有变换矩阵，我们自然想要知道这两种矩阵是否具有某种联系. 比较式（4.7）（坐标轴转过角 θ 引起的分量变化）与式（4.15）（基矢量转过角 θ 得到的新基矢量）中的变换矩阵就可以找到线索. 从这两个方程中提取出变换矩阵：

式（4.7）中的变换矩阵：

$$\begin{pmatrix} \cos(\theta) & \sin(\theta) \\ -\sin(\theta) & \cos(\theta) \end{pmatrix},$$

为求坐标系转过角 θ 后，同一个矢量在新坐标系下分量的变换矩阵

式（4.15）中的变换矩阵：

$$\begin{pmatrix} \cos(\theta) & -\sin(\theta) \\ \sin(\theta) & \cos(\theta) \end{pmatrix},$$

为求原基矢量转过角 θ 后，新的基矢量在原坐标系下表达式的变换矩阵

将两个矩阵相乘，有：

$$\begin{pmatrix} \cos(\theta) & \sin(\theta) \\ -\sin(\theta) & \cos(\theta) \end{pmatrix}\begin{pmatrix} \cos(\theta) & -\sin(\theta) \\ \sin(\theta) & \cos(\theta) \end{pmatrix} = \begin{pmatrix} 1 & 0 \\ 0 & 1 \end{pmatrix}.$$

可以看出，在这种情况下，两种变换矩阵关系的本质就是分量变换矩阵是基矢量变换矩阵的逆矩阵（因为矩阵乘以它的逆矩阵就是单位矩阵）. 同样的情况下，变换矩阵的转置矩阵等于其逆矩阵，所以该变换矩阵是“正交的”（从一个笛卡儿坐标系变换为另一个笛卡儿坐标系）.

基于基矢量变换矩阵与矢量分量变换矩阵之间互逆的关系，可以说矢量分量变换与基矢量变换的方式是相反或者“相对”的（前提是知道，“分量变换”是求同一个矢量在新坐标系下的分量，“基矢量变换”是指将基矢量旋转到不同坐标轴的方向）.

笛卡儿坐标轴的旋转只是多种变换形式中的一种. 一般来说，只要一组基矢量变换为另一组基矢量，就必须要考虑到新的基矢量对坐

标系中矢量分量的影响. 原基矢量到新基矢量的变换矩阵与矢量分量变换矩阵之间的关系取决于矢量用哪种分量表示.

给定的矢量可以用多种类型分量来表示，比如矢量在各个坐标轴并不相互垂直的坐标系下的分量表示. 下一节就来讨论这种“非正交”坐标系.

4.4 非正交坐标系

在笛卡儿坐标系中，矢量在坐标轴上“投影”的过程很简单. 只要用第 1 章的光源和投影法，想象光源照射在矢量上，该矢量在一个坐标轴上产生阴影就能得到投影，如图 1.6 所示. 二维笛卡儿坐标系中，有两种等价的方法指定光的方向：一是平行于其中一个坐标轴（实际上光是照回到原点的，也就是反平行于坐标轴）；二是垂直于另一个坐标轴. 例如，图 1.6a 中光线照射“反平行于 y 轴”与“垂直于 x 轴”这两种说法是完全一样的.

现在考虑 x 轴与 y 轴相互不垂直的二维坐标系[⊖]. 这种情况下，矢量向坐标轴投影的过程要更复杂. 光源照射应该（反 -）平行于坐标轴（如图 4.10 所示），还是应该垂直于坐标轴呢（如图 4.11 所示）？

这两种光线照射都可以得到矢量在其中一个坐标轴上的“投影”. 但是，比较图 4.10 与图 4.11 中投射的“阴影”的长度就可以看出，这些投影的长度可能有很大不同.

有人会说，投影不同“那又如何?”有这样的疑问也很正常，在非正交坐标系中，矢量向坐标轴有两种不同的投影方法很重要吗？是的，很重要.

其中一个原因是，如果想要运用矢量加法法则计算投影分量的矢量和得到 $\vec{A}$，那么选择投影方法就很关键. 如果用平行投影分量可以实现，但是如果选择垂直投影分量就实现不了，如图 4.12 所示. 那

⊖ 这不是理论上的推导. 在相对论、流体动力学以及其他领域经常用到非正交坐标轴.

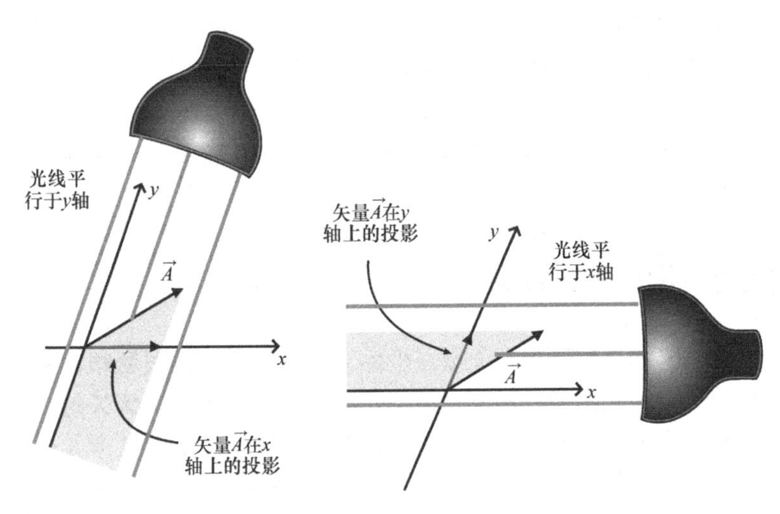

图 4.10　用平行于 x 轴与 y 轴的光线照射产生投影

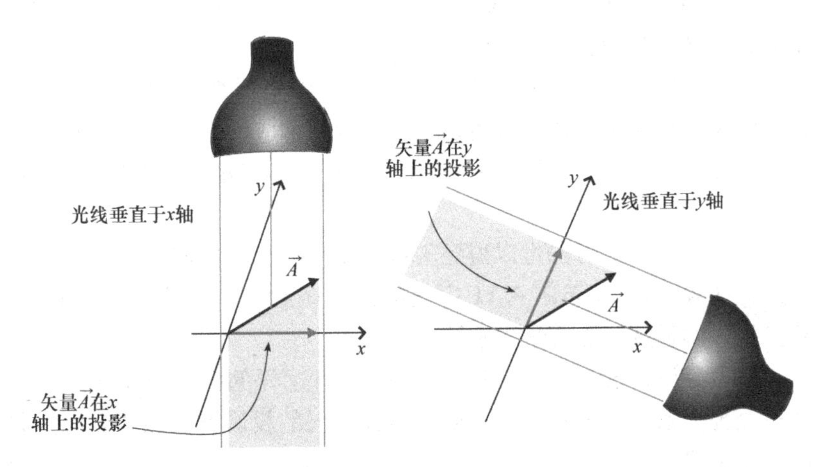

图 4.11　用垂直于 x 轴与 y 轴的光线照射产生投影

为什么还要把垂直投影分量称为“分量”呢？

要理解平行投影和垂直投影之间差异的重要性还有一种方法：考虑由这两种投影形成的分量如何在坐标系之间变换. 本章稍后就可以看到，由垂直坐标轴投影法得到的分量在坐标系之间变换时用的是直

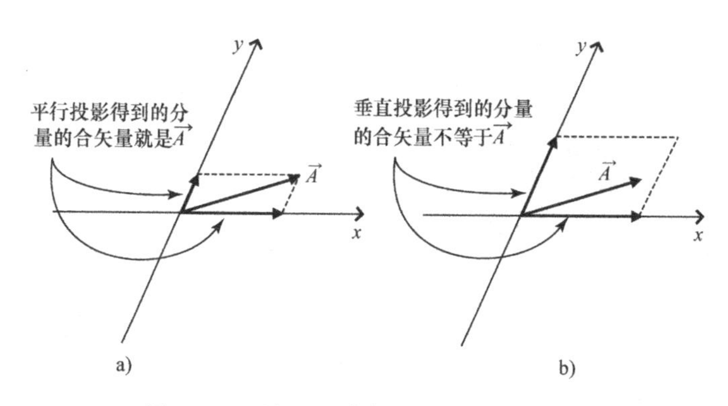

图 4.12　平行和垂直投影分量的矢量加法

接变换矩阵，该矩阵也用于求新坐标系中的新基矢量；由平行坐标轴投影法得到的分量在坐标系之间变换时用的是逆变换矩阵. 正是因为这样的性质，垂直投影分量传统上被称为矢量的“协变”分量，而平行投影分量则被称为矢量的“逆变”分量. 在正交坐标系下，平行于一个坐标轴就相当于垂直于其他坐标轴，此时，矢量的协变分量和逆变分量是相同的，不需要区分.

协变值为什么被称为“分量”？协变分量和逆变分量具有什么重要意义？怎样运用它们得到不依赖于观察者参考系的物理定律？要想搞清楚这些问题，首先就要理解对偶基矢量的概念. 下一节就来介绍对偶基矢量.

4.5 对偶基矢量

从几何图形上可以看出（例如图 4.12），矢量在非正交坐标系下由垂直坐标轴投影的方法得到的“分量”与平行投影不同，垂直投影分量按照矢量相加得到的并不是给定的原矢量. 但是，在分量作为矢量“相加”时，必须要考虑到基矢量在其中的作用. 先考虑平行投影，沿（非正交）坐标轴方向的基矢量为 $\vec{e}_1$，$\vec{e}_2$，矢量 $\vec{A}$ 在这两个方向上投影，如图 4.13 所示. 该例中，矢量 $\vec{A}$ 可以记作：

$$\vec{A} = A^x\vec{e}_1 + A^y\vec{e}_2. \tag{4.20}$$

其中，A^x，A^y 表示 $\vec{A}$ 的平行投影（逆变）分量.㊀

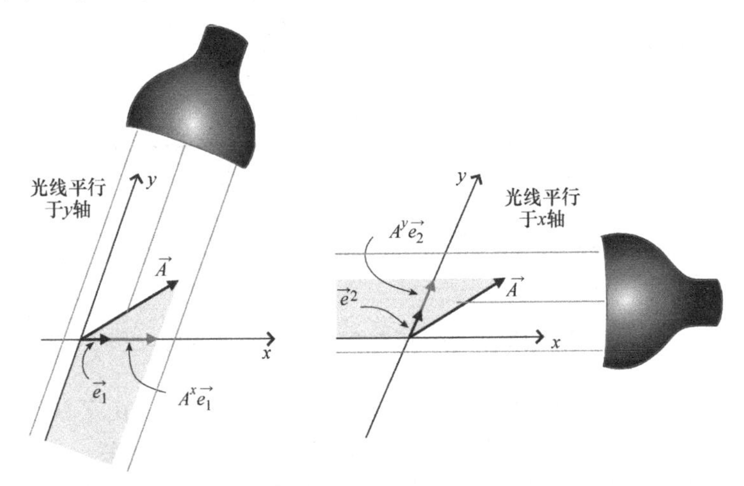

图 4.13 平行投影分量与基矢量

从图 4.12b 中的投影长度就能看出，两个垂直投影“分量” A_x，A_y 乘以基矢量 $\vec{e}_1$，$\vec{e}_2$ 再相加不等于矢量 $\vec{A}$，因此该方法不适用于垂直投影分量. 那么，是否存在其他可替代的基矢量，使得垂直投影分量可以运用与式（4.20）类似的方法得到原矢量呢？幸运的是“有”，并且这些替代基矢量称为“互反”或“对偶”基矢量.

对偶基矢量具有两个本质特征. 第一个特征：每一个对偶基矢量一定垂直于所有指标不同的原基矢量. 为了与原基矢量 $\vec{e}_1$，$\vec{e}_2$ 区分开，我们把对偶基矢量记为 $\vec{e}^1$，$\vec{e}^2$，因此一定有 $\vec{e}^1$ 垂直于 $\vec{e}_2$（本例中也就是垂直于 y 轴），$\vec{e}^2$ 垂直于 $\vec{e}_1$（本例中也就是垂直于 x 轴）. 对偶基矢量 $\vec{e}^1$，$\vec{e}^2$ 的方向如图 4.14 所示.

第二个特征：对偶基矢量中的每一个基矢量与指标相同的原基矢量的点积一定等于 1（因此 $\vec{e}^1 \cdot \vec{e}_1 = 1$，$\vec{e}^2 \cdot \vec{e}_2 = 1$）. 根据这个特征，只要已知原基矢量的长度和每个对偶基矢量与相应原基矢量之间的夹

㊀ 逆变分量 A^x，A^y 中上标“x”和“y”的运用是为了与协变分量 A_x，A_y 区分开，这是一种标准记法.

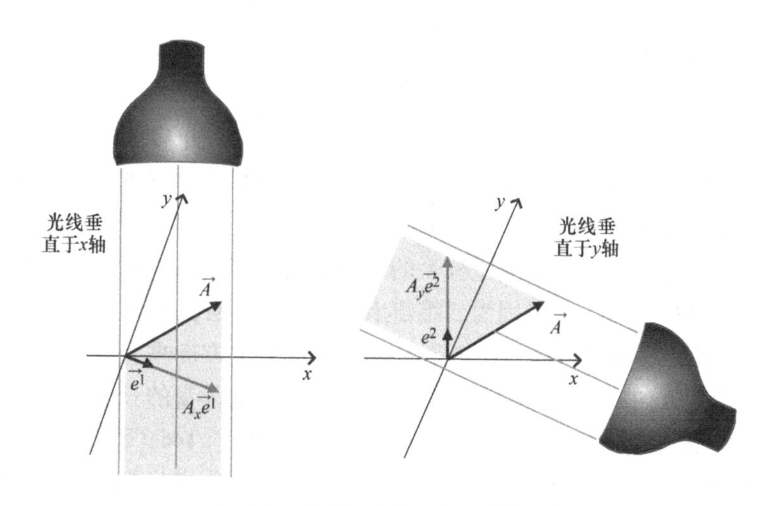

图 4.14 垂直投影分量与对偶基矢量

角，就能求出对偶基矢量的长度[⊖]. 因此，只要将原基矢量 $\vec{e}_1$ 的长度乘以 $\vec{e}^1$ 与 $\vec{e}_1$ 的夹角余弦，再求倒数，就可以求出 $\vec{e}^1$ 的长度. 同理，只要将原基矢量 $\vec{e}_2$ 的长度乘以 $\vec{e}^2$ 与 $\vec{e}_2$ 的夹角余弦，再求倒数，就可以求出 $\vec{e}^2$ 的长度. 即：

$$|\vec{e}^1| = \frac{1}{|\vec{e}_1|\cos(\theta_1)}, \tag{4.21}$$

且

$$|\vec{e}^2| = \frac{1}{|\vec{e}_2|\cos(\theta_2)}. \tag{4.22}$$

其中，θ_1 为 $\vec{e}^1$ 与 $\vec{e}_1$ 的夹角，θ_2 为 $\vec{e}^2$ 与 $\vec{e}_2$ 的夹角.

有了对偶基矢量的概念，就可以理解为什么把垂直投影（协变）分量 A_x，A_y 称为“分量”了. 关键是因为这里的投影是向对偶基矢量的方向投影，而不是原基矢量的方向. 投影后，协变分量 A_x，A_y 乘以对应的基矢量再相加就得到原矢量 $\vec{A}$，这与由平行投影（逆变）分量 A^x，A^y 得到原矢量的方法是一致的. 因此，与式（4.20）类似，

⊖ 第 2 章中讲到，$\vec{A}\cdot\vec{B} = |\vec{A}||\vec{B}|\cos\theta$，其中，$\theta$ 为 $\vec{A}$，$\vec{B}$ 之间的夹角.

由协变分量得到：

$$\vec{A} = A_x \vec{e}^1 + A_y \vec{e}^2. \tag{4.23}$$

如您所料，使用上标表示对偶基矢量 $\vec{e}^1$，$\vec{e}^2$ 并非偶然，当这些基矢量变换到新的坐标系时，就要用到逆变换矩阵，它也用于矢量逆变分量 A^x，A^y.

请注意，二维笛卡儿坐标系的对偶基矢量与指向坐标轴方向的原基矢量是相同的. 这是因为二维笛卡儿坐标系具有正交基矢量（例如 $\hat{i}$，$\hat{j}$）并且每个对偶基矢量一定与一个原基矢量方向垂直，因此对偶基矢量的方向一定沿 x 轴和 y 轴. 又因为对偶基矢量的长度一定等于原基矢量长度乘以 $\cos(\theta)$ 再取倒数（本例中为 $1/[1\cos(0°)]$），所以对偶基矢量的长度与同方向的 $\hat{i}$，$\hat{j}$ 相同. 因此，正交坐标系的原基矢量和对偶基矢量是没有差别的，就像正交坐标系中的协变分量和逆变分量没有区别一样.

对偶基矢量中的概念可以直接推广到三维，并且三维对偶基矢量的长度和方向通过矢量的点积和叉积很容易确定. 假如三维原基矢量分别为 $\vec{e}_1$，$\vec{e}_2$，$\vec{e}_3$，要求三维对偶基矢量 $\vec{e}^1$，$\vec{e}^2$，$\vec{e}^3$，只要利用下面的关系即可：

$$\begin{aligned} \vec{e}^1 &= \frac{\vec{e}_2 \times \vec{e}_3}{\vec{e}_1 \cdot (\vec{e}_2 \times \vec{e}_3)}, \\ \vec{e}^2 &= \frac{\vec{e}_3 \times \vec{e}_1}{\vec{e}_1 \cdot (\vec{e}_2 \times \vec{e}_3)}, \\ \vec{e}^3 &= \frac{\vec{e}_1 \times \vec{e}_2}{\vec{e}_1 \cdot (\vec{e}_2 \times \vec{e}_3)}. \end{aligned} \tag{4.24}$$

方程中的分母均为原基矢量的三重标积，而三重标积等于三个矢量构成平行六面体的体积，见第 2.3 节.

等式分子中的叉积确保了对偶基矢量第一个特征的成立（例如，$\vec{e}^1$ 垂直于 $\vec{e}_2$，$\vec{e}_3$）. 分母中的三重标积确保了对偶基矢量第二个特征的成立（例如，$\vec{e}^1 \cdot \vec{e}_1 = 1$）.

要想通过计算对偶基矢量实现矢量的另一种表达形式看起来比较

麻烦，但是比较式（4.20）和式（4.23）后却有重大的发现—这些方程表示的是同一个矢量. 不妨将它们写在一起：

$$\vec{A}=A^{x}\vec{e}_1+A^{y}\vec{e}_2=A_x\vec{e}^{1}+A_y\vec{e}^{2}. \tag{4.25}$$

为了定义一个坐标变换下的不变量（如矢量$\vec{A}$），可以选择将上标（逆变）分量与下标（协变）基矢量组合，也可以将下标（协变）分量与上标（逆变）基矢量组合. 因为协变分量是用直接变换矩阵变换的，而逆变分量是用逆变换矩阵变换的，所以这样表示是合理的. 将这些量乘起来就可以保证变换下的结果不受影响.

下一节将举例说明如何确定对偶基矢量以及协变分量和逆变分量.

4.6 协变分量与逆变分量的求法

如果掌握了非正交坐标系中的对偶基矢量的概念，求协变分量和逆变分量就变得很容易了. 举个例子，已知矢量$\vec{A}$以及非正交基矢量$\vec{e}_1$，$\vec{e}_2$，如图4.15所示.

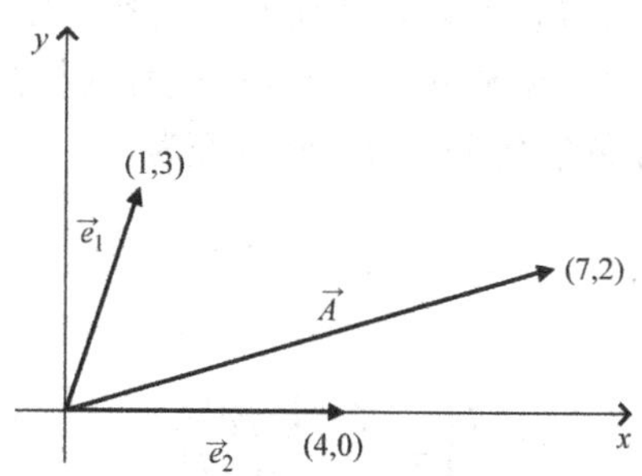

图4.15　非正交基矢量

要求逆变分量A^1，A^2，只要将矢量$\vec{A}$平行投影到原基矢量$\vec{e}_1$，$\vec{e}_2$的方向即可，如图4.16所示. 从图上看，分量$A^1|\vec{e}_1|$应该是原基矢量$\vec{e}_1$长度的2/3，分量$A^2|\vec{e}_2|$应该是原基矢量$\vec{e}_2$长度的1.5倍. 由矢量方程：

$$\vec{A}=A^{1}\vec{e}_1+A^{2}\vec{e}_2 \tag{4.26}$$

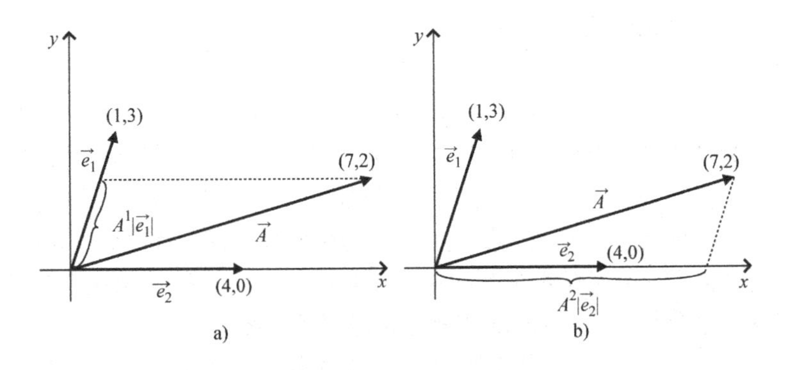

图 4.16 原基矢量上的平行投影

就可以求出 A^1，A^2 的值.

将式（4.26）写成 $\vec{A}$ 的两个分量方程：

$$A_x = A^1 e_{1,x} + A^2 e_{2,x},$$

$$A_y = A^1 e_{1,y} + A^2 e_{2,y}.$$

联立这两个方程，利用消元法或者代入法解出 A^1，A^2（这两种方法的证明为本章末的习题，证明过程见线上答案）. 还可以通过矩阵法，运用克拉默法则（见本书网站上矩阵代数的相关内容）求解. 将矢量 $\vec{A}$ 以及 $\vec{e}_1$，$\vec{e}_2$ 的值代入，得矩阵方程为

$$\begin{pmatrix} 7 \\ 2 \end{pmatrix} = A^1 \begin{pmatrix} 1 \\ 3 \end{pmatrix} + A^2 \begin{pmatrix} 4 \\ 0 \end{pmatrix}, \tag{4.27}$$

也可以写成：

$$\begin{pmatrix} 7 \\ 2 \end{pmatrix} = \begin{pmatrix} 1 & 4 \\ 3 & 0 \end{pmatrix} \begin{pmatrix} A^1 \\ A^2 \end{pmatrix}. \tag{4.28}$$

接下来运用克拉默法则可以求解出 A^1，A^2：

$$A^1 = \frac{\begin{vmatrix} 7 & 4 \\ 2 & 0 \end{vmatrix}}{\begin{vmatrix} 1 & 4 \\ 3 & 0 \end{vmatrix}} = \frac{-8}{-12} = 0.667, A^2 = \frac{\begin{vmatrix} 1 & 7 \\ 3 & 2 \end{vmatrix}}{\begin{vmatrix} 1 & 4 \\ 3 & 0 \end{vmatrix}} = \frac{-19}{-12} = 1.583. \tag{4.29}$$

这与我们从图 4.16 估计的结果一致.

要想运用相同的方法求出垂直投影（协变）分量 A_1，A_2，首先要确定对偶基矢量的长度和方向. 已知 $\vec{e}^1$ 的方向一定垂直于 $\vec{e}_2$ 的方向，$\vec{e}^2$ 的方向一定垂直于 $\vec{e}_1$ 的方向，因此要想求出对偶基矢量的长度，首先要求出 $\vec{e}_1$，$\vec{e}_2$ 的长度：

$$|\vec{e}_1| = \sqrt{(1)^2+(3)^2} = 3.16, |\vec{e}_2| = \sqrt{(4)^2+(0)^2} = 4.00. \tag{4.30}$$

代入式（4.21）和式（4.22）就可以求出 $|\vec{e}^1|$，$|\vec{e}^2|$. 在此之前，要先求出 $\vec{e}_1$ 与 $\vec{e}^1$ 的夹角（即 θ_1）以及 $\vec{e}_2$ 与 $\vec{e}^2$ 的夹角（即 θ_2）.

根据图4.17，有 $\theta_1 = \theta_2 = \arctan(1/3) = 18.43°$. 因此：

$$|\vec{e}^1| = \frac{1}{|\vec{e}_1|\cos(\theta_1)} = \frac{1}{3.16\cos(18.43°)} = 0.333,$$

$$|\vec{e}^2| = \frac{1}{|\vec{e}_2|\cos(\theta_2)} = \frac{1}{4.00\cos(18.43°)} = 0.264. \tag{4.31}$$

对偶基矢量 $\vec{e}^1$，$\vec{e}^2$（非常短），如图4.17所示. 再次强调，$\vec{e}^1$ 垂直于 $\vec{e}_2$，$\vec{e}^2$ 垂直于 $\vec{e}_1$，式（4.31）给出了 $\vec{e}^1$，$\vec{e}^2$ 的长度.

掌握了对偶基矢量，就可以求出垂直投影（协变）分量 A_1，A_2. 这里运用几何方法，过矢量 $\vec{A}$ 的终点向 $\vec{e}_1$，$\vec{e}_2$ 的方向线作垂线并继续延长垂直投影线到 $\vec{e}^1$，$\vec{e}^2$ 的方向线上，如图4.17所示. 矢量 $\vec{A}$ 的长度为

$$|\vec{A}| = \sqrt{(7)^2+(2)^2} = 7.28, \tag{4.32}$$

矢量 $\vec{A}$ 与 x 轴的夹角为 $\arctan(\frac{2}{7}) = 15.94°$. 通过这个角以及上面给出的 θ_1，就可以确定 $\vec{A}$ 与 $\vec{e}_1$ 的夹角为 55.62°，$\vec{A}$ 与 $\vec{e}_2$ 的夹角为 15.94°. 因此，图4.17a 中 l_1 的长度为

$$l_1 = |\vec{A}|\cos(55.62°) = 4.11, \tag{4.33}$$

且

$$A_1|\vec{e}^1| = \frac{l_1}{\cos(18.43°)} = 4.33, \tag{4.34}$$

因此，$A_1 = 4.33/0.333 = 13.0$.

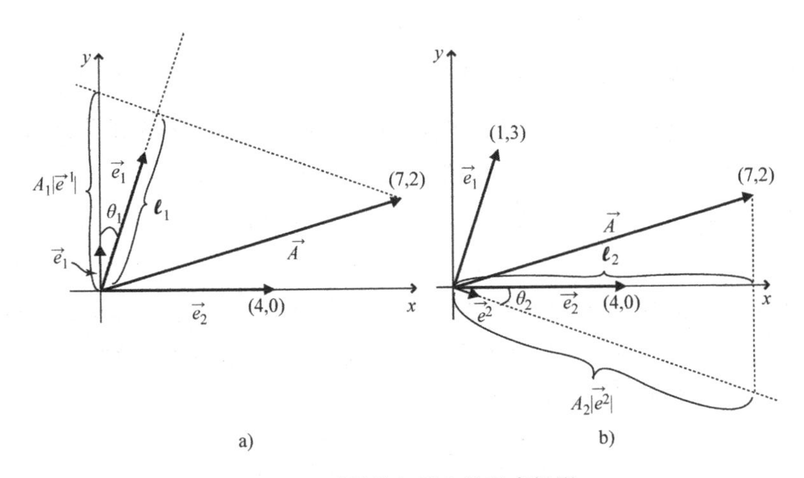

图 4.17 对偶基矢量上的垂直投影

同理，由图 4.17b 可以求出 A_2：

$$l_2 = |\vec{A}|\cos(15.94°) = 7.00, \tag{4.35}$$

且

$$A_2|\vec{e}^2| = \frac{l_2}{\cos(18.43°)} = 7.38, \tag{4.36}$$

因此，$A_2 = 7.38/0.264 = 28.0$.

这些结果提醒我们注意，当使用非规范基矢量（即，大小不等于 1 的基矢量）时，坐标轴上投影的长度与矢量分量的大小不相等. 这是因为投影是分量与基矢量大小的乘积.

也可以用代数方法求 A_1，A_2，过程同求 A^1，A^2 时一样. 但是，所用的方程为

$$\vec{A} = A_1\vec{e}^1 + A_2\vec{e}^2. \tag{4.37}$$

对偶基矢量 $\vec{e}^1$，$\vec{e}^2$ 的 x，y 分量为

$$e^1_x = |\vec{e}^1|\cos(90°) = 0.000,\ e^2_x = |\vec{e}^2|\cos(360° - 18.43°) = 0.250,$$

$$e^1_y = |\vec{e}^1|\sin(90°) = 0.333,\ e^2_y = |\vec{e}^2|\sin(360° - 18.43°) = -0.083,$$

接下来将已知的矢量 $\vec{A}$ 以及 $\vec{e}^1$，$\vec{e}^2$ 的 x，y 分量带入，有：

$$\begin{pmatrix}7\\2\end{pmatrix} = A_1\begin{pmatrix}0\\0.333\end{pmatrix} + A_2\begin{pmatrix}0.25\\-0.083\end{pmatrix}, \tag{4.38}$$

同前面一样，上式也可写成：

$$\begin{pmatrix}7\\2\end{pmatrix}=\begin{pmatrix}0 & 0.25\\0.333 & -0.083\end{pmatrix}+\begin{pmatrix}A_1\\A_2\end{pmatrix},\tag{4.39}$$

再利用克拉默法则求解，可以得出 A_1，A_2：

$$A_1=\frac{\begin{vmatrix}7 & 0.25\\2 & -0.083\end{vmatrix}}{\begin{vmatrix}0 & 0.25\\0.333 & -0.083\end{vmatrix}}=\frac{-1.081}{-0.083}=13.0,$$

$$A_2=\frac{\begin{vmatrix}0 & 7\\0.333 & 2\end{vmatrix}}{\begin{vmatrix}0 & 0.25\\0.333 & -0.083\end{vmatrix}}=\frac{-2.331}{-0.083}=28.0,\tag{4.40}$$

这与几何方法求得的结果一致.

如果掌握了原基矢量和对偶基矢量，还有求矢量的逆变分量和协变分量更简单的方法，但是要用到以下关系式：

$$A_1=\vec{A}\cdot\vec{e}_1=A_xe_{1,x}+A_ye_{1,y}\quad A_2=\vec{A}\cdot\vec{e}_2=A_xe_{2,x}+A_ye_{2,y},\tag{4.41}$$

且

$$A^1=\vec{A}\cdot\vec{e}^{\,1}=A_xe^1_x+A_ye^1_y\quad A^2=\vec{A}\cdot\vec{e}^{\,2}=A_xe^2_x+A_ye^2_y,\tag{4.42}$$

仍然用当前这个例子，根据以上关系，协变分量为

$$A_1=(7,2)\cdot(1,3)=(7)(1)+(2)(3)=13,$$

$$A_2=(7,2)\cdot(4,0)=(7)(4)+(2)(0)=28,$$

且

$$A^1=(7,2)\cdot(0,0.333)=(7)(0)+(2)(0.333)=0.666,$$

$$A^2=(7,2)\cdot(0.250,-0.083)=(7)(0.250)+(2)(-0.083)=1.58,$$

这与几何方法和矩阵代数方法求得的结果一致.

再次强调，我们刚刚求的是矢量 $\vec{A}$ 关于原基矢量 $\vec{e}_1$，$\vec{e}_2$ 和对偶基矢量 $\vec{e}^{\,1}$，$\vec{e}^{\,2}$ 的平行投影（逆变）分量和垂直投影（协变）分量.那么，可以说 $\vec{A}$ 是协变矢量或者是逆变矢量吗？

答案就是都不可以. 协变或者逆变不是指矢量本身，而是指通过平行或垂直投影形成的一组分量. 当我们读到有关张量的文献时，很可能会看到“逆变矢量$\vec{A}$”或者“协变矢量$\vec{B}$”这样的表达，作者意思通常是指问题中用到了矢量$\vec{A}$的逆变分量和矢量$\vec{B}$的协变分量（也许是因为这样表达更简洁）. 但是可以确定，$\vec{A}$和$\vec{B}$像所有的矢量一样都有逆变分量和协变分量，只要运用本节所讲的方法就可以求得㊀.

为什么要花费这么大精力求这些分量呢？可以非常确定的说，协变分量和逆变分量具有巨大的价值. 要认识到它们的价值，首先要认识到矢量不仅是既具有确定的长度又指向特定方向的箭头，更是一种张量，而张量在坐标变换下具有很强的可预测性（和实用性）. 通过“指标表示法”以及“爱因斯坦求和约定”的运用更容易理解为什么把矢量看成一阶张量以及这样做的意义. 下一节就来介绍指标表示法以及爱因斯坦求和约定.

4.7 指标表示法

我们在本章坐标变换这一节已经初步接触到了指标表示法. 已经定义了二维坐标系中变换（旋转）坐标轴和原（未旋转）坐标轴之间的夹角分别为α_{11}，α_{12}，α_{21}，α_{22}. 这些角也可以用$\alpha_{x'x}$，$\alpha_{x'y}$，$\alpha_{y'x}$，$\alpha_{yy'}$等符号表示，那么为什么要使用指标数字1，2，3表示坐标轴和坐标分量，而不是字母x，y，z呢？其中一个原因是物理学和工程领域中涉及很多超过3维的问题，每个人都知道数字“3”后是“4”，但是“z”后面用什么字母表示却没有共识. 另一个原因是指标表示法为本节后面要讲的爱因斯坦求和约定带来极大便利.

根据指标表示法，将三维空间中点的坐标表示为（x_1，x_2，x_3）或者（x^1，x^2，x^3），而不是（x，y，z）；将矢量分量记为（A_1，A_2，A_3）或者（A^1，A^2，A^3），而不是（A_x，A_y，A_z），也不是(A^x，A^y，A^z). 这种表示方法可以直接推广到N维空间，其中点的坐标记为

㊀ 我们在第5章就可以学到运用度规张量在逆变分量和协变分量之间转换.

$(x_1, x_2, \cdots, x_N)$ 或者 $(x^1, x^2, \cdots, x^N)$，矢量分量记为 $(A_1, A_2, \cdots, A_N)$ 或者 $(A^1, A^2, \cdots, A^N)$.

由二维坐标轴旋转得到的矢量逆变分量变换方程中应用指标表示法，则式（4.6）变成

$$\begin{pmatrix} A'^1 \\ A'^2 \end{pmatrix} = \begin{pmatrix} \cos(\alpha_{11}) & \cos(\alpha_{12}) \\ \cos(\alpha_{21}) & \cos(\alpha_{22}) \end{pmatrix} \begin{pmatrix} A^1 \\ A^2 \end{pmatrix}, \tag{4.43}$$

三维空间中，该变换方程为：

$$\begin{pmatrix} A'^1 \\ A'^2 \\ A'^3 \end{pmatrix} = \begin{pmatrix} \cos(\alpha_{11}) & \cos(\alpha_{12}) & \cos(\alpha_{13}) \\ \cos(\alpha_{21}) & \cos(\alpha_{22}) & \cos(\alpha_{23}) \\ \cos(\alpha_{31}) & \cos(\alpha_{32}) & \cos(\alpha_{33}) \end{pmatrix} \begin{pmatrix} A^1 \\ A^2 \\ A^3 \end{pmatrix}, \tag{4.44}$$

不妨把变换矩阵中的元素记为 a_{11}，a_{12}，a_{13} 等，则方程（4.44）可以写成：

$$\begin{aligned} A'^1 &= a_{11}A^1 + a_{12}A^2 + a_{13}A^3, \\ A'^2 &= a_{21}A^1 + a_{22}A^2 + a_{23}A^3, \\ A'^3 &= a_{31}A^1 + a_{32}A^2 + a_{33}A^3, \end{aligned} \tag{4.45}$$

或者

$$\begin{aligned} A'^1 &= \sum_{j=1}^{3} a_{1j}A^j, \\ A'^2 &= \sum_{j=1}^{3} a_{2j}A^j, \\ A'^3 &= \sum_{j=1}^{3} a_{3j}A^j, \end{aligned} \tag{4.46}$$

用 i 表示指标1，2，3，有

$$A'^i = \sum_{j=1}^{3} a_{ij}A^j. \quad i = 1,2,3 \tag{4.47}$$

如果指标在一项中出现了两次，一次作为上标，一次作为下标（如式（4.47）中的“j”），则可以省略求和符号，最终简写为

$$A'^i = a_{ij}A^j. \tag{4.48}$$

式中重复的指标（本例中为j）表示关于该指标求和. 通常称式中重复的指标为“哑”指标，这是因为该指标可以用任何字母表示[㊀]. 阿尔伯特爱因斯坦在1961年首次提出了这个求和约定，他开玩笑地称这是“伟大的数学发现”[㊁]. 无论怎么说，这个约定都必定节省大量的笔墨和时间.

再次强调，式（4.48）中的简写表达式与式（4.45）中含有多个项的三个独立方程含义是完全相同的. 它们都表示变换坐标系中的每个分量是原（未变换）坐标系中各分量的加权线性组合，变换矩阵的元素（a_{ij}）为每一项的加权因子.

下面就来介绍矢量的协变和矢量的逆变分量变换矩阵中每个因子的确切含义.

4.8 逆变量

基于指标表示法以及爱因斯坦求和约定的简便性，接下来就可以思考为什么矢量不仅可以看作一个既有大小又有方向的量，更是一种张量. 在此之前，首先考虑如何将长度微元 $\mathrm{d}s$ 从一个坐标系变换到另一个坐标系.

大部分情形下，表示从一个坐标系到其他坐标系坐标关系的方程不是简单的线性组合. 例如，球面坐标（r，θ，φ）到笛卡儿坐标（x，y，z）的变换中，x 等于 r 与 θ 正弦以及 φ 余弦的乘积，因此 $x=a_{11}r+a_{12}\theta+a_{13}\varphi$ 不可能成立. 同样，y，z 与球坐标具有相似的非线性关系.

那么 x，y，z 的微分（即 $\mathrm{d}x$，$\mathrm{d}y$，$\mathrm{d}z$）与 r，θ，φ 的微分（即 $\mathrm{d}r$，$\mathrm{d}\theta$，$\mathrm{d}\varphi$）有什么关系？我们会发现，在非常小的范围上，$\mathrm{d}x$ 是 $\mathrm{d}r$，$\mathrm{d}\theta$，$\mathrm{d}\varphi$ 的线性组合（$\mathrm{d}y$，$\mathrm{d}z$ 也一样），有：

$$\mathrm{d}x = a_{11}\mathrm{d}r + a_{12}\mathrm{d}\theta + a_{13}\mathrm{d}\varphi, \tag{4.49}$$

㊀ 重复的“哑”指标表示对该指标求和，但其中 i 不对应求和运算，称为“自由”指标.

㊁ 佩斯. 1983,《上帝是微妙的：爱因斯坦的科学与生活》，牛津大学出版社，牛津.

同样，dy，dz也有一样的关系.

只要两个坐标系的长度微分元素存在线性关系，它们之间的变换方程就很容易写出来. 将一个坐标系中的微分记为dx，dy，dz，另一个坐标系中的微分为dx′，dy′，dz′，根据偏微分的运算法则可以直接得出从原坐标系到变换坐标系的变换方程，如下面式子的左列所示：

$$\begin{aligned}
\mathrm{d}x' &= \frac{\partial x'}{\partial x}\mathrm{d}x + \frac{\partial x'}{\partial y}\mathrm{d}y + \frac{\partial x'}{\partial z}\mathrm{d}z \Rightarrow \mathrm{d}x'^1 = \frac{\partial x'^1}{\partial x^1}\mathrm{d}x^1 + \frac{\partial x'^1}{\partial x^2}\mathrm{d}x^2 + \frac{\partial x'^1}{\partial x^3}\mathrm{d}x^3,\\
\mathrm{d}y' &= \frac{\partial y'}{\partial x}\mathrm{d}x + \frac{\partial y'}{\partial y}\mathrm{d}y + \frac{\partial y'}{\partial z}\mathrm{d}z \Rightarrow \mathrm{d}x'^2 = \frac{\partial x'^2}{\partial x^1}\mathrm{d}x^1 + \frac{\partial x'^2}{\partial x^2}\mathrm{d}x^2 + \frac{\partial x'^2}{\partial x^3}\mathrm{d}x^3,\\
\mathrm{d}z' &= \frac{\partial z'}{\partial x}\mathrm{d}x + \frac{\partial z'}{\partial y}\mathrm{d}y + \frac{\partial z'}{\partial z}\mathrm{d}z \Rightarrow \mathrm{d}x'^3 = \frac{\partial x'^3}{\partial x^1}\mathrm{d}x^1 + \frac{\partial x'^3}{\partial x^2}\mathrm{d}x^2 + \frac{\partial x'^3}{\partial x^3}\mathrm{d}x^3.
\end{aligned} \tag{4.50}$$

根据指标表示法，用x^1，x^2，x^3代替x，y，z后为上式的右列[⊖]. 用矩阵表示法表示为

$$\begin{pmatrix} \mathrm{d}x'^1 \\ \mathrm{d}x'^2 \\ \mathrm{d}x'^3 \end{pmatrix} = \begin{pmatrix} \frac{\partial x'^1}{\partial x^1} & \frac{\partial x'^1}{\partial x^2} & \frac{\partial x'^1}{\partial x^3} \\ \frac{\partial x'^2}{\partial x^1} & \frac{\partial x'^2}{\partial x^2} & \frac{\partial x'^2}{\partial x^3} \\ \frac{\partial x'^3}{\partial x^1} & \frac{\partial x'^3}{\partial x^2} & \frac{\partial x'^3}{\partial x^3} \end{pmatrix} \begin{pmatrix} \mathrm{d}x^1 \\ \mathrm{d}x^2 \\ \mathrm{d}x^3 \end{pmatrix}. \tag{4.51}$$

或者用求和符号分别表示三个方程：

$$\mathrm{d}x'^1 = \sum_{j=1}^{3} \frac{\partial x'^1}{\partial x^j}\mathrm{d}x^j, \mathrm{d}x'^2 = \sum_{j=1}^{3} \frac{\partial x'^2}{\partial x^j}\mathrm{d}x^j, \mathrm{d}x'^3 = \sum_{j=1}^{3} \frac{\partial x'^3}{\partial x^j}\mathrm{d}x^j,$$

如果用i表示指标的数字（1，2，3），该式可以写成：

$$\mathrm{d}x'^i = \sum_{j=1}^{3} \frac{\partial x'^i}{\partial x^j}\mathrm{d}x^j. \tag{4.52}$$

因为指标j是重复的，根据爱因斯坦求和约定可以得到最简单的表达式为

⊖ 指标用上标是因为弧长微元变换和逆变量变换一样，本节稍后会有讲解.

$$dx'^i = \frac{\partial x'^i}{\partial x^j}dx^j. \tag{4.53}$$

所以，指标表示法可以把式（4.50）这样包含三个方程，每个方程又包含三项的表达式用这样的一个方程表示出来. 更重要的是从这个方程中，可以理解为什么长度微分元素可以看作是逆变量.

要理解这个问题，先回到前一节的式（4.48）：

$$A'^i = a_{ij}A^j.$$

该式说明变换坐标系中的矢量分量为同一矢量在未变换（原）坐标系中分量的加权线性组合，并且加权因子为变换矩阵的元素.

现在将式（4.53）与式（4.48）相对比. 等式的左边均为含有自由指标 i 的变换后的分量（dx'^i 或者 A'^i）. 等式右边均为带自由指标 i 以及哑指标 j 的因子（$\frac{\partial x'^i}{\partial x^j}$或者 a_{ij}）乘以带哑指标 j 且与左边量对应的未变化分量（dx^j 或者 A^j）. 我们知道式（4.48）中的因子 a_{ij}表示变换前、后的坐标系之间矢量逆变分量变换矩阵的元素. 自然可以得出结论：式（4.53）中$\frac{\partial x'^i}{\partial x^j}$项可以看作长度微分元素变换矩阵的元素.

因此，式（4.53）不仅是链式法则的指标表示法，它也可以看作是长度微分元素从变换前到变换后坐标系的变换方程（正如式（4.48）用来求矢量$\vec{A}$的逆变分量）.

$\frac{\partial x'^i}{\partial x^j}$项不仅是变换前到变换后坐标系的变换矩阵的元素，也是在新（变换）坐标系下表示的与原（未变换）坐标轴相切的基矢量分量[⊖]，这一点非常重要.

此外，与原坐标轴相切的基矢量就是前面内容中所讲的协变基矢量. 由于矢量逆变分量与协变基矢量相结合产生不变量，所以长度微分元素一定转换为矢量逆变分量. 这就是为什么从式（4.51）到式（4.53）中的指标均记为上标；长度微分元素是矢量逆变分量的“原

⊖ 偏导数为什么代表基矢量参照第 2 章第 2.6 节的内容.

型”.

运用指标表示法表示基矢量分量（如$\frac{\partial x'^i}{\partial x^j}$）之后，我们就应该可以理解为什么矢量$\vec{A}$的逆变分量变换方程经常写成：

$$A'^i = \frac{\partial x'^i}{\partial x^j} A^j. \tag{4.54}$$

很多作者都将该式作为逆变分量的定义.

下面举例说明. 不妨考虑从极坐标（r，θ）到二维笛卡儿坐标（x，y）的变换. 本例中，$x'^1 = x$，$x'^2 = y$，$x^1 = r$，$x^2 = \theta$，并且有$x = r\cos(\theta)$，$y = r\sin(\theta)$. 那么本例中的加权因子（即变换矩阵的元素）是什么？通过偏导数就可以求出：

$$\frac{\partial x'^1}{\partial x^1} = \frac{\partial x}{\partial r} = \cos(\theta), \quad \frac{\partial x'^2}{\partial x^1} = \frac{\partial y}{\partial r} = \sin(\theta), \tag{4.55}$$

$$\frac{\partial x'^1}{\partial x^2} = \frac{\partial x}{\partial \theta} = -r\sin(\theta), \quad \frac{\partial x'^2}{\partial x^2} = \frac{\partial y}{\partial \theta} = r\cos(\theta), \tag{4.56}$$

这些是原坐标轴（r，θ）切矢量的分量吗（即，指向是沿着原坐标轴的方向）？把这些项写成新坐标系（本例为笛卡儿坐标系）下的分量形式就能看出来：

$$\vec{e}_1 = \frac{\partial x'^1}{\partial x^1}\hat{i} + \frac{\partial x'^2}{\partial x^1}\hat{j} = \cos(\theta)\hat{i} + \sin(\theta)\hat{j}, \tag{4.57}$$

$$\vec{e}_2 = \frac{\partial x'^1}{\partial x^2}\hat{i} + \frac{\partial x'^2}{\partial x^2}\hat{j} = -r\sin(\theta)\hat{i} + r\cos(\theta)\hat{j}. \tag{4.58}$$

其中，第一个表达式为径向向外（在极坐标中沿r方向）的矢量，第二个表达式是垂直于径向（沿θ方向）的矢量㊀. 这表明式（4.53）中的偏导数确实代表了新（变换）坐标系中（未变换）协变基矢量分量.

4.9 协变量

如果说上一节所讲的长度微分元素是矢量逆变分量的“原型”，

㊀ 根据非笛卡儿坐标系的单位矢量可以理解这些基矢量，见第1章第1.5节的内容.

那么，协变量是否也有类似的“原型”．我们不妨考虑类似某个区域上温度随距离变化（度每米）这样的量，也就是第2章所讲的梯度．长度微分元素的量纲与坐标的量纲直接相关，但是梯度这类量的量纲则包含的是坐标量纲的倒数（在空间坐标下，每单位长度而不是长度）．从量纲这个角度考虑，梯度也许就可以作为矢量协变分量的原型．从指标表示法来看就很好理解了．

假设函数$f(x, y, z)$表示标量在各个点处的值，比如温度或者密度等；该量在x方向的变化率为$\frac{\partial f}{\partial x}$，在$y$方向的变化率为$\frac{\partial f}{\partial y}$，在$z$方向的变化率为$\frac{\partial f}{\partial z}$．那么，当坐标系改变了，这些变化率又有怎样的变化？要回答这个问题，可以像处理长度微分元素的过程一样，运用偏导数的链式法则以及指标表示法，即：

$$\frac{\partial f}{\partial x'} = \frac{\partial f}{\partial x}\frac{\partial x}{\partial x'} + \frac{\partial f}{\partial y}\frac{\partial y}{\partial x'} + \frac{\partial f}{\partial z}\frac{\partial z}{\partial x'}$$

$$\Rightarrow \frac{\partial f}{\partial x'^1} = \frac{\partial f}{\partial x^1}\frac{\partial x^1}{\partial x'^1} + \frac{\partial f}{\partial x^2}\frac{\partial x^2}{\partial x'^1} + \frac{\partial f}{\partial x^3}\frac{\partial x^3}{\partial x'^1}$$

$$\frac{\partial f}{\partial y'} = \frac{\partial f}{\partial x}\frac{\partial x}{\partial y'} + \frac{\partial f}{\partial y}\frac{\partial y}{\partial y'} + \frac{\partial f}{\partial z}\frac{\partial z}{\partial y'}$$

$$\Rightarrow \frac{\partial f}{\partial x'^2} = \frac{\partial f}{\partial x^1}\frac{\partial x^1}{\partial x'^2} + \frac{\partial f}{\partial x^2}\frac{\partial x^2}{\partial x'^2} + \frac{\partial f}{\partial x^3}\frac{\partial x^3}{\partial x'^2}$$

$$\frac{\partial f}{\partial z'} = \frac{\partial f}{\partial x}\frac{\partial x}{\partial z'} + \frac{\partial f}{\partial y}\frac{\partial y}{\partial z'} + \frac{\partial f}{\partial z}\frac{\partial z}{\partial z'}$$

$$\Rightarrow \frac{\partial f}{\partial x'^3} = \frac{\partial f}{\partial x^1}\frac{\partial x^1}{\partial x'^3} + \frac{\partial f}{\partial x^2}\frac{\partial x^2}{\partial x'^3} + \frac{\partial f}{\partial x^3}\frac{\partial x^3}{\partial x'^3}$$

同前面一样，上式可以写成矩阵方程：

$$\begin{pmatrix} \frac{\partial f}{\partial x'^1} \\ \frac{\partial f}{\partial x'^2} \\ \frac{\partial f}{\partial x'^3} \end{pmatrix} = \begin{pmatrix} \frac{\partial x^1}{\partial x'^1} & \frac{\partial x^2}{\partial x'^1} & \frac{\partial x^3}{\partial x'^1} \\ \frac{\partial x^1}{\partial x'^2} & \frac{\partial x^2}{\partial x'^2} & \frac{\partial x^3}{\partial x'^2} \\ \frac{\partial x^1}{\partial x'^3} & \frac{\partial x^2}{\partial x'^3} & \frac{\partial x^3}{\partial x'^3} \end{pmatrix} \begin{pmatrix} \frac{\partial f}{\partial x^1} \\ \frac{\partial f}{\partial x^2} \\ \frac{\partial f}{\partial x^3} \end{pmatrix}. \tag{4.59}$$

或者，用求和符号分别表示成三个独立方程：

$$\frac{\partial f}{\partial x'^1}=\sum_{j=1}^{3}\frac{\partial x^j}{\partial x'^1}\frac{\partial f}{\partial x^j},\frac{\partial f}{\partial x'^2}=\sum_{j=1}^{3}\frac{\partial x^j}{\partial x'^2}\frac{\partial f}{\partial x^j},\frac{\partial f}{\partial x'^3}=\sum_{j=1}^{3}\frac{\partial x^j}{\partial x'^3}\frac{\partial f}{\partial x^j}.$$

然后，用 i 表示自由指标，有：

$$\frac{\partial f}{\partial x'^i}=\sum_{j=1}^{3}\frac{\partial x^j}{\partial x'^i}\frac{\partial f}{\partial x^j}, \tag{4.60}$$

又，根据爱因斯坦求和约定，最终简写为

$$\frac{\partial f}{\partial x'^i}=\frac{\partial x^j}{\partial x'^i}\frac{\partial f}{\partial x^j}. \tag{4.61}$$

将式（4.61）与长度微分元素对应的等式（4.53）对比，再次说明了变换坐标系中的矢量分量是原坐标系中矢量分量的加权线性组合. 但是，本例中变换矩阵的元素（$\frac{\partial x^j}{\partial x'^i}$）是长度微分元素变换矩阵的元素（$\frac{\partial x'^i}{\partial x^j}$）取倒数，并且后者的$\frac{\partial x'^i}{\partial x^j}$项表示指向原坐标轴方向的矢量分量，本例中$\frac{\partial x^j}{\partial x'^i}$项表示垂直于原坐标面的矢量分量. 因此，本例中加权因子为（逆变）对偶基矢量的分量，也就是梯度矢量的分量是协变分量. 当然，在正交坐标系中，原基矢量和对偶基矢量的长度和方向是完全一样的，并且矢量协变分量和矢量逆变分量也没有什么区别. 但是在非正交坐标系中，二者之间的区别非常重要.

再次运用指标表示法并以$\frac{\partial x^j}{\partial x'^i}$作为对偶基矢量，我们可能就可以理解为什么许多作者会根据式（4.62）来定义矢量 $\vec{A}$ 的协变分量了.

$$A'_i=\frac{\partial x^j}{\partial x'^i}A_i. \tag{4.62}$$

这个时候，我们就应该确信矢量不仅是一个既有大小又有方向的箭头，它们也是在坐标系之间以某种方式变换的量. 具体来说，每一个矢量都有以可预测方式变换的逆变分量和协变分量. 逆变分量变换的方式与指向原坐标轴方向的基矢量相反，而协变分量变换的方式与这些基矢量相同. 最重要的是，由矢量的逆变分量与原基矢量组合或者矢量的协变分量与对偶基矢量组合，得到的结果（矢量本身）在所有坐标变换下保持不变. 正是由于矢量的这个特征，矢量才归入张量的行列.

因为矢量是一种张量，所以理解了矢量协变分量与矢量逆变分量之间的区别才能更好的理解张量. 特别地，一个矢量的所有分量用一个指标就可以表示，所以矢量是一阶张量. 同样的定义方式下，标量是一个数并且不需要指标就可以表示，所以标量是零阶张量. 二阶以及二阶以上的张量又是什么呢？这就是第5章的内容—高阶张量.

4.10 习题

4.1 写出二维笛卡儿坐标轴旋转70°的逆变换矩阵以及矢量旋转70°的直接变换矩阵. 证明：这两个变换矩阵的乘积是单位矩阵.

4.2 利用习题4.1中的逆变换矩阵求出矢量 $\vec{A}=2\hat{i}+5.5\hat{j}$ 在旋转后坐标系中的分量.

4.3 利用习题4.1的直接变换矩阵将原坐标基矢量 $\hat{i}$，$\hat{j}$ 旋转70°，使得它们指向旋转后的坐标轴.

4.4 利用直接变换矩阵将习题4.2中的矢量 $\vec{A}$ 旋转 $-70°$，并且将旋转后矢量的 x 分量和 y 分量（在原坐标系中）与旋转后坐标系中原矢量的 x' 分量和 y' 分量进行比较.

4.5 利用原矢量 $\vec{A}$ 与旋转基矢量的点积（$\vec{A}\cdot\hat{i}'$ 和 $\vec{A}\cdot\hat{j}'$）求出矢量 $\vec{A}$ 在旋转坐标系中的分量.

4.6 已知矢量 $\vec{A}=-5\hat{i}+6\hat{j}$，基矢量 $\vec{e}_1=\hat{i}+2\hat{j}$，$\vec{e}_2=-2\hat{i}-\hat{j}$，求逆变分量 $\vec{A}^1$，$\vec{A}^2$.

4.7 求习题4.6中基矢量 $\vec{e}_1$，$\vec{e}_2$ 的对偶基矢量 $\vec{e}^1$，$\vec{e}^2$.

4.8 求习题4.6中矢量 $\vec{A}$ 的协变分量 $\vec{A}_1$，$\vec{A}_2$.

4.9 利用代入法以及消元法求解从式4.26矢量得出的两个联立方程.

4.10 证明：笛卡儿到极坐标变换矩阵的元素为与原（笛卡儿）坐标轴相切的基矢量分量.

第5章 高阶张量

前一章内容中包含的一些观点对帮助我们充分理解张量是很重要的. 首先，任何矢量都可以在坐标系中用分量表示，且分量在不同坐标系之间的变换方式有两种："协变"分量变换和"逆变"分量变换."协变"分量的变换方式与沿坐标轴方向的基矢量变换方式相同，"逆变"分量的变换方式与基矢量的变换方式相反[⊖]. 第二，基矢量的方向与坐标轴的方向一致，"互反"或"对偶"基矢量的方向与坐标轴方向垂直，"对偶"基矢量的变换方式与基矢量的变换方式相反. 第三，逆变分量结合基矢量表示的矢量和协变分量结合对偶基矢量表示的矢量在坐标变换下保持不变. 即不管你在哪个坐标系中用分量表示矢量，矢量还是那个矢量.

这一章将把协变和逆变的概念延伸到矢量之外，并明确标量和矢量都是"张量"这个家族中的一员.

5.1 定义（高级）

第1章中标量、矢量和张量的概念是由其所包含的方向的个数定义的：标量为零、矢量为一、张量大于一[⊖]. 既然现在我们已了解分量、基矢量及它们在不同坐标系之间的变换性质，就应该从更深的层次去理解标量、矢量和张量. 很明显：

⊖ 矢量的逆变分量原型是位移矢量，矢量的协变分量原型是梯度矢量.

⊖ 注意在三维空间中定义一个方向需要两个角度.

标量是一个没有方向的单一数值，表示一个不随坐标变化而变化的量.

因此对于标量，不管是用一个坐标系中的 ϕ（结合与该坐标系相关的单位）表示还是用另外一个坐标系中的 ϕ'（也有它自己的单位）表示，它们所表示的数量是相同的. 因此 1 英寸和 2.54 厘米表示相同的长度.

矢量是由三个（三维空间中）称为矢量分量的数组成的数组，矢量分量结合方向指标（基矢量）共同形成一个不随坐标系变化而变化的量.

因此，矢量 $\vec{A}$ 不管用逆变分量 A^i 表示还是用协变分量 A_i 表示都代表同一个实体：

$$\vec{A} = A^i \vec{e}_i = A_i \vec{e}^{\,i},$$

其中，$\vec{e}_i$ 表示协变基矢量，$\vec{e}^{\,i}$ 表示逆变基矢量.

在坐标系变换中，矢量在原坐标系（不带撇坐标系）中的逆变分量 A^j 和新坐标系（带撇坐标系）中的逆变分量 A'^i 之间的变换为

$$A'^i = \frac{\partial x^{i'}}{\partial x^j} A^j,$$

其中，$\frac{\partial x^{i'}}{\partial x^j}$ 表示沿原坐标轴方向的基矢量在新坐标系中的分量.

同样，矢量在原坐标系（不带撇坐标系）中的协变分量 A_j 和新坐标系（带撇坐标系）中协变分量 A'_i 之间的变换为

$$A'_i = \frac{\partial x^j}{\partial x^{i'}} A_j.$$

其中，$\frac{\partial x^j}{\partial x^{i'}}$ 表示与原坐标轴方向垂直的对偶基矢量在新坐标系中的分量.

n 阶张量是由 3^n 个（三维空间中）称为张量分量的数组成的数组，张量分量结合多个方向指标（基矢量）共同形成一个不随坐标系变化而变化的量.

由定义可知，在三维空间中一个 2 阶张量有 $3^2=9$ 个分量，而且 0 阶张量是标量，矢量是 1 阶张量.

张量没有标准的表示方法：可以用双顶箭头表示（如$\overset{\rightrightarrows}{T}$），也可以用波浪线或者上、下双箭头表示（如$\widetilde{T}$，$\overset{\leftrightarrow}{T}$或$\underset{\leftrightarrow}{T}$）. 许多人不使用箭头或波浪线表示张量，而是简单地使用角标来表示张量的逆变阶和协变阶（如T^{ij}或T^a_b）.

5.2 协变、逆变和混变分量

应该明白表达式：

$$A'^i=\frac{\partial x^{i'}}{\partial x^j}A^j. \tag{5.1}$$

表示矢量$\vec{A}$在新坐标系中（带撇坐标系）的逆变分量是（A'^i）是其在原坐标系（不带撇坐标系）中逆变分量（A^j）的加权线性组合. 加权因子（$\frac{\partial x^{i'}}{\partial x^j}$）是从不带撇坐标系到带撇坐标系的变换矩阵的矩阵元，表示沿原坐标轴的基矢量分量. 类比下来，张量表达式，如：

$$A'^{ij}=\frac{\partial x^{i'}}{\partial x^k}\frac{\partial x^{j'}}{\partial x^l}A^{kl}. \tag{5.2}$$

应该有一些可识别的元素，可以推测，A'^{ij}表示张量在新坐标系中的逆变分量，而A^{kl}表示在原坐标系中的逆变分量，$\frac{\partial x^{i'}}{\partial x^k}$和$\frac{\partial x^{j'}}{\partial x^l}$都是原坐标系和新坐标系之间变换矩阵的矩阵元. 与方程（5.1）一样，直接变换矩阵元表示沿原坐标轴的基矢量分量，但是方程（5.1）中每个分量与一个基矢量对应，而方程（5.2）中的每个分量对应两个基矢量. 这也是合理的，因为第 1 章中的基本定义中说矢量有一个方向而张量有两个或更多方向.

方程（5.1）是矢量的逆变分量表示法（如用上角标表示的A'^i和A^j），不过还存在另一种等效的表示方法，即协变分量表示法：

$$A'_i = \frac{\partial x^j}{\partial x^{i'}} A_j \tag{5.3}$$

该方程中，矢量 $\vec{A}$ 在变换坐标系（带撇坐标系）中的协变分量（A'_i）是矢量 $\vec{A}$ 在原坐标系（不带撇坐标系）中协变分量（A_j）的加权线性组合. 这种情况下，加权因子（$\frac{\partial x^j}{\partial x^{i'}}$）是不带撇坐标系到带撇坐标系的逆变矩阵的矩阵元，表示与原坐标轴垂直的对偶基矢量的分量.

把该结论扩展到二阶张量，变换方程如下：

$$A'_{ij} = \frac{\partial x^k}{\partial x^{i'}} \frac{\partial x^l}{\partial x^{j'}} A_{kl} \tag{5.4}$$

表达式中 A'_{ij}是张量在新坐标系中的协变分量，A_{kl}是张量在原坐标系中的协变分量，$\frac{\partial x^k}{\partial x^{i'}}$和$\frac{\partial x^l}{\partial x^{j'}}$是原坐标系和新坐标系之间变换矩阵的矩阵元. 与方程（5.3）一样，变换矩阵的矩阵元表示与原坐标轴垂直的对偶基矢量在新坐标系中的分量.

如你所料，张量还有另外一种可能的表达形式：

$$A'^i_j = \frac{\partial x^{i'}}{\partial x^k} \frac{\partial x^l}{\partial x^{j'}} A^k_l. \tag{5.5}$$

这种情况下张量$\vec{\vec{A}}$有一个逆变分量和一个协变分量，分别用各自的变换矩阵完成坐标系之间的变换.

5.3 张量的加法和减法

通过 1.4 节的学习可知，两个或两个以上的矢量相加，可以简单地通过相加其对应的分量来实现. 因此一个矢量方程如：

$$\vec{C} = \vec{A} + \vec{B}. \tag{5.6}$$

实际上包括三个方程（三维空间中），因为合矢量$\vec{C}$的每个分量必须是矢量 $\vec{A}$ 和$\vec{B}$相对应分量的和，即：

$$C_x = A_x + B_x,$$
$$C_y = A_y + B_y, \tag{5.7}$$
$$C_z = A_z + B_z.$$

高阶张量具有相同的加法法则，条件是相加的张量需具有相同的结构（也就是说它们具有相同的阶、相同数量的协变指标和相同数量的逆变指标）. 张量的和也是一个张量，合张量与参与相加的张量具有相同的结构：

$$C_{ij} = A_{ij} + B_{ij},$$
$$C^{ij} = A^{ij} + B^{ij}, \tag{5.8}$$
$$C_j^i = A_j^i + B_j^i.$$

注意，每一个表达式代表的都不止一个方程，具体数目取决于每个指标可能取值的数目. 另外，只要参与相加的张量各类指标相同，具有任意协变指标和逆变指标的张量都可以相加.

可以看出两个张量相加符合张量的定义，考虑张量的分量 A_j^i和B_j^i变换到另一个坐标系：

$$A'^k_l = \frac{\partial x'^k}{\partial x^i}\frac{\partial x^j}{\partial x^{l'}}A_j^i,$$
$$B'^k_l = \frac{\partial x'^k}{\partial x^i}\frac{\partial x^j}{\partial x^{l'}}B_j^i. \tag{5.9}$$

因此

$$A'^k_l + B'^k_l = \frac{\partial x'^k}{\partial x^i}\frac{\partial x^j}{\partial x'^l}A_j^i + \frac{\partial x'^k}{\partial x^i}\frac{\partial x^j}{\partial x'^l}B_j^i$$
$$= \frac{\partial x'^k}{\partial x^i}\frac{\partial x^j}{\partial x'^l}(A_j^i + B_j^i).$$

如果把最后一个表达式与张量分量 C_j^i从原坐标系到新坐标系的变换式相比：

$$C'^k_l = \frac{\partial x'^k}{\partial x^i}\frac{\partial x^j}{\partial x'^l}C_j^i.$$

可以看出 A_j^i和 B_j^i相加的结果是 C_j^i满足张量变换要求.

张量的减法同样简单，对应分量分别相减而不是相加：

$$
\begin{aligned}
C_{ij} &= A_{ij} - B_{ij}, \\
C^{ij} &= A^{ij} - B^{ij}, \\
C^{i}_{j} &= A^{i}_{j} - B^{i}_{j}.
\end{aligned}
\tag{5.10}
$$

张量相减的结果仍然是一个张量，可以参照本章最后相关题目.

5.4 张量的乘法

如第 2 章所述，矢量有几种不同的乘法，两个矢量的标量（点）积和矢量（叉）积结果取决于其大小和方向. 但是没有提到矢量的另一种称为“外”积的乘法，一个列矢量 $\vec{A}$ 和一个行矢量$\vec{B}$的外积乘法如下：

$$
\vec{A}\otimes\vec{B} = \begin{pmatrix} A_1 \\ A_2 \\ A_3 \end{pmatrix}(B_1 B_2 B_3) = \begin{pmatrix} A_1B_1 & A_1B_2 & A_1B_3 \\ A_2B_1 & A_2B_2 & A_2B_3 \\ A_3B_1 & A_3B_2 & A_3B_3 \end{pmatrix}
$$

注意到两个 1 阶张量（矢量）的外积为 2 阶张量，由两个矢量的各分量简单相乘得到. 有些教材中外积用符号⊗表示，也有些教材只是并列的写两个矢量或张量，如 $A^iB^j = C^{ij}$.

高阶张量也可以进行外积乘法：

$$
A^i_j B^k_{lm} = C^{ik}_{jlm}.
$$

这种情况下，一个 2 阶张量和一个 3 阶张量的外积是一个 5 阶张量. 该式还说明张量外积的协变阶是参加外积运算的张量协变阶的和，逆变阶是参加外积运算的张量逆变阶的和.

通过考虑张量$\vec{\vec{A}}$，$\vec{\vec{B}}$和$\vec{\vec{C}}$怎样从不带撇坐标系变换到带撇坐标系，很容易证明外积的运算结果是一个张量，张量$\vec{\vec{A}}$和$\vec{\vec{B}}$变换如下：

$$
A'^n_o = \frac{\partial x'^n}{\partial x^i}\frac{\partial x^j}{\partial x'^o}A^i_j,
$$

$$
B'^p_{qr} = \frac{\partial x'^p}{\partial x^k}\frac{\partial x^l}{\partial x'^q}\frac{\partial x^m}{\partial x'^r}B^k_{lm}.
$$

把这些表达式乘起来得：

$$A'^{n}_{o}B'^{p}_{qr}=\frac{\partial x'^{n}}{\partial x^{i}}\frac{\partial x^{j}}{\partial x'^{o}}A^{i}_{j}\frac{\partial x'^{p}}{\partial x^{k}}\frac{\partial x^{l}}{\partial x'^{q}}\frac{\partial x^{m}}{\partial x'^{r}}B^{k}_{lm}$$

$$=\frac{\partial x'^{n}}{\partial x^{i}}\frac{\partial x^{j}}{\partial x'^{o}}\frac{\partial x'^{p}}{\partial x^{k}}\frac{\partial x^{l}}{\partial x'^{q}}\frac{\partial x^{m}}{\partial x'^{r}}A^{i}_{j}B^{k}_{lm},$$

因此如果 $A^{i}_{j}B^{k}_{lm}=C^{ik}_{jlm}$、$A'^{n}_{o}B'^{p}_{qr}=C'^{np}_{oqr}$，那么

$$C'^{np}_{oqr}=\frac{\partial x'^{n}}{\partial x^{i}}\frac{\partial x^{j}}{\partial x'^{o}}\frac{\partial x'^{p}}{\partial x^{k}}\frac{\partial x^{l}}{\partial x'^{q}}\frac{\partial x^{m}}{\partial x'^{r}}C^{ik}_{jlm}. \tag{5.11}$$

外积运算的结果确实满足张量的变换要求.

张量的另一种乘法称为“内积”，可以将其看成第2.1节中所讨论的标量积或点积的推广. 如2.1节所述两个矢量的点积是一个标量，因此你可能会猜测两个张量的内积是一个更低阶的张量. 这没错，但是在明白它如何产生之前，首先要明白张量的缩并.

要缩并张量，只需要使逆变指标等于协变指标（反之亦然），然后对重复指标求和即可，其结果是一个比原张量低两阶的张量.

以四阶张量 C^{ij}_{kl} 为例说明如何实现张量的缩并，若要对第二个和第三个指标进行缩并，使指标 k 等于指标 j，其结果

$$C^{ij}_{jl}=C^{i1}_{1l}+C^{i2}_{2l}+C^{i3}_{3l}=D^{i}_{l},$$

假设指标 j 和 k 取值为1到3，请注意张量会降低两个阶，因为使一个指标等于另一个指标（降低一个阶），然后再对指标求和（又降低一个阶）. 还需要注意，只有当张量两个不同位置（一个上标和一个下标）的指标相等时才能缩并成另一个张量.

如果考虑对方程（5.11）中外积的张量进行缩并，缩并的原因就很清楚了，通过设置 $q=n$ 的张量的第一个和第四个指标进行缩并，则

$$C'^{np}_{onr}=\frac{\partial x'^{n}}{\partial x^{i}}\frac{\partial x^{j}}{\partial x'^{o}}\frac{\partial x'^{p}}{\partial x^{k}}\frac{\partial x^{l}}{\partial x'^{n}}\frac{\partial x^{m}}{\partial x'^{r}}C^{ik}_{jlm}$$

$$=\frac{\partial x'^{n}}{\partial x^{i}}\frac{\partial x^{l}}{\partial x'^{n}}\frac{\partial x^{j}}{\partial x'^{o}}\frac{\partial x'^{p}}{\partial x^{k}}\frac{\partial x^{m}}{\partial x'^{r}}C^{ik}_{jlm}$$

$$=\frac{\partial x^{l}}{\partial x^{i}}\frac{\partial x^{j}}{\partial x'^{o}}\frac{\partial x'^{p}}{\partial x^{k}}\frac{\partial x^{m}}{\partial x'^{r}}C^{ik}_{jlm}.$$

但是偏导数 $\frac{\partial x^{l}}{\partial x^{i}}$ 属于同一个坐标系（不带撇坐标系），同一个坐标系中

的坐标必须是相互独立的. 因此，该偏导数一定等于0，只有当 $l=i$ 时等于1. 这很容易表示成克罗内克 δ 函数，其定义为

$$\delta_j^i=\begin{cases}1, & i=j,\\ 0, & i\neq j.\end{cases}$$

因此

$$\begin{aligned}C'^{np}_{onr}&=\delta_l^i\frac{\partial x^j}{\partial x'^o}\frac{\partial x'^p}{\partial x^k}\frac{\partial x^m}{\partial x'^r}C^{ik}_{jlm}\\&=\frac{\partial x^j}{\partial x'^o}\frac{\partial x'^p}{\partial x^k}\frac{\partial x^m}{\partial x'^r}C^{ik}_{jim}.\end{aligned}$$

不出意料地变成了一个3 阶张量. 但需要注意的是张量的阶数从5 减到3 要求两个偏导数能组合成一个 δ 函数，然后进行求和过程. 且只有当进行缩并的指标一个以上标另一个时下标是两个偏导数才有效.

在上一个例子中，缩并是在张量上进行的，且这个张量是外积的结果. 这两步过程（外积运算后再进行缩并）称为两个张量的内积. 因此，如果从两个矢量（1 阶张量）开始，先进行外积（生成一个2 阶张量）运算，再对其结果进行缩并，最后得到一个零阶张量——标量. 这说明为什么内积过程可以看作两个矢量点积的推广.

5.5 度规张量

当涉及矢量或张量的协变分量和逆变分量时，不应该忽略一个事实是：只有当选定一个坐标系时，这些分量才有意义. 为什么需要坐标系？因为坐标系定义了一个算术空间，也就是说在定义的工作空间中，它们提供了一种将算术规则应用于研究目标的方法. 这个空间可以是我们日常生活中的三维空间，也可以是爱因斯坦的四维时空，或者是其他任意想像出来的空间. 所选的坐标系可以是直线坐标轴、轴间夹角是直角，也可以是曲线坐标轴、轴间夹角是任意角度.

然而，当选择一个计算空间时，总存在一个张量允许在不同的位置以相同的方式定义一些基本量，如长度和角度. 这种在所关注空间

的给定坐标系中“提供度量”的张量称为基本张量或度规张量，标准符号用小写字母“g”表示，也可以用$\vec{g}$或 g 表示. 度规张量有逆变分量 g^{ij}和协变分量 g_{ij}.

为了理解度规张量的作用，考虑由无穷小线元 ds 分隔的两点，如果矢量 $d\vec{r}$从一点指向另一点，那么线元的平方可以写成 $ds^2 = d\vec{r} \cdot d\vec{r}$，矢量 $d\vec{r}$可以用逆变分量和坐标基矢量（$\vec{e}_i$）表示成

$$d\vec{r} = \vec{e}_i dx^i,$$

因为 ds^2是 $d\vec{r}$和它本身的点积，可以选择点乘号两侧都用逆变分量 dx^i：

$$\begin{aligned} ds^2 = d\vec{r} \cdot d\vec{r} &= \vec{e}_i dx^i \cdot \vec{e}_j dx^j \\ &= (\vec{e}_i \cdot \vec{e}_j) dx^i dx^j \\ &= g_{ij} dx^i dx^j, \end{aligned}$$

其中，g_{ij}是度规张量的协变分量. 另外，也可以选择点乘号两侧都用协变分量 dx_i：

$$\begin{aligned} ds^2 = d\vec{r} \cdot d\vec{r} &= \vec{e}^i dx_i \cdot \vec{e}^j dx_j \\ &= (\vec{e}^i \cdot \vec{e}^j) dx_i dx_j \\ &= g^{ij} dx_i dx_j, \end{aligned}$$

其中，g^{ij}是度规张量的逆变分量. 第三种选择是点乘号的一侧用逆变分量另一则用协变分量：

$$\begin{aligned} ds^2 &= \vec{e}_i dx^i \cdot \vec{e}^j dx_j \\ &= (\vec{e}_i \cdot \vec{e}^j) dx^i dx_j \\ &= dx^i dx_j. \end{aligned}$$

注意在这种情况下没有度规张量，因为由对偶基矢量的定义可知 $\vec{e}_i \cdot \vec{e}^j$要么等于1（当 $i=j$ 时），要么等于零（当 $i \neq j$ 时）.

不管 ds^2写成 $g_{ij}dx^i dx^j$、$g^{ij}dx_i dx_j$还是 $dx^i dx_j$，有一件事是确定的，即无论选择哪个坐标系，也不管采用逆变分量、协变分量还是混变分量来表示 ds^2，这两点之间的距离是不会变的. 因此，度规张量$\vec{g}$及其分量g^{ij}和g_{ij}的任务是将坐标增量的乘积用逆变分量或协变分量表示成

两点之间不变的距离. 这就是度规张量可以定义几何空间的本质原因.

矢量的几何表示需要使用长度和角度，所以在理解度规张量可以定义一个矢量 $\vec{A}$ 的长度和两个矢量 $\vec{A}$ 和$\vec{B}$之间夹角时，几何表示是很有用的. 与分离矢量 $\mathrm{d}\vec{r}$点乘它自己可以得到线元 $\mathrm{d}s$ 一样，矢量 $\vec{A}$ 的长度可以由 $\vec{A}\cdot\vec{A}$得到，而且方法不止一种.

一种选择是仅用矢量 $\vec{A}$ 的逆变分量求解：

$$
\begin{aligned}
|\vec{A}| &= \sqrt{\vec{A}\cdot\vec{A}} = \sqrt{A^i\vec{e}_i\cdot A^j\vec{e}_j} \\
&= \sqrt{(\vec{e}_i\cdot\vec{e}_j)A^iA^j} = \sqrt{g_{ij}A^iA^j}.
\end{aligned}
$$

另一种选择是仅用协变分量求解：

$$
\begin{aligned}
|\vec{A}| &= \sqrt{\vec{A}\cdot\vec{A}} = \sqrt{A_i\vec{e}^i\cdot A_j\vec{e}^j} \\
&= \sqrt{(\vec{e}^i\cdot\vec{e}^j)A_iA_j} = \sqrt{g^{ij}A_iA_j}.
\end{aligned}
$$

最后一个选择是用混变分量求解：

$$
\begin{aligned}
|\vec{A}| &= \sqrt{\vec{A}\cdot\vec{A}} = \sqrt{A^i\vec{e}_i\cdot A_j\vec{e}^j} \\
&= \sqrt{(\vec{e}_i\cdot\vec{e}^j)A^iA_j} = \sqrt{A^iA_j}.
\end{aligned}
$$

就像 $\mathrm{d}\vec{r}$ 表示线元 $\mathrm{d}s$ 一样，度规张量可以保证矢量 $\vec{A}$ 的长度始终保持不变.

为了理解度规张量在定义角度中的作用，考虑两个矢量的点积 $\vec{A}\cdot\vec{B}$，还是一样，点积的表示方法不止一种，也就是说矢量 $\vec{A}$ 和$\vec{B}$之间的夹角有以下几种表达形式：

$$
\begin{aligned}
\cos\theta &= \frac{\vec{A}\cdot\vec{B}}{|\vec{A}||\vec{B}|} \\
&= \frac{g_{ij}A^iB^j}{\sqrt{g_{ij}A^iA^j}\sqrt{g_{ij}B^iB^j}} \\
&= \frac{A_iB^j}{\sqrt{A_iA^i}\sqrt{B_iB^i}} \\
&= \frac{g^{ij}A_iB_j}{\sqrt{g^{ij}A_iA_j}\sqrt{g^{ij}B_iB_j}}.
\end{aligned}
$$

这就可以解释为什么你可能会遇到这样的说法：度规张量提供了一个“点积”空间，即你只要知道怎么求点积，就可以定义长度和角度了.

为了理解度规张量的性质，考虑分离矢量增量 $\mathrm{d}\vec{r}$ 的逆变分量变换：

$$\mathrm{d}x'^i=\frac{\partial x'^i}{\partial x^j}\mathrm{d}x^j,$$

这意味着线元增量的平方（$\mathrm{d}s^2$）变为：

$$\begin{aligned}
\mathrm{d}s^2 =&\left[\frac{\partial x'^1}{\partial x^1}\frac{\partial x'^1}{\partial x^1}+\frac{\partial x'^2}{\partial x^1}\frac{\partial x'^2}{\partial x^1}+\frac{\partial x'^3}{\partial x^1}\frac{\partial x'^3}{\partial x^1}\right]\mathrm{d}x^1\mathrm{d}x^1\\
&+\left[\frac{\partial x'^1}{\partial x^2}\frac{\partial x'^1}{\partial x^2}+\frac{\partial x'^2}{\partial x^2}\frac{\partial x'^2}{\partial x^2}+\frac{\partial x'^3}{\partial x^2}\frac{\partial x'^3}{\partial x^2}\right]\mathrm{d}x^2\mathrm{d}x^2\\
&+\left[\frac{\partial x'^1}{\partial x^3}\frac{\partial x'^1}{\partial x^3}+\frac{\partial x'^2}{\partial x^3}\frac{\partial x'^2}{\partial x^3}+\frac{\partial x'^3}{\partial x^3}\frac{\partial x'^3}{\partial x^3}\right]\mathrm{d}x^3\mathrm{d}x^3\\
&+\left[\frac{\partial x'^1}{\partial x^1}\frac{\partial x'^1}{\partial x^2}+\frac{\partial x'^2}{\partial x^1}\frac{\partial x'^2}{\partial x^2}+\frac{\partial x'^3}{\partial x^1}\frac{\partial x'^3}{\partial x^2}\right]\mathrm{d}x^1\mathrm{d}x^2\\
&+\left[\frac{\partial x'^1}{\partial x^2}\frac{\partial x'^1}{\partial x^1}+\frac{\partial x'^2}{\partial x^2}\frac{\partial x'^2}{\partial x^1}+\frac{\partial x'^3}{\partial x^2}\frac{\partial x'^3}{\partial x^1}\right]\mathrm{d}x^2\mathrm{d}x^1\\
&+\left[\frac{\partial x'^1}{\partial x^1}\frac{\partial x'^1}{\partial x^3}+\frac{\partial x'^2}{\partial x^1}\frac{\partial x'^2}{\partial x^3}+\frac{\partial x'^3}{\partial x^1}\frac{\partial x'^3}{\partial x^3}\right]\mathrm{d}x^1\mathrm{d}x^3\\
&+\left[\frac{\partial x'^1}{\partial x^3}\frac{\partial x'^1}{\partial x^1}+\frac{\partial x'^2}{\partial x^3}\frac{\partial x'^2}{\partial x^1}+\frac{\partial x'^3}{\partial x^3}\frac{\partial x'^3}{\partial x^1}\right]\mathrm{d}x^3\mathrm{d}x^1\\
&+\left[\frac{\partial x'^1}{\partial x^2}\frac{\partial x'^1}{\partial x^3}+\frac{\partial x'^2}{\partial x^2}\frac{\partial x'^2}{\partial x^3}+\frac{\partial x'^3}{\partial x^2}\frac{\partial x'^3}{\partial x^3}\right]\mathrm{d}x^2\mathrm{d}x^3\\
&+\left[\frac{\partial x'^1}{\partial x^3}\frac{\partial x'^1}{\partial x^2}+\frac{\partial x'^2}{\partial x^3}\frac{\partial x'^2}{\partial x^2}+\frac{\partial x'^3}{\partial x^3}\frac{\partial x'^3}{\partial x^2}\right]\mathrm{d}x^3\mathrm{d}x^2. \qquad (5.12)
\end{aligned}$$

如果你能意识到每个括号内的项都是变换系坐标（x'^1、x'^2和 x'^3）对原坐标系（x^1、x^2和 x^3）中两个坐标的偏导数之和，这个令人生畏的表达式会变得很容易理解. 更具体地说，每一个括号里三项中的每一项都是与原坐标轴相切的基矢量分量的乘积（回想下$\frac{\partial x'^1}{\partial x^i}$、$\frac{\partial x'^2}{\partial x^i}$和$\frac{\partial x'^3}{\partial x^i}$都是与原坐标系中第 i 个坐标轴相切的基矢量在变换坐标系中的分量）.

如果用变量 g 表示括号里的项，并用两个下标表示与求导有关的坐标，则有：

$$g_{11}=\left[\frac{\partial x'^1}{\partial x^1}\frac{\partial x'^1}{\partial x^1}+\frac{\partial x'^2}{\partial x^1}\frac{\partial x'^2}{\partial x^1}+\frac{\partial x'^3}{\partial x^1}\frac{\partial x'^3}{\partial x^1}\right],$$

$$g_{22}=\left[\frac{\partial x'^1}{\partial x^2}\frac{\partial x'^1}{\partial x^2}+\frac{\partial x'^2}{\partial x^2}\frac{\partial x'^2}{\partial x^2}+\frac{\partial x'^3}{\partial x^2}\frac{\partial x'^3}{\partial x^2}\right],$$

$$g_{33}=\left[\frac{\partial x'^1}{\partial x^3}\frac{\partial x'^1}{\partial x^3}+\frac{\partial x'^2}{\partial x^3}\frac{\partial x'^2}{\partial x^3}+\frac{\partial x'^3}{\partial x^3}\frac{\partial x'^3}{\partial x^3}\right],$$

$$g_{12}=\left[\frac{\partial x'^1}{\partial x^1}\frac{\partial x'^1}{\partial x^2}+\frac{\partial x'^2}{\partial x^1}\frac{\partial x'^2}{\partial x^2}+\frac{\partial x'^3}{\partial x^1}\frac{\partial x'^3}{\partial x^2}\right],$$

$$g_{13}=\left[\frac{\partial x'^1}{\partial x^1}\frac{\partial x'^1}{\partial x^3}+\frac{\partial x'^2}{\partial x^1}\frac{\partial x'^2}{\partial x^3}+\frac{\partial x'^3}{\partial x^1}\frac{\partial x'^3}{\partial x^3}\right],$$

$$g_{23}=\left[\frac{\partial x'^1}{\partial x^2}\frac{\partial x'^1}{\partial x^3}+\frac{\partial x'^2}{\partial x^2}\frac{\partial x'^2}{\partial x^3}+\frac{\partial x'^3}{\partial x^2}\frac{\partial x'^3}{\partial x^3}\right].$$

因为乘法与次序无关，所以 $g_{21}=g_{12}$、$g_{31}=g_{13}$ 且 $g_{32}=g_{23}$. 将这些代入方程（5.12）中 $\mathrm{d}s^2$ 的表达式中，则：

$$\mathrm{d}s^2=g_{11}\mathrm{d}x^1\mathrm{d}x^1+g_{22}\mathrm{d}x^2\mathrm{d}x^2+g_{33}\mathrm{d}x^3\mathrm{d}x^3+g_{12}\mathrm{d}x^1\mathrm{d}x^2+g_{21}\mathrm{d}x^2\mathrm{d}x^1$$
$$+g_{13}\mathrm{d}x^1\mathrm{d}x^3+g_{31}\mathrm{d}x^3\mathrm{d}x^1+g_{23}\mathrm{d}x^2\mathrm{d}x^3+g_{32}\mathrm{d}x^3\mathrm{d}x^2.$$

这可以通过指标表示法和求和约定进一步简化：

$$\mathrm{d}s^2=g_{ij}\mathrm{d}x^i\mathrm{d}x^j. \tag{5.13}$$

方程中 g_{ij} 满足 2 阶张量的所有要求，但是它不只是一个张量. 因为它把各个方向的坐标差和在所有坐标变换下保持不变的量联系了起来，所以这种张量被称为度规张量或基本张量一点都不奇怪了.

为了理解度规张量的基本原理，回想下 g_{ij} 的矩阵元由偏导数组成，表示沿原坐标轴的基矢量分量：

$$\vec{e}_1=\left(\frac{\partial x'^1}{\partial x^1},\frac{\partial x'^2}{\partial x^1},\frac{\partial x'^3}{\partial x^1}\right),$$

$$\vec{e}_2=\left(\frac{\partial x'^1}{\partial x^2},\frac{\partial x'^2}{\partial x^2},\frac{\partial x'^3}{\partial x^2}\right), \tag{5.14}$$

$$\vec{e}_3=\left(\frac{\partial x'^1}{\partial x^3},\frac{\partial x'^2}{\partial x^3},\frac{\partial x'^3}{\partial x^3}\right).$$

又因为

$$g_{ij}=\left[\frac{\partial x'^1}{\partial x^i}\frac{\partial x'^1}{\partial x^j}+\frac{\partial x'^2}{\partial x^i}\frac{\partial x'^2}{\partial x^j}+\frac{\partial x'^3}{\partial x^i}\frac{\partial x'^3}{\partial x^j}\right]. \tag{5.15}$$

另外一种表示度规张量的方法是 $g_{ij}=\vec{e}_i\cdot\vec{e}_j$（沿坐标轴的基矢量的内积）. 因为内积与一个矢量在另一个矢量方向上的投影及两个矢量的长度有关，所以 g_{ij} 的矩阵元明确了坐标轴之间的关系，其关系由坐标空间的形状决定.

通过考虑从球极坐标系（r，θ，ϕ）向笛卡儿坐标系（x，y，z）的转换很容易理解度规张量的性质，这种情况下

$$\begin{aligned}x'^1&=x=r\sin(\theta)\cos(\phi)=x^1\sin(x^2)\cos(x^3),\\x'^2&=y=r\sin(\theta)\sin(\phi)=x^1\sin(x^2)\sin(x^3),\\x'^3&=z=r\cos(\theta)=x^1\cos(x^2).\end{aligned} \tag{5.16}$$

在度规张量的元素中出现的偏导数是

$$\frac{\partial x'^1}{\partial x^1}=\sin(x^2)\cos(x^3)=\sin(\theta)\cos(\phi),$$

$$\frac{\partial x'^1}{\partial x^2}=x^1\cos(x^2)\cos(x^3)=r\cos(\theta)\cos(\phi),$$

$$\frac{\partial x'^2}{\partial x^1}=\sin(x^2)\sin(x^3)=\sin(\theta)\sin(\phi),$$

$$\frac{\partial x'^2}{\partial x^2}=x^1\cos(x^2)\sin(x^3)=r\cos(\theta)\sin(\phi),$$

$$\frac{\partial x'^3}{\partial x^1}=\cos(x^2)=\cos(\theta),$$

$$\frac{\partial x'^3}{\partial x^2}=-x^1\sin(x^2)=-r\sin(\theta).$$

且

$$\frac{\partial x'^1}{\partial x^3}=-x^1\sin(x^2)\sin(x^3)=-r\sin(\theta)\sin(\phi),$$

$$\frac{\partial x'^2}{\partial x^3}=x^1\sin(x^2)\cos(x^3)=r\sin(\theta)\cos(\phi),$$

$$\frac{\partial x'^3}{\partial x^3}=0.$$

把这些值插入到 g_{ij} 方程（5.15）的表达式中可以得到对角项[⊖]：

$$g_{11}=\left[\frac{\partial x'^1}{\partial x^1}\frac{\partial x'^1}{\partial x^1}+\frac{\partial x'^2}{\partial x^1}\frac{\partial x'^2}{\partial x^1}+\frac{\partial x'^3}{\partial x^1}\frac{\partial x'^3}{\partial x^1}\right]=1,$$

$$g_{22}=\left[\frac{\partial x'^1}{\partial x^2}\frac{\partial x'^1}{\partial x^2}+\frac{\partial x'^2}{\partial x^2}\frac{\partial x'^2}{\partial x^2}+\frac{\partial x'^3}{\partial x^2}\frac{\partial x'^3}{\partial x^2}\right]=r^2,$$

$$g_{33}=\left[\frac{\partial x'^1}{\partial x^3}\frac{\partial x'^1}{\partial x^3}+\frac{\partial x'^2}{\partial x^3}\frac{\partial x'^2}{\partial x^3}+\frac{\partial x'^3}{\partial x^3}\frac{\partial x'^3}{\partial x^3}\right]=r^2\sin^2(\theta).$$

非对角项

$$g_{12}=\left[\frac{\partial x'^1}{\partial x^1}\frac{\partial x'^1}{\partial x^2}+\frac{\partial x'^2}{\partial x^1}\frac{\partial x'^2}{\partial x^2}+\frac{\partial x'^3}{\partial x^1}\frac{\partial x'^3}{\partial x^2}\right]=0,$$

$$g_{13}=\left[\frac{\partial x'^1}{\partial x^1}\frac{\partial x'^1}{\partial x^3}+\frac{\partial x'^2}{\partial x^1}\frac{\partial x'^2}{\partial x^3}+\frac{\partial x'^3}{\partial x^1}\frac{\partial x'^3}{\partial x^3}\right]=0,$$

$$g_{23}=\left[\frac{\partial x'^1}{\partial x^2}\frac{\partial x'^1}{\partial x^3}+\frac{\partial x'^2}{\partial x^2}\frac{\partial x'^2}{\partial x^3}+\frac{\partial x'^3}{\partial x^2}\frac{\partial x'^3}{\partial x^3}\right]=0.$$

因此球极坐标系中度规张量为

$$g_{ij}=\begin{bmatrix}g_{11} & g_{12} & g_{13}\\ g_{21} & g_{22} & g_{23}\\ g_{31} & g_{32} & g_{33}\end{bmatrix}=\begin{bmatrix}1 & 0 & 0\\ 0 & r^2 & 0\\ 0 & 0 & r^2\sin^2(\theta)\end{bmatrix}. \tag{5.17}$$

仔细观察度量张量可以发现所使用的坐标系的一些性质，例如：在这种情况下所有非对角矩阵元都是零，说明球极坐标轴虽然是曲线轴，但却是正交的（即 r，θ，ϕ 的增量方向是相互正交的）．此外，将这些数值代入方程（5.13）中则有

$$\mathrm{d}s^2=\mathrm{d}r^2+r^2\mathrm{d}\theta^2+r^2\sin^2\theta\mathrm{d}\phi^2. \tag{5.18}$$

这个表达式清楚地表明，度规张量的矩阵元怎样把 r，θ，ϕ 的增量变化转化为距离的变化．例如，$\mathrm{d}r^2$ 前面的因子 1 表示 r 的变化就是距离的变化．但是天顶角（θ）的变化必须乘以因子 r 才能变成距离的变

⊖ 如果不清楚怎么得到这个结果，可以参考本章最后的习题和线上解答了解更多细节.

化，而与方位角 ϕ 对应的距离变化与天顶角（g_{33} 中的 $\sin\theta$ 项）和相对于原点的径向距离（g_{33} 中的 r 项）都有关.

其他坐标系需要其他因子将每一个坐标值的变化转化为距离的变化，且这些因子是该坐标系度规张量的矩阵元. 对正交坐标系，度规张量对角矩阵元（$\sqrt{g_{22}}$、$\sqrt{g_{22}}$和$\sqrt{g_{33}}$）的平方根被称为该坐标系的"度规因子"（h_1、h_2和h_3）. 因此球极坐标系的度规因子分别是 $h_1 = \sqrt{g_{11}} = 1$、$h_2 = \sqrt{g_{22}} = r$、$h_3 = \sqrt{g_{33}} = r\sin\theta$.

一旦你熟悉了度规张量和度规因子的概念，你就能够很容易在任何正交坐标系（曲线坐标系或直线坐标系）中求微分算子梯度、散度、旋度和拉普拉斯算子. 例如，梯度公式由下式给出

$$\vec{\nabla}\phi = \frac{1}{h_1}\frac{\partial\phi}{\partial x^1}\hat{e}_1 + \frac{1}{h_2}\frac{\partial\phi}{\partial x^2}\hat{e}_2 + \frac{1}{h_3}\frac{\partial\phi}{\partial x^3}\hat{e}_3.$$

散度可以写成

$$\vec{\nabla}\cdot\vec{A} = \frac{1}{h_1h_2h_3}\left[\frac{\partial}{\partial x^1}(h_2h_3A_1) + \frac{\partial}{\partial x^2}(h_1h_3A_2) + \frac{\partial}{\partial x^3}(h_1h_2A_3)\right],$$ 旋度

$$\vec{\nabla}\times\vec{A} = \frac{1}{h_1h_2h_3}\begin{vmatrix} h_1\hat{e}_1 & h_2\hat{e}_2 & h_3\hat{e}_3 \\ \dfrac{\partial}{\partial x^1} & \dfrac{\partial}{\partial x^2} & \dfrac{\partial}{\partial x^3} \\ h_1A_1 & h_2A_2 & h_3A_3 \end{vmatrix},$$

可以展开为

$$\vec{\nabla}\times\vec{A} = \frac{1}{h_1h_2h_3}\left[\left(\frac{\partial h_3A_3}{\partial x^2} - \frac{\partial h_2A_2}{\partial x^3}\right)h_1\hat{e}_1 + \left(\frac{\partial h_1A_1}{\partial x^3} - \frac{\partial h_3A_3}{\partial x^1}\right)h_2\hat{e}_2 + \left(\frac{\partial h_2A_2}{\partial x^1} - \frac{\partial h_1A_1}{\partial x^2}\right)h_3\hat{e}_3\right].$$

拉普拉斯算子

$$\nabla^2\phi = \frac{1}{h_1h_2h_3}\left[\frac{\partial}{\partial x^1}\left(\frac{h_2h_3}{h_1}\frac{\partial\phi}{\partial x^1}\right) + \frac{\partial}{\partial x^2}\left(\frac{h_1h_3}{h_2}\frac{\partial\phi}{\partial x^2}\right) + \frac{\partial}{\partial x^3}\left(\frac{h_1h_2}{h_3}\frac{\partial\phi}{\partial x^3}\right)\right].$$

如果你想了解如何使用这些表达式的示例，查阅本章最后的习题及线

上解答[⊖].

5.6 指标的升降

度规张量有许多有用的功能，其中之一就是它可以实现其他张量协变分量和逆变分量之间的相互转化. 假设已知张量的逆变分量和基矢量，求其协变分量，一种选择是使用第 4 章介绍的方法，但是使用度规张量是另外一种选择. 可以利用如下关系式

$$g_{ij}A^j = A_i \tag{5.19}$$

把逆变指标转化为协变指标（因此称为“降”指标）. 另外，如果你想把协变指标转化为逆变指标，可以使用 g_{ij} 的逆矩阵（也就是 g^{ij}）来实现，即：

$$g^{ij}B_i = B^j. \tag{5.20}$$

这个过程同样适用于高阶张量：

$$\begin{aligned} g^{ij}A_{ik} &= A^j_k, \\ C^i_{jk} &= g_{js}C^{is}_k, \\ T^{ijk} &= g^{il}T^{jk}_l. \end{aligned} \tag{5.21}$$

5.7 张量的导数和克里斯托费尔符号

在许多情况下，了解矢量从一个位置移动到另一个位置时如何变化是非常重要的. 在笛卡儿坐标系中，对矢量求导是非常简单的：只需要对矢量的每一个分量求导即可，之所以可以这样是因为笛卡儿坐标系的基矢量（$\hat{i}$、$\hat{j}$、$\hat{k}$）无论是大小还是方向在任何地方都相同，也就是说你不用考虑对基矢量的求导. 但是正如在球极坐标系中看到的，其基矢量（$\hat{r}$、$\hat{\theta}$、$\hat{\phi}$）在空间各点的方向是不断变化的，这就意味着当对这些坐标系中的矢量求空间导数时，必须考虑对基矢量的

⊖ 可以在《物理科学的数学方法》中非常方便地找到方程式的推导，博厄斯，约翰·威利出版社，2006.

求导.

因此，如果矢量$\vec{A}$用广义坐标x^1、x^2、x^3结合其对应的协变基矢量$\vec{e}_1$、$\vec{e}_2$、$\vec{e}_3$表示成：

$$\vec{A}=A^1\vec{e}_1+A^2\vec{e}_2+A^3\vec{e}_3,$$

则矢量$\vec{A}$对坐标x^1的导数

$$\begin{aligned}\frac{\partial\vec{A}}{\partial x^1}&=\frac{\partial(A^1\vec{e}_1+A^2\vec{e}_2+A^3\vec{e}_3)}{\partial x^1}\\&=\frac{\partial(A^i\vec{e}_i)}{\partial x^1}\\&=\frac{\partial A^i}{\partial x^1}\vec{e}_1+A^i\frac{\partial\vec{e}_i}{\partial x^1}.\end{aligned}$$

方程中的第二项使求导过程复杂化了，因为坐标系中基矢量的大小和/或方向随着空间位置的不同在不断变化，当然了，矢量$\vec{A}$对其他坐标求导也会出现类似求导项. 因此，如果要评估非正交坐标系中矢量场的变化，则必须考虑基矢量的变化. 正确地考虑这些变化意味着求导结果将保留原始对象的张量特征.

幸运的是，有一种方法可以考虑到基矢量的任何变化，并确定一个张量的导数是另外一个张量. 这个过程被称为“协变求导”，将在本章下一节具体讨论. 但是如果先学习本节中克里斯托费尔符号的含义，将对我们进行协变求导更有帮助.

为了理解克里斯托费尔符号，首先要意识到对基矢量求导将得到另一个矢量，和其他任意矢量一样，该矢量可以用其所依附点的基矢量的加权线性叠加来表示. 每一个克里斯托费尔符号只是代表某一个基矢量的加权系数，用大写希腊字母（Γ）表示. 因此，克里斯托费尔符号定义的关系[⊖]是

$$\Gamma_{ij}^k\vec{e}_k=\frac{\partial\vec{e}_i}{\partial x^j}.\tag{5.22}$$

⊖ 克里斯托费尔符号记为Γ_{ij}^k是第二种表示方法，另一种表示方法（第一种）在大多数广义相对论中有叙述.

其中，指标 i 是指需要求导的基矢量，指标 j 表示发生变化进而引起第 i 个基矢量变化的坐标，指标 k 确定导数分量所指的方向，如图 5.1 所示.

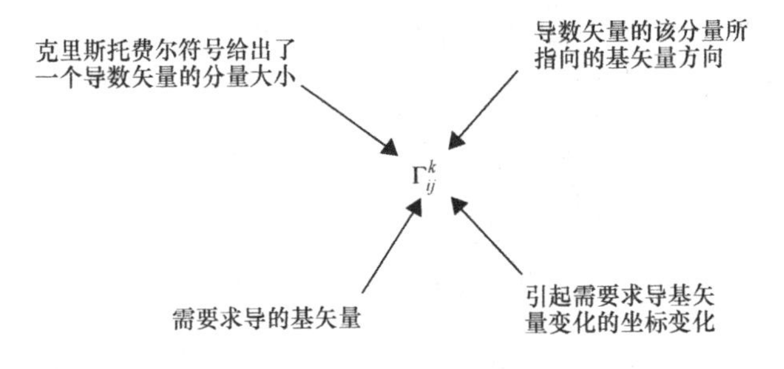

图 5.1 克里斯托费尔符号的指标说明

因此，如果知道两个克里斯托费尔符号如 $\Gamma_{r\theta}^{r}=0$、$\Gamma_{r\theta}^{\theta}=\dfrac{1}{r}$，那么

$$\frac{\partial \vec{e}_r}{\partial \theta}=0\vec{e}_r+\frac{1}{r}\vec{e}_\theta$$

可以帮助我们更深的理解克里斯托费尔符号，如图 5.2 所示.

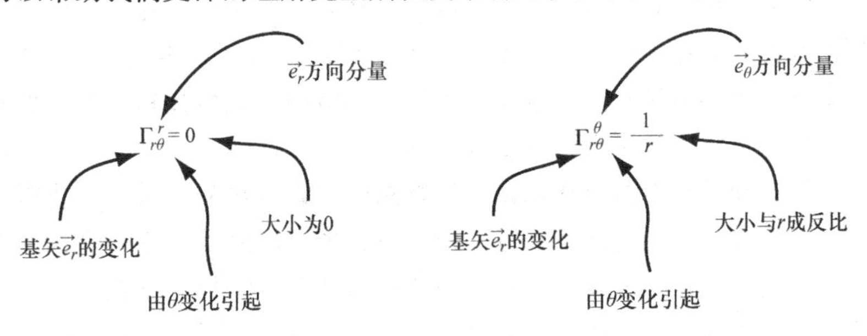

图 5.2 克里斯托费尔符号的指标举例

正如这个例子所示，一旦知道了指标代码，克里斯托费尔符号理解起来非常简单. 最重要的是，如果知道所在坐标系度规张量的矩阵元，这些有用的符号就很容易确定. 要想得到克里斯托费尔符号和度规张量之间的关系需要一些代数知识，但是这么做是值得的.

一个比较好的方法是用基矢量 $\vec{e}_l$ 点乘方程（5.22）两边：

$$\Gamma_{ij}^{k}\vec{e}_k \cdot \vec{e}^l = \vec{e}^l \cdot \frac{\partial \vec{e}_i}{\partial x^j}.$$

因为 $\vec{e}_k \cdot \vec{e}^l = \delta_k^l$，所以

$$\Gamma_{ij}^{k}\delta_k^l = \vec{e}^l \cdot \frac{\partial \vec{e}_i}{\partial x^j},$$

$$\Gamma_{ij}^{l} = \vec{e}^l \cdot \frac{\partial \vec{e}_i}{\partial x^j}.$$

因为 $\frac{\partial \vec{e}_i}{\partial x^j}$ 与 $\frac{\partial \vec{e}_j}{\partial x^i}$ 相等，所以可以写成

$$\Gamma_{ij}^{l} = \frac{1}{2}\vec{e}^l \cdot \frac{\partial \vec{e}_i}{\partial x^j} + \frac{1}{2}\vec{e}^l \cdot \frac{\partial \vec{e}_j}{\partial x^i}.$$

在不添加其他项之前，这看起来毫无意义. 但是如果可以将它写成下面形式：

$$\Gamma_{ij}^{l} = \frac{1}{2}\vec{e}^l \cdot \frac{\partial \vec{e}_i}{\partial x^j} + \left(\frac{1}{2}g^{kl}\frac{\partial \vec{e}_k}{\partial x^j} \cdot \vec{e}_i - \frac{1}{2}g^{kl}\frac{\partial \vec{e}_j}{\partial x^k} \cdot \vec{e}_i\right)$$
$$+ \frac{1}{2}\vec{e}^l \cdot \frac{\partial \vec{e}_j}{\partial x^i} + \left(\frac{1}{2}g^{kl}\frac{\partial \vec{e}_k}{\partial x^i} \cdot \vec{e}_j - \frac{1}{2}g^{kl}\frac{\partial \vec{e}_i}{\partial x^k} \cdot \vec{e}_j\right).$$

注意每一行的括号中的项相加为零，所以添加上这些项并没有改变方程右边的值. 这样看起来好像越来越复杂，但是当完成更多的变换后，情况会变得更加清楚. 首先意识到 $\vec{e}^l = g^{kl}\vec{e}_k$，所以克里斯托费尔符号变为

$$\Gamma_{ij}^{l} = \frac{1}{2}g^{kl}\vec{e}_k \cdot \frac{\partial \vec{e}_i}{\partial x^j} + \left(\frac{1}{2}g^{kl}\frac{\partial \vec{e}_k}{\partial x^j} \cdot \vec{e}_i - \frac{1}{2}g^{kl}\frac{\partial \vec{e}_j}{\partial x^k} \cdot \vec{e}_i\right)$$
$$+ \frac{1}{2}g^{kl}\vec{e}_k \cdot \frac{\partial \vec{e}_j}{\partial x^i} + \left(\frac{1}{2}g^{kl}\frac{\partial \vec{e}_k}{\partial x^i} \cdot \vec{e}_j - \frac{1}{2}g^{kl}\frac{\partial \vec{e}_i}{\partial x^k} \cdot \vec{e}_j\right).$$

现在只需要提出公因子 $\frac{1}{2}g^{kl}$ 并其根据指标合并分组：

$$\Gamma_{ij}^{l}=\frac{1}{2}g^{kl}\left[\left(\vec{e}_k\cdot\frac{\partial\vec{e}_i}{\partial x^j}+\frac{\partial\vec{e}_k}{\partial x^j}\cdot\vec{e}_i\right)+\left(\vec{e}_k\cdot\frac{\partial\vec{e}_j}{\partial x^i}+\frac{\partial\vec{e}_k}{\partial x^i}\cdot\vec{e}_j\right)\right.$$
$$\left.-\left(\frac{\partial\vec{e}_j}{\partial x^k}\cdot\vec{e}_i+\frac{\partial\vec{e}_i}{\partial x^k}\cdot\vec{e}_j\right)\right],$$

如果认识到这一点，可以进一步简化

$$\vec{e}_k\cdot\frac{\partial\vec{e}_i}{\partial x^j}+\frac{\partial\vec{e}_k}{\partial x^j}\cdot\vec{e}_i=\frac{\partial(\vec{e}_k\cdot\vec{e}_i)}{\partial x^j},$$
$$\vec{e}_k\cdot\frac{\partial\vec{e}_j}{\partial x^i}+\frac{\partial\vec{e}_k}{\partial x^i}\cdot\vec{e}_j=\frac{\partial(\vec{e}_j\cdot\vec{e}_k)}{\partial x^i},$$
$$\vec{e}_i\cdot\frac{\partial\vec{e}_j}{\partial x^k}+\frac{\partial\vec{e}_i}{\partial x^k}\cdot\vec{e}_j=\frac{\partial(\vec{e}_i\cdot\vec{e}_j)}{\partial x^k}.$$

因此

$$\Gamma_{ij}^{l}=\frac{1}{2}g^{kl}\left[\frac{\partial(\vec{e}_k\cdot\vec{e}_i)}{\partial x^j}+\frac{\partial(\vec{e}_j\cdot\vec{e}_k)}{\partial x^i}-\frac{\partial(\vec{e}_i\cdot\vec{e}_j)}{\partial x^k}\right].$$

但是由度规张量的矩阵元可知 $\vec{e}_i\cdot\vec{e}_k=g_{ik}$、$\vec{e}_i\cdot\vec{e}_j=g_{ij}$，也就是说上式可以写为

$$\Gamma_{ij}^{l}=\frac{1}{2}g^{kl}\left[\frac{\partial g_{ik}}{\partial x^j}+\frac{\partial g_{jk}}{\partial x^i}-\frac{\partial g_{ij}}{\partial x^k}\right].\tag{5.23}$$

如果已知度规张量，通过这个表达式求解任何坐标系的克里斯托费尔符号会变得很简单．这么做有什么意义呢？只因为使用克里斯托费尔符号，可以对矢量和张量求导，不管矢量和张量的变化是由基矢量变化引起还是分量变化引起，这保持了张量最重要的性质：坐标变换不变性．这种协变导数是下一节的研究对象，但是在这之前，可以先考虑一个比较熟悉的坐标系克里斯托费尔符号的例子．

以第1.5节中的圆柱坐标系（r，ϕ 和 z）为例，在该坐标系中，线元微分的平方与坐标微分之间的关系为 $ds^2=dr^2+r^2d\phi^2+dz^2$．因此，协变度规张量可以表示为

$$g_{ij}=\begin{bmatrix}g_{11}&g_{12}&g_{13}\\g_{21}&g_{22}&g_{23}\\g_{31}&g_{32}&g_{33}\end{bmatrix}=\begin{bmatrix}1&0&0\\0&r^2&0\\0&0&1\end{bmatrix}$$

这说明在这种情况下大多数克里斯托费尔符号都为零，可以根据方程（5.23）的定义通过求导来验证．设开始时 $l=1$、$i=1$、$j=1$（别忘了求和约定意味着必须对所有的 k 求和）：

$$\Gamma_{11}^{1}=\frac{1}{2}g^{11}\left[\frac{\partial g_{11}}{\partial x^{1}}+\frac{\partial g_{11}}{\partial x^{1}}-\frac{\partial g_{11}}{\partial x^{1}}\right]+\frac{1}{2}g^{21}\left[\frac{\partial g_{12}}{\partial x^{1}}+\frac{\partial g_{12}}{\partial x^{1}}-\frac{\partial g_{11}}{\partial x^{2}}\right]+\frac{1}{2}g^{31}\left[\frac{\partial g_{13}}{\partial x^{1}}+\frac{\partial g_{13}}{\partial x^{1}}-\frac{\partial g_{11}}{\partial x^{3}}\right]$$

然后利用关系式 $x^1=r$、$x^2=\phi$、$x^3=z$：

$$\Gamma_{11}^{1}=\frac{1}{2}(1)\left[\frac{\partial(1)}{\partial r}+\frac{\partial(1)}{\partial r}-\frac{\partial(1)}{\partial r}\right]+\frac{1}{2}(0)\left[\frac{\partial(0)}{\partial r}+\frac{\partial(0)}{\partial r}-\frac{\partial(1)}{\partial \phi}\right]+\frac{1}{2}(0)\left[\frac{\partial(0)}{\partial r}+\frac{\partial(0)}{\partial r}-\frac{\partial(1)}{\partial z}\right]=0.$$

这看起来很无聊，而且大多数其他项也都是这样．但是当 $l=1$、$i=2$、$j=2$：

$$\Gamma_{22}^{1}=\frac{1}{2}g^{11}\left[\frac{\partial g_{21}}{\partial x^{2}}+\frac{\partial g_{21}}{\partial x^{2}}-\frac{\partial g_{22}}{\partial x^{1}}\right]+\frac{1}{2}g^{21}\left[\frac{\partial g_{22}}{\partial x^{2}}+\frac{\partial g_{22}}{\partial x^{2}}-\frac{\partial g_{22}}{\partial x^{2}}\right]+\frac{1}{2}g^{32}\left[\frac{\partial g_{23}}{\partial x^{2}}+\frac{\partial g_{23}}{\partial x^{2}}-\frac{\partial g_{22}}{\partial x^{3}}\right],$$

即：

$$\Gamma_{22}^{1}=\frac{1}{2}g^{11}\left[\frac{\partial g_{21}}{\partial x^{2}}+\frac{\partial g_{21}}{\partial x^{2}}-\frac{\partial g_{22}}{\partial x^{1}}\right]+\frac{1}{2}g^{21}\left[\frac{\partial g_{22}}{\partial x^{2}}+\frac{\partial g_{22}}{\partial x^{2}}-\frac{\partial g_{22}}{\partial x^{2}}\right]+\frac{1}{2}g^{32}\left[\frac{\partial g_{23}}{\partial x^{2}}+\frac{\partial g_{23}}{\partial x^{2}}-\frac{\partial g_{22}}{\partial x^{3}}\right],$$

或：

$$\Gamma^1_{22}=\frac{1}{2}(1)[0+0-2r]+0+0=-r.$$

现在我们已经进行到某一步了，具体是哪一步呢？只要记住克里斯托费尔符号的意义，我们就会清楚这个结果意味着当沿着 ϕ 方向移动时，协变基矢量 $\vec{\phi}$ 的变化会产生一个沿 $-\vec{r}$ 方向的分量，且随着到原点距离的增加而直接增加.

类似的分析表明对于圆柱坐标系，另外两个非零的克里斯托费尔符号⊖为$\Gamma^2_{12}=\Gamma^2_{21}=1/r$. 如果不明白怎么得到这个结果，可以参照本章末的习题和线上解答.

5.8 协变导数

克里斯托费尔符号给我们提供了一种计算矢量和高阶张量导数的方法，包括展开矢量和张量的基矢量的大小和方向发生变化（如果有的话）对导数的贡献. 这种类型的导数称为“协变”导数，它不仅可以用于许多研究工程和物理问题的欧几里得空间，也可以用于广义相对论的弯曲黎曼空间.

在欧几里得空间中，可以通过将一个矢量移动到另一个矢量的位置来比较和合成两个不同位置的矢量，移动过程中保持矢量的大小和方向不变. 如果在笛卡儿坐标系中，矢量的平移可以简单地通过保持每个分量不变即可（因为笛卡儿坐标系中，基矢量在任何地方都具有相同的大小和方向)，但是如果在非笛卡儿坐标系中，基矢量的大小和方向在两个位置有可能不同. 这种情况下，协变导数提供了一种将一个矢量平移到另一个矢量位置的方法.

弯曲空间的情况比较复杂，可以在第 6 章中了解弯曲空间中协变导数的更多细节，但是现在可以通过研究三维欧几里得空间中的二维球面来理解协变导数的作用. 想像一下，有一系列切平面刚好与球面的每一个位置接触，在其中的一个切平面上画一个矢量，如果保持该

⊖ 度规张量的对称性意味着这类克里斯托费尔符号的下标是对称的.

矢量方向不变地移到球面上不同的位置（如在较高的三维空间中所见），它将不会位于新的切平面上（你可以认为矢量从二维球面上突了出来）. 在这种情况下，协变导数用于将矢量的导数投影到球面的切平面上.

还应该注意，协变求导的结果保持张量属性，这意味着结果按照张量变换规则在不同的坐标系之间进行变换.

为了理解协变求导过程，以矢量$\vec{A}=A^1\vec{e}_1+A^2\vec{e}_2+A^3\vec{e}_3$为例，其导数

$$\frac{\partial\vec{A}}{\partial x^j}=\frac{\partial(A^1\vec{e}_1+A^2\vec{e}_2+A^3\vec{e}_3)}{\partial x^j}$$

$$=\frac{\partial(A^i\vec{e}_i)}{\partial x^j}$$

$$=\frac{\partial A^i}{\partial x^j}\vec{e}_i+A^i\frac{\partial\vec{e}_i}{\partial x^j}.$$

现在用方程5.22中定义的克里斯托费尔符号代替右边第二项中的偏导数：

$$\frac{\partial\vec{A}}{\partial x^j}=\frac{\partial A^i}{\partial x^j}\vec{e}_i+A^i(\Gamma^k_{ij}\vec{e}_k).$$

因为第二项中的指标i和k都是求和约定中的哑指标，所以可以互换其位置并提出公因子，即基矢量$\vec{e}_i$：

$$\frac{\partial\vec{A}}{\partial x^j}=\frac{\partial A^i}{\partial x^j}\vec{e}_i+A^k(\Gamma^i_{kj}\vec{e}_i)$$

$$=\left(\frac{\partial A^i}{\partial x^j}+A^k\Gamma^i_{kj}\right)\vec{e}_i.$$

括号里的两项之和就是协变导数的定义，协变导数的通用符号是在需要求协变导数的坐标指标（此处就是指标j）前加分号（;）表示. 因此，你可能会看见协变导数分量被定义为：

$$A^i_{;j}\equiv\frac{\partial A^i}{\partial x^j}+A^k\Gamma^i_{kj}. \tag{5.24}$$

同理可得矢量协变分量的协变导数：

$$A_{i;j} \equiv \frac{\partial A_i}{\partial x^j} - A_k \Gamma_{ij}^k. \tag{5.25}$$

注意这种情况下包含克里斯托费尔符号的那一项前面是负号.

为了更清楚地理解方程（5.24）和方程（5.25）的含义，以圆柱坐标系（因此 $x^1 = r$、$x^2 = \phi$、$x^3 = z$）中矢量$\vec{A}$对 ϕ 求协变导数为例进行说明. 设方程（5.24）中 $j = 2$（因为我们只考虑对 ϕ 的协变导数）

$$\begin{aligned} A^r_{;\phi} &= \frac{\partial A^r}{\partial \phi} + A^r \Gamma^r_{r\phi} + A^\phi \Gamma^r_{\phi\phi} + A^z \Gamma^r_{z\phi} \\ &= \frac{\partial A^r}{\partial \phi} + 0 + A^\phi(-r) + 0. \end{aligned}$$

这说明由 ϕ 变化引起矢量$\vec{A}$的 r 分量的变化与 A^r 关于 ϕ 的变化和基矢量的变化都有关，且基矢量的变化使矢量 $\vec{A}$ 的一部分原本指向 ϕ 方向的分量现在指向 $-r$ 方向. 同样，当 ϕ 变化时，A^ϕ 的变化

$$\begin{aligned} A^\phi_{;\phi} &= \frac{\partial A^\phi}{\partial \phi} + A^\phi \Gamma^\phi_{r\phi} + A^r \Gamma^\phi_{\phi\phi} + A^z \Gamma^\phi_{z\phi} \\ &= \frac{\partial A^\phi}{\partial \phi} + A^r\left(\frac{1}{r}\right) + 0 + 0. \end{aligned}$$

因此

$$\frac{\partial \vec{A}}{\partial \phi} = \left(\frac{\partial A^r}{\partial \phi} - rA^\phi\right)\vec{e}_r + \left(\frac{\partial A^\phi}{\partial \phi} + \frac{1}{r}A^r\right)\vec{e}_\phi.$$

协变导数的求导过程也适用于高阶张量. 不出所料，只需要为每一个逆变指标加上克里斯托费尔符号项，为每一个协变指标减去克里斯托费尔符号项，因此

$$A^{ij}_{;k} = \frac{\partial A^{ij}}{\partial x^k} + A^{lj}\Gamma^i_{lk} + A^{il}\Gamma^j_{lk},$$

$$B_{ij;k} = \frac{\partial B_{ij}}{\partial x^k} - B_{lj}\Gamma^l_{ik} - B_{il}\Gamma^l_{jk},$$

$$C^i_{j;k} = \frac{\partial C^i_j}{\partial x^k} + C^l_j \Gamma^i_{lk} - C^i_l \Gamma^l_{jk}.$$

5.9 矢量和 one - forms

如果在最近发表的物理文献中查找有关“张量”的主题，特别是涉及广义相对论的文献，您可能会惊讶地发现很少提到逆变和协变分量，而更倾向于使用“余矢量”和 one - forms 之类的术语．您是否觉得自己已经浪费了时间去努力地理解现在已经过时的复杂概念和术语呢？显然我不这么认为，否则我不会在最后两章的讨论中投入太多篇幅．相反，我相信弄清楚传统表示和现代表示方法是有价值的，因为差异源自研究角度不同，而不是核心概念不同．但是研究角度不同确实导致产生了截然不同的术语，本节的目的是简要介绍一下这些术语．

首先要理解的是传统表示倾向于用逆变分量和协变分量表示同一个研究对象，而在现代表示方法中，研究对象被分为矢量或 one - forms（也称为余矢量）两类．在现代术语中，矢量变换为逆变量变换，one - forms 变换为协变量变换．分子中具有长度量纲的量（例如速度，单位为“m/”）自然被划分为矢量类；分母中具有长度量纲的量（例如标量场的梯度，单位为“/m”）自然被划分为 one - forms 类．

在涉及矢量和 one - forms 的插图中，矢量用箭头，one - forms 用相邻曲面的一小部分表示，如图 5.3 所示．如图中所示，对于矢量，用箭头的角度表示方向、箭头的长度表示大小．对于 one - forms，其方向与曲面垂直，其大小与相邻曲面之间的距离成反比，这意味着模更大的矢量由更长的箭头表示，而模更大的 one - forms 由更近的曲面间距表示．

与传统表示方法一样，矢量（逆变分量）用基矢量展开，而 one - forms（协变分量）用 one - forms 基矢量展开，相当于传统表示中的对偶基矢量．这种对应意味着一个矢量和一个 one - forms 的点积是一个不变量（标量），正如一个逆变量和一个协变量相乘得到一个标量，而不需要度规张量一样．对这些乘积的一个很好的图解是：得

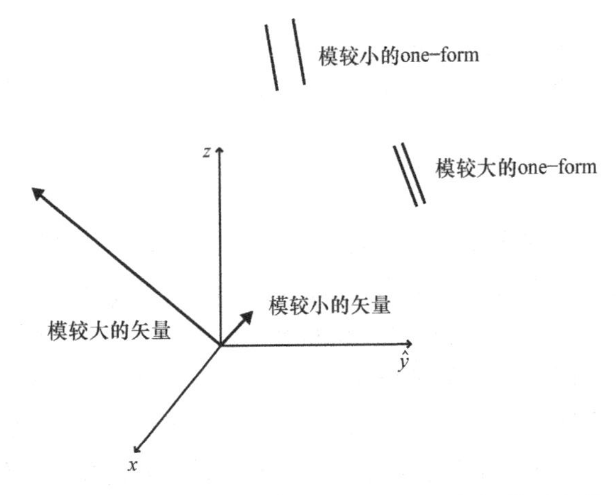

图 5.3 矢量用箭头表示，one - form 用相邻曲面表示

到的标量是指一个矢量穿过 one - forms 曲面的数目.

使用现代表示方法的作者经常强调矢量和 one - forms 是算子（规则），因此我们可能会看到这样的描述：矢量作用在 one - forms 上并生成一个标量，就像 one - forms 作用在矢量上并生成一个标量是一样的. 同样，高阶张量作用在多个矢量和/或 one - forms 上也生成一个标量. 从这个角度来看，度规张量是一个作用在两个矢量或 one - forms 上并产生其点积的算子，度规张量的分量可以通过给它提供基矢量和 one - forms 基矢量来找到.

5.10 习题

5.1 证明：一个张量减去另一个张量仍然是一个张量.

5.2 通过求解相关基矢量的点积来确定球坐标系度规张量的矩阵元.

5.3 证明：由方程（5.16）中给出的导数怎样得到方程（5.17）中球极坐标系度规张量的矩阵元.

5.4 利用球极坐标系中的度规因子验证第 2 章中给出的梯度、散度、旋度和拉普拉斯算符在球极坐标系中的表达式.

5.5　证明：在圆柱坐标系（r，ϕ，z）中克里斯托费尔符号 Γ_{12}^{2} 和 Γ_{21}^{2} 都等于 $1/r$.

5.6　求球坐标系中度规张量协变分量 g_{ij} 的倒数（逆变分量）g^{ij}.

5.7　利用 g^{ij} 升高矢量 $A_i =$（1，$r^2\sin\theta$，$\sin^2\theta$）的指标.

5.8　在半径为 R 的二维球面上，线元的微分为 $ds^2 = R^2 d\theta^2 + R^2\sin^2\theta d\phi^2$，计算该情况下其度规张量 g_{ij} 和其倒数 g^{ij}.

5.9　题目 5.8 中二维球面坐标系的克里斯托费尔符号是什么?

5.10　证明：度规张量的协变导数等于零.

第6章 张量的应用

6

本章举例说明如何应用第4章和第5章中所涉及的张量概念，就像第3章举例说明如何应用第1章和第2章中介绍的矢量的概念一样. 如第3章所述，本章的目的是选定少数应用实例，比第一次提出张量概念的章节更加详细地介绍其应用.

本章中的例子包括力学、电磁学和广义相对论. 当然，在一章中无法全面覆盖这些领域的所有重要部分；选择这些示例只是作为您在这些领域中可能遇到的应用张量的情况.

6.1 惯性张量

关于质量一个非常有用的思考是：质量具有抵抗加速度的性质，就是说要想改变任何具有质量的物体的速度需要力的作用. 您可能会发现，把转动惯量跟质量类比对理解转动惯量是很有帮助的. 这就是说转动惯量具有抵抗角加速度的性质，因此，要想改变任何一个物体的角加速度需要力矩的作用.

很多学生发现通过记住平动量和转动量之间的关系更容易理解转动. 因此，平动用位置（x）、速度（$\vec{v}$）和加速度（$\vec{a}$）来描述，转动用类似的物理量角位置（θ）、角速度（$\vec{\omega}$）和角加速度（$\vec{\alpha}$）来描述. 对于转动来说还有很多其他类似的物理量：转动中的力矩（$\vec{\tau}$）、转动惯量（I）和角动量（$\vec{L}$）对应于平动中的力（$\vec{F}$）、质量（m）和动量（$\vec{p}$）.

回想一下，关于平动的几个方程与转动方程具有相似的形式．因此，转动的牛顿第二定律（$\vec{F}=m\vec{a}$）是$\vec{\tau}=I\vec{\alpha}$[⊖]，鉴于平移动量与质量和速度的关系是$\vec{p}=m\vec{v}$，可能我们所知道的角动量与转动惯量和角速度的关系是 $L_z=I\omega$.

当第一次给出这些关系时，大多数教材为了简化问题，将转动限制为单个质点的平面转动．因此，当我们考虑线量和角量之间的关系时，可能会想到 $v=\omega r$，如果 $L_z=mvr$，那么 $L_z=mr^2\omega$. 定义 mr^2 为单个质点的转动惯量（I），则 $L_z=I\omega$. 但是这些方程中的 v 和 ω 并不是真正的速度，因为它们都写成了标量形式，而且角动量的下角标 z 似乎在暗示些什么．

是的，它在告诉你所使用的方程是角动量的一个分量方程（这种情况下就是 z 分量），这只适用于 xOy 平面内的单个粒子绕坐标原点的转动．因此，这个并没有错，只不过其使用受限．很明显，它适用于绕 z 轴的平面转动．

表示速度、角速度和位置矢量之间更为普遍的关系是：

$$\vec{v}=\vec{\omega}\times\vec{r},\tag{6.1}$$

其中，叉号表示第2章所讲的矢量的叉乘．表示角动量与动量、线速度和质量之间关系的方程是

$$\begin{aligned}\vec{L}&=\vec{r}\times\vec{p}\\&=\vec{r}\times(m\vec{v})\\&=m\vec{r}\times\vec{v}.\end{aligned}\tag{6.2}$$

在深究这些方程之前，应该考虑平面转动方程的含义，即单个质点的转动惯量为$I_{\text{particle}}=mr^2$. 这个方程中暗含着一个很重要的观点，即单个质点的转动惯量不仅与其质量有关，还与其位置有关，具体是与该粒子到转轴的距离 r 有关．因此，由许多质点组成的一般物体的转动惯量不仅与其质量有关，还与其质量分布有关，不管是一般转动

⊖ 或者如果你更喜欢牛顿第二定律的普遍形式$\left(\vec{F}=\frac{\mathrm{d}\vec{p}}{\mathrm{d}t}\right)$，类似的转动方程为$\vec{\tau}=\frac{\mathrm{d}\vec{L}}{\mathrm{d}t}$.

还是平面转动都是如此．

如果想类比着平动方程$\vec{p}=m\vec{v}$写转动方程，我们可能会写出$\vec{L}=I\vec{\omega}$．但是该方程表明角动量$\vec{L}$的方向必须和角速度$\vec{\omega}$的方向一致，因为矢量乘以一个标量只能改变其大小而不能改变其方向（如果标量是负数，矢量反向）．对于一般运动情况会更复杂，例如我们可以把方程（6.2）应用到图6.1中关于一个质点的绕轴转动．图中质点“m”绕z轴转动，所以其角速度沿z轴竖直向上．在此俯视图中，x轴正好位于质点运动平面的下方，垂直纸面向里为其负方向．因为角动量矢量$\vec{L}=m\vec{r}\times\vec{v}$，所以可以根据第2.2节的右手法则，初始角动量的方向可以由此时$\vec{r}$和$\vec{v}$的叉乘方向决定．如果没有错误，可以看到初始位置角动量$\vec{L}$的方向如图所示向右上方．下一时刻，当质点绕着z轴转半圈之后，在图中右侧，此时速度矢量的方向垂直纸面向里．那时，$\vec{r}$和$\vec{v}$叉乘的方向，即角动量$\vec{L}$的方向如图所示指向左上方．

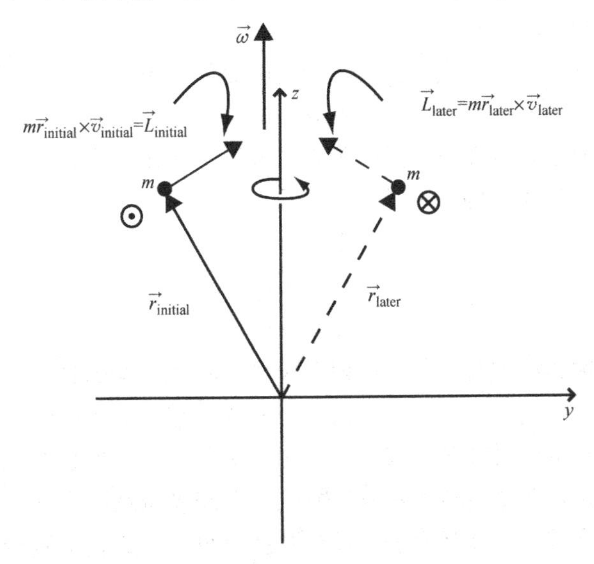

图6.1　质点绕轴的转动

因此，角动量矢量$\vec{L}$方向不仅不是角速度$\vec{\omega}$的方向，而且当质点绕轴转动时其方向还在不断地变化，但是角速度的方向始终指向z轴不变．

在这些情况下，当通过方程 $\vec{L}=I\vec{\omega}$ 把角动量和角速度联系起来时，很明显转动惯量不能再被当做标量来处理．如果转动惯量是标量，根本不可能将一个方向上的矢量与另一个不同方向上的矢量联系起来．但是如果按照第4章和第5章的思路，应该熟悉有一种量乘以一个矢量（如$\vec{\omega}$）得到另外一个指向不同方向的矢量（如$\vec{L}$），这个量就是张量．因此，虽然最初在关于原点的平面运动中了解的转动惯量是一个标量，但是现在我们应该明白对一般的问题，需要用更高级的方法来处理，即把转动惯量表示为张量而不是标量．

我们可能会想到只要在 z 轴的另一侧等距离处添加一个等质量的质点，产生额外的角动量将叠加到原来质点的角动量上．这种情况下，总的角动量确实会指向 z 轴的方向，与角速度的方向完全相同．所以可以推测角动量和角速度之间的关系（转动惯量的内在秉性）依赖于研究对象的对称性．通过分析转动惯量的分量可以证明这个推测是正确的．

首先，可以通过写出联系角动量和角速度的张量方程来理解转动惯量的分量：

$$\vec{L}=\vec{\vec{I}}\vec{\omega}, \tag{6.3}$$

然后根据角动量的定义：

$$\begin{aligned}\vec{L}&=\vec{r}\times\vec{p}\\&=\vec{r}\times(m\vec{v})\\&=m\vec{r}\times\vec{v}\\&=m\vec{r}\times(\vec{\omega}\times\vec{r}).\end{aligned}$$

表达式中的三重积可以通过第2.4节中的规则，简单的用“BAC减去CAB法则”，则：

$$\vec{L}=m[\vec{\omega}(\vec{r}\cdot\vec{r})-\vec{r}(\vec{r}\cdot\vec{\omega})].$$

这个表达式只适用于单个质点的角动量，可以通过对所有质点求和（质量连续分布可以求积分）求质点系的角动量．因此，可能会经常遇到如下表达式：

$$\vec{L}=\sum_i m_i[\vec{\omega}(\vec{r}_i\cdot\vec{r}_i)-\vec{r}_i(\vec{r}_i\cdot\vec{\omega})], \tag{6.4}$$

指标 i 表示研究对象中的每一个质元．

为了理解这个表达式中的转动惯量，首先把位置矢量写成$\vec{r}_i = x_i\hat{i} + y_i\hat{j} + z_i\hat{k}$、角速度矢量写成$\vec{\omega} = \omega_x\hat{i} + \omega_y\hat{j} + \omega_z\hat{k}$（注意角速度$\vec{\omega}$对每个质点都一样，所以没必要写成$\vec{\omega}_i$）．因此角动量的表达式为

$$\vec{L} = \sum_i m_i \left[\vec{\omega}(x_i\hat{i} + y_i\hat{j} + z_i\hat{k}) \cdot (x_i\hat{i} + y_i\hat{j} + z_i\hat{k}) - \vec{r}_i(x_i\hat{i} + y_i\hat{j} + z_i\hat{k}) \cdot (\omega_x\hat{i} + \omega_y\hat{j} + \omega_z\hat{k}) \right],$$

点乘后得到

$$\vec{L} = \sum_i m_i[\vec{\omega}(x_i^2 + y_i^2 + z_i^2) - \vec{r}_i(x_i\omega_x + y_i\omega_y + z_i\omega_z)].$$

因为$\vec{\omega}$的 x 分量是ω_x 而 $\vec{r}_i$的 x 分量是 x_i，所以角动量的 x 分量可以写成

$$\begin{aligned} L_x &= \sum_i m_i[\omega_x(x_i^2 + y_i^2 + z_i^2) - x_i(x_i\omega_x + y_i\omega_y + z_i\omega_z)] \\ &= \sum_i m_i[\omega_x x_i^2 + \omega_x y_i^2 + \omega_x z_i^2 - x_i^2\omega_x - x_i y_i\omega_y - x_i z_i\omega_z] \\ &= \sum_i m_i[\omega_x(y_i^2 + z_i^2) - x_i y_i\omega_y - x_i z_i\omega_z], \end{aligned}$$

y 分量和 z 分量为

$$L_y = \sum_i m_i[\omega_y(x_i^2 + z_i^2) - y_i x_i\omega_x - y_i z_i\omega_z],$$

$$L_z = \sum_i m_i[\omega_z(x_i^2 + y_i^2) - z_i x_i\omega_x - z_i y_i\omega_y].$$

角动量 $\vec{L}$ 的三个分量方程可以用一个单独的矩阵方程表示成：

$$\begin{pmatrix} L_x \\ L_y \\ L_z \end{pmatrix} = \begin{pmatrix} \sum_i m_i(y_i^2 + z_i^2) & -\sum_i m_i x_i y_i & -\sum_i m_i x_i z_i \\ -\sum_i m_i y_i x_i & \sum_i m_i(x_i^2 + z_i^2) & -\sum_i m_i y_i z_i \\ -\sum_i m_i z_i x_i & -\sum_i m_i z_i y_i & \sum_i m_i(x_i^2 + y_i^2) \end{pmatrix} \begin{pmatrix} \omega_x \\ \omega_y \\ \omega_z \end{pmatrix} \tag{6.5}$$

矩阵元表示惯性张量$\vec{\vec{I}}$的分量．注意每一个分量的大小都是质量乘以距离的平方（国际单位是 $\mathrm{kg \cdot m^2}$），与标量转动惯量是一样的．

在一些教材中，我们会发现惯性张量分量写成如下形式

$$I_{ab} = m_i(\delta_{ab}r_i^2 - r_a r_b),$$

这与方程6.5中的张量分量是一样的．

惯性张量的对角元素被称为“转动惯量”，而非对角元素被称为“惯量乘积”．为了理解每一个元素的物理意义，回忆一下，转动惯量具有抵抗物体角加速度的性质，这种抵抗不仅与物体的质量有关，还跟物体相对于转轴的质量分布有关．

每一项都说明物体绕 b 轴的转动对 a 方向角动量的贡献为多少，因此，$I_{11}=I_{xx}$ 说明绕 x 轴的转动对 x 方向角动量的贡献为多少，而 $I_{23}=I_{yz}$ 则说明绕 z 轴的转动对 y 方向角动量的贡献为多少．

下面解释非对角项是如何产生的，但是先来看下对角项．在 I_{xx} 的表达式中，对每一个质元（m_i），都是其质量乘以到 x 轴距离的平方（$y_i^2+z_i^2$）．这只是我们已学过的质点平面转动的转动惯量 $I=mr^2$ 的三维版本，其中，r 是质点到转轴的距离．观察惯性张量可以看到由于绕 x 轴转动产生角动量 x 方向的分量，由于绕 y 轴转动产生角动量 y 方向的分量和由于绕 z 轴转动产生角动量 z 方向的分量．最重要的是关于每个轴对称的质量分布对转动惯量矩阵的对角项都有贡献．

惯性张量的非对角元素有所不同．在 I_{yz} 中，对每一个质元（m_i），都是其质量乘以 y 和 z 坐标（y_iz_i）．跟上面的解释一样，这决定了由于绕 z 轴的转动而产生角动量沿 y 方向的分量．什么时候绕 z 轴转动会产生角动量沿 y 方向的分量呢？当质量分布关于 z 轴不对称时会产生，图6.1中所示质点的转动就是一个例子．同样，I_{xy} 项决定了由于绕 y 轴的转动而对角动量沿 x 方向的贡献，这种贡献来自于质量分布关于 y 轴的不对称性．因此，质量分布关于某一个特定轴的不对称性产生了惯性张量矩阵的非对角元素．

为了弄清楚其原理，考虑如图6.2所示的位于金字塔四个角点和顶点的五个质点．要确定此质量系的惯性张量，只需将每个质点的质量和坐标代入公式（6.5）即可．如果五个质点的质量都等于“m”，且金字塔的高度等于每个底边的长度（具有如图6.2中所示的值 $2a$），则 I_{xx} 项很简单

$$
\begin{aligned}
I_{xx} &= m_1(y_1^2+z_1^2)+m_2(y_2^2+z_2^2)+m_3(y_3^2+z_3^2)+m_4(y_4^2+z_4^2) \\
&\quad +m_5(y_5^2+z_5^2) \\
&= m_1(a^2+0^2)+m_2(a^2+0^2)+m_3[(-a)^2+0^2]+m_4[(-a)^2+0^2] \\
&\quad +m_5(0^2+(2a)^2) \\
&= 8ma^2.
\end{aligned}
$$

对于其他对角矩阵元I_{yy}和I_{zz}应该可以得到相同的结果．对于非对角元素，I_{xy}项是

$$
\begin{aligned}
I_{xy} &= -m_1x_1y_1-m_2x_2y_2-m_3x_3y_3-m_4x_4y_4-m_5x_5y_5 \\
&= -m_1(a)(a)-m_2(-a)(a)-m_3(-a)(-a)-m_4(a)(-a)-m_5(0)(0) \\
&= -m(2a^2-2a^2)=0.
\end{aligned}
$$

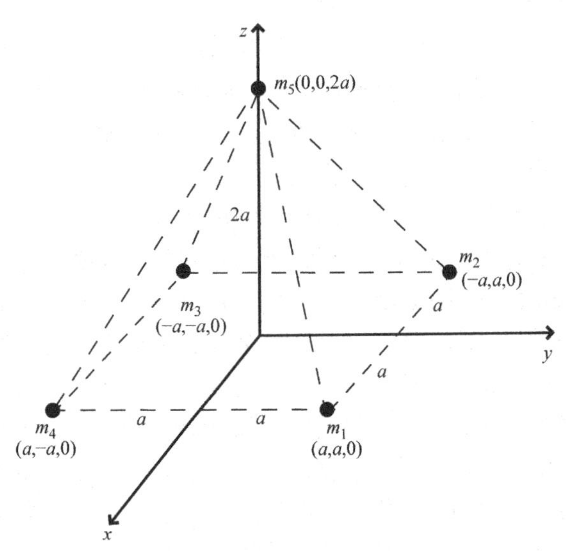

图 6.2 五个质点排列成金字塔

其他非对角矩阵元的求法完全一样，因此，如图 6.2 所示的质点系的惯性张量矩阵是

$$
\overset{\rightrightarrows}{I}=\begin{pmatrix} 8ma^2 & 0 & 0 \\ 0 & 8ma^2 & 0 \\ 0 & 0 & 8ma^2 \end{pmatrix}
$$

这个惯量张量的分量式中包含了大量的信息，所有非对角元素都等于零意味着所选的 x、y、z 轴是这个系统相对于所选原点的主轴，而转动惯量是系统的主惯量．当系统绕一个主轴转动时，角动量矢量和角速度矢量方向相同，这说明系统具有对称性．系统的三个主惯量都相等意味着这个系统有资格作为“球形顶”（力学中，“顶”是指任何刚性旋转的系统）．对于球形顶部，任何三个相互正交的轴都是其主轴．

如果把 m_5 相对于其他四个质点所在平面的高度提高为原来的两倍（因此其 z 坐标是 $4a$ 而不是 $2a$），距离 x 和 y 轴的距离越大，系统相对于它们的转动惯量就越大，因此转动惯量变为

$$\vec{\vec{I}}=\begin{pmatrix}20ma^2 & 0 & 0\\ 0 & 20ma^2 & 0\\ 0 & 0 & 8ma^2\end{pmatrix}.$$

当然了，不管高度如何，从 m_5 到 z 轴的距离都是零，因此其质量不会对 I_{zz} 的分量产生影响，该分量保持不变．现在只有两个主转动惯量分量相等，该系统不再是球形顶，而是变成一个“对称顶”（如果三个主惯量都不相同，系统被称为“非对称顶”）．最后一点：如果系统有一个主惯量等于零，另外两个彼此相等，那么该系统被称为“转子”．

改变系统惯性张量的另一个方法是改变其中质点的质量．例如，如果使 m_5 的质量从 m 变到 $2m$，而其他四个质点的质量不变，惯性张量变为

$$\vec{\vec{I}}=\begin{pmatrix}12ma^2 & 0 & 0\\ 0 & 12ma^2 & 0\\ 0 & 0 & 8ma^2\end{pmatrix}.$$

不出所料，分量 I_{zz} 没有变化，因为 m_5 对该分量没有贡献．

现在考虑，如果旋转坐标轴，惯性张量会如何变化．记住，惯性张量是由给定原点的位置和给定方向的坐标轴决定的，因此如果旋转坐标轴，预测其分量会发生变化似乎是合理的．

为了验证这一点，设想绕 x 轴逆时针旋转坐标系，如图 6.3 所

示.该图中垂直纸面向里为 x 轴的负方向，因此 y 轴和 z 轴的方向是倾斜的（为了区别于原来的 y 轴和 z 轴，用 y' 和 z' 表示）．在这种情况下，旋转角度约为30°. 图6.3a 显示坐标轴旋转质量分布保持不变，而图6.3b 则显示如果你歪着头看则有 z 轴沿竖直方向，y' 轴沿水平方线.

这个会对惯性张量产生什么影响呢？要回答该问题，需要知道每个质点在新（旋转）坐标系中的坐标（也就是说，需要知道每一个质点的 x'、y' 和 z'）．幸运地是，第4章已经就如何利用旋转矩阵进行原始坐标系和旋转坐标系之间的转换提供了一些参考．在这种情况下，旋转矩阵为

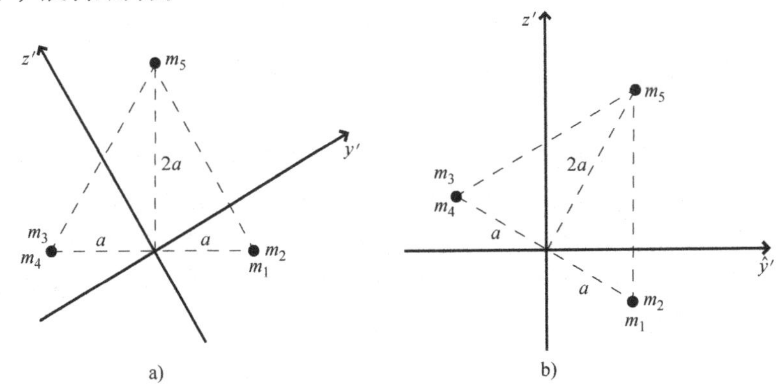

图6.3 坐标轴相对于 x 逆时针旋转30°

$$\begin{pmatrix} x' \\ y' \\ z' \end{pmatrix} = \begin{pmatrix} 1 & 0 & 0 \\ 0 & \cos\theta & \sin\theta \\ 0 & -\sin\theta & \cos\theta \end{pmatrix} \begin{pmatrix} x \\ y \\ z \end{pmatrix} \tag{6.6}$$

如果质量都是最初的质量（五个质点的质量都等于 m）且 m_5 保持原始高度（相对于 xOy 平面的高度为 $2a$），然后再旋转，你应该得到下面表示惯性张量的各分量的值：

$$\vec{\vec{I}} = \begin{pmatrix} 8ma^2 & 0 & 0 \\ 0 & 8ma^2 & 0 \\ 0 & 0 & 8ma^2 \end{pmatrix}.$$

如果我们惊讶地发现旋转惯性张量相对于原始惯性张量（未旋转）没有变化，那么说明该系统的对称性满足球形顶，这意味着任何一组三个互相正交的轴都将是其主轴．因此倾斜的坐标轴不应该导致惯性张量的变化．

这听起来非常合理，但是如果将图6.3中质点的位置和图6.1中质点情况相比较，预期m_5将会产生y方向上的角动量分量不也就合理了吗（就像图6.1中质点那样）？

是的，的确是这样．而且实际上m_5确实会产生y方向上的角动量分量．为了说明这一点，设其他四个质点的质量等于零，单独算m_5的惯性张量（别忘了坐标轴是旋转的），你应该得到

$$\vec{\vec{I}}=\begin{pmatrix}4ma^2 & 0 & 0\\ 0 & 3ma^2 & -1.73ma^2\\ 0 & -1.73ma^2 & ma^2\end{pmatrix}.$$

所以确实是这样：I_{yz}（表示绕z轴旋转产生y方向上的角动量分量）显然不等于零．但是，当首次在倾斜坐标系中计算金字塔分布的质点系的惯性张量时，为什么所有非对角元素都为零？答案是其他四个质点对惯性张量也有影响．为了研究它们对I_{yz}的贡献，设m_5的质量为零而其他四个质点的质量都等于m，那么惯性张量应该是

$$\vec{\vec{I}}=\begin{pmatrix}4ma^2 & 0 & 0\\ 0 & 5ma^2 & 1.73ma^2\\ 0 & 1.73ma^2 & 7ma^2\end{pmatrix}.$$

这就给出了答案：其他四个质点对角动量在y正方向上的贡献与m_5在y负方向上的贡献完全相同，如图6.4所示．请记住，从第5章开始，张量加法可以通过其分量相加来实现，所以当把m_5产生的惯性张量加到其他四个质点的惯性张量时，就可以得到（漂亮的对角矩阵）五质点金字塔的惯性张量．

为了证明m_5和其他四个质点之间的平衡关系，再一次将m_5的高度提高为原来的两倍，然后在把坐标轴旋转30°，我们可能会发现很有趣．在这种情况下，惯性张量是

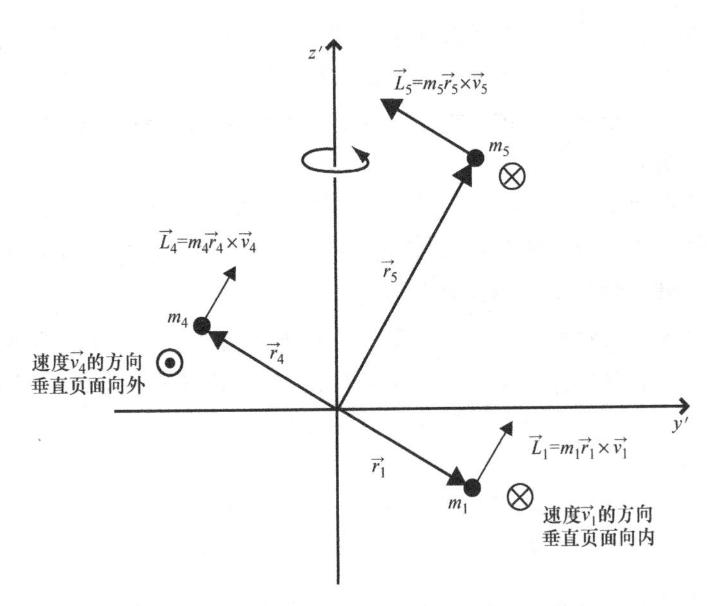

图 6.4 页面内质点的角动量矢量

$$\vec{\vec{I}}=\begin{pmatrix}20ma^2 & 0 & 0\\ 0 & 17ma^2 & -5.2ma^2\\ 0 & -5.2ma^2 & 11ma^2\end{pmatrix}$$

显然来自 m_5 的I_{yz}项和其他四个质点的不再相互抵消.

通过对多个坐标轴旋转来确定任意方向坐标轴的惯性张量. 例如,如果你希望首先绕 x 轴旋转θ_1,然后再绕 y 轴旋转θ_2,可以将旋转矩阵组合为

$$\begin{pmatrix}x'\\ y'\\ z'\end{pmatrix}=\begin{pmatrix}\cos\theta_2 & 0 & \sin\theta_2\\ 0 & 1 & 0\\ -\sin\theta_2 & 0 & \cos\theta_2\end{pmatrix}\begin{pmatrix}1 & 0 & 0\\ 0 & \cos\theta_1 & \sin\theta_1\\ 0 & -\sin\theta_1 & \cos\theta_1\end{pmatrix}\begin{pmatrix}x\\ y\\ z\end{pmatrix}\qquad(6.7)$$

如果两个转角都是 30°(首先是 x 轴,然后是 y 轴),则总的旋转矩阵为

$$\begin{pmatrix} x' \\ y' \\ z' \end{pmatrix} = \begin{pmatrix} 0.866 & -0.25 & 4.33 \\ 0 & 0.866 & 0.5 \\ -0.5 & -0.433 & 0.75 \end{pmatrix} \begin{pmatrix} x \\ y \\ z \end{pmatrix}. \tag{6.8}$$

如果令 m_5 的高度为 $4a$ 再按上面方式旋转坐标轴，惯性张量变为

$$\overleftrightarrow{I} = \begin{pmatrix} 17.8ma^2 & 2.6ma^2 & 3.9ma^2 \\ 2.6ma^2 & 17ma^2 & -4.5ma^2 \\ 3.9ma^2 & -4.5ma^2 & 13.3ma^2 \end{pmatrix}. \tag{6.9}$$

由于旋转坐标轴既不改变矩阵的秩也不改变矩阵的行列式[⊖]，所以可以通过旋转坐标轴验证对计算进行快速检查．

还有一种方法可以直接求出旋转坐标系中的惯性张量，而不用求出每个质点在旋转坐标系中的新坐标．这种方法是对原始惯性张量应用“相似变换”．原理是这样的：角动量与原始（未旋转）坐标系的惯性张量和角速度有关

$$\vec{L} = \overleftrightarrow{I}\vec{\omega}.$$

通过旋转矩阵 $\boldsymbol{R}$（可能是几个旋转矩阵的乘积）旋转坐标轴，则

$$\vec{L}' = \boldsymbol{R}\vec{L} = \boldsymbol{R}(\overleftrightarrow{I}\vec{\omega}).$$

并且由于任何矩阵和其逆矩阵的乘积是单位矩阵，因此可以在$\vec{\omega}$前插入 $\boldsymbol{R}^{-1}\boldsymbol{R}$：

$$\begin{aligned} \vec{L}' &= \boldsymbol{R}\vec{L} = \boldsymbol{R}\overleftrightarrow{I}(\boldsymbol{R}^{-1}\boldsymbol{R})\vec{\omega} \\ &= (\boldsymbol{R}\overleftrightarrow{I}\boldsymbol{R}^{-1})\boldsymbol{R}\vec{\omega}. \end{aligned}$$

但是 $\boldsymbol{R}\vec{\omega}$ 等于 $\vec{\omega}'$，因此

$$\vec{L}' = (\boldsymbol{R}\overleftrightarrow{I}\boldsymbol{R}^{-1})\vec{\omega}'.$$

因此，表达式（$\boldsymbol{R}\overleftrightarrow{I}\boldsymbol{R}^{-1}$）将旋转坐标系中的角动量和角速度联系了起来，这意味着该表达式是新坐标系中的惯性张量．所以，不用计算每个质点在旋转坐标系中的新坐标并将它们插入到惯性张量的方程中，而是简单地直接将旋转矩阵和其逆矩阵应用于表示惯性张量的矩阵中即可（但是请记住，在做矩阵乘法时注意顺序）．

⊖ 矩阵评论这本书的网站上解释如何做这些计算．

利用这种方法，过程如下：

$$\vec{\vec{I}}' = \begin{pmatrix} 0.866 & -0.25 & 4.33 \\ 0 & 0.866 & 0.5 \\ -0.5 & -0.433 & 0.75 \end{pmatrix} \begin{pmatrix} 20ma^2 & 0 & 0 \\ 0 & 20ma^2 & 0 \\ 0 & 0 & 8ma^2 \end{pmatrix} \times \begin{pmatrix} 0.866 & -0.25 & 4.33 \\ 0 & 0.866 & 0.5 \\ -0.5 & -0.433 & 0.75 \end{pmatrix}^{-1}$$

$$= \begin{pmatrix} 17.8ma^2 & 2.6ma^2 & 3.9ma^2 \\ 2.6ma^2 & 17ma^2 & -4.5ma^2 \\ 3.9ma^2 & -4.5ma^2 & 13.3ma^2 \end{pmatrix}$$

与将旋转系中坐标插入到惯性张量所得到的结果是相同的．

如果学过线性代数，可能会想到，通过把表示惯性张量的矩阵对角化得到主轴和主惯量的可能性．这当然可能了，我们可以在这本书的网站上阅读关于使用本征矢量和本征值来完成求解过程的信息．

如果能够通过目测确定使坐标轴成为研究对象的对称轴需要旋转的角度，那么可以使用相似变换的方法对惯性张量矩阵进行对角化．读者可以通过本章课后习题和在线解答了解如何实现变换．

6.2 电磁场张量

现在世界的一个显著特征是宽带通信信道的可用性，不需要物理连接就可以实现信息的瞬间远距离传输．这种通讯技术的使用直接源自于1860年斯科茨曼·詹姆斯·克拉克·麦克斯韦建立的方程组，现在被称为“麦克斯韦方程组”．鉴于电磁通讯对我们生活的影响，根据2004年《物理世界》的读者投票将麦克斯韦方程组列为有史以来最伟大的方程组并不奇怪．

被称为麦克斯韦方程组的四个矢量方程分别是电场的高斯定理、磁场的高斯定理、法拉第定律和麦克斯韦－安培定理，每一个方程都有积分形式或微分形式．积分形式描述了表面或路径周围的电磁场行为，而微分形式适用于特定的具体位置．微分形式与本书所讨论的矢量和张量运算联系比较大，涉及第 2 章讨论的标量积、散度、旋度和偏微分，它与本节主题 – 电磁场强度张量密切相关.

麦克斯韦方程组的微分形式如下

$$\text{电场的高斯定理：}\vec{\nabla}\cdot\vec{E}=\frac{\rho}{\varepsilon_0},$$

$$\text{磁场的高斯定理：}\vec{\nabla}\cdot\vec{B}=0,$$

$$\text{法拉第定律：}\vec{\nabla}\times\vec{E}=-\frac{\partial\vec{B}}{\partial t},$$

$$\text{麦克斯韦 – 安培定理：}\vec{\nabla}\times\vec{B}=\mu_0\vec{J}+\mu_0\varepsilon_0\frac{\partial\vec{E}}{\partial t}.$$

为了理解电磁张量，复习每个方程的物理意义是很有帮助的.[⊖]

$$\boxed{\vec{\nabla}\cdot\vec{E}=\frac{\rho}{\varepsilon_0}}$$

电场的高斯定理指出电场（$\vec{E}$）在任何位置的散度（$\vec{\nabla}\cdot$）应该与该位置的电荷密度（ρ）成正比. 这是因为静电场的电场线起始于正电荷终止于负电荷（因此电场线从正电荷位置发散出去，并向负电荷位置收敛集中）.

$$\boxed{\vec{\nabla}\cdot\vec{B}=0}$$

磁场的高斯定理告诉我们磁场（$\vec{B}$）在任何位置的散度（$\vec{\nabla}\cdot$）为零. 这是因为在自然界中不存在单独的“磁荷”，所以磁场既不发散也不收敛.

$$\boxed{\vec{\nabla}\times\vec{E}=-\frac{\partial\vec{B}}{\partial t}}$$

法拉第定律指出电场($\vec{E}$)在任何位置的旋度($\vec{\nabla}\times$)等于该位置磁场($\vec{B}$)随时间变化率的负值. 这是因为变化的磁场可以激发涡旋电场.

$$\boxed{\vec{\nabla}\times\vec{B}=\mu_0\vec{J}+\mu_0\varepsilon_0\frac{\partial\vec{E}}{\partial t}}$$

麦克斯韦 – 安培定理说明，磁场（$\vec{B}$）在任何位置的旋度（$\vec{\nabla}\times$）正

⊖　完整的描述可以在任何介绍电磁学的教材中找到.

比于该位置的电流密度（$\vec{J}$）加上电场随时间的变化率，这是因为电流和变化的电场都可以激发涡旋磁场．

注意，麦克斯韦方程组将场的空间行为与激发这些场的场源联系了起来．这些场源是电场的高斯定理中出现的电荷（电荷密度ρ）、麦克斯韦－安培定理中出现电流（电流密度$\vec{J}$）、法拉第定律中出现的变化的磁场$\left(\frac{\partial \vec{B}}{\partial t}\right)$和麦克斯韦－安培定理中出现的变化的电场$\left(\frac{\partial \vec{E}}{\partial t}\right)$.

需要另加一个方程来充分描述电磁相互作用，这个方程叫作“连续性方程”，通常写成如下形式：

$$\frac{\partial \rho}{\partial t} = -\vec{\nabla} \cdot \vec{J},$$

其中，ρ 是电荷密度，$\vec{J}$是电流密度．

连续性方程说明电荷密度随时间的变化率$\left(\frac{\partial \rho}{\partial t}\right)$等于电流密度散度（$\vec{\nabla} \cdot \vec{J}$）的负值．这是因为负散度意味着收敛，如果某一点电流密度$\vec{J}$的散度为正，那么流入该点的正电荷必须多于流出该点的正电荷．如果是这样，该点的正电荷密度必须不断增加（这种情况下意味着$\frac{\partial \rho}{\partial t}$大于零）．

与单独的麦克斯韦方程一样有意义，这些方程的真正价值是通过把它们组合起来产生波动方程来实现的．对法拉第定律两边取旋度并把麦克斯韦－安培定理中 $\vec{B}$ 的旋度表达式代入其中得到如下方程

$$\nabla^2 \vec{E} = \mu_0 \varepsilon_0 \frac{\partial^2 \vec{E}}{\partial t^2}, \tag{6.10}$$

其中，$\nabla^2(\quad) = \vec{\nabla} \cdot \vec{\nabla}(\quad)$是拉普拉斯算符的矢量形式[㊀]．这个方程适用于电荷密度（ρ）和电流密度（$\vec{J}$）都等于零的情况．

对麦克斯韦－安培定理两边取旋度并把法拉第定律中 $\vec{E}$ 的旋度表达式代入可以得到关于磁场的类似波动方程，即

$$\nabla^2 \vec{B} = \mu_0 \varepsilon_0 \frac{\partial^2 \vec{B}}{\partial t^2}. \tag{6.11}$$

㊀ 如果想了解电磁波微分方程的细节问题，可以参照本章课后习题的在线解答．

将方程(6.10)和方程(6.11)与波动的一般方程比较是有启发意义的:

$$\nabla^2\vec{A}=\frac{1}{v^2}\frac{\partial^2\vec{A}}{\partial t^2},\tag{6.12}$$

其中,v 是波的传播速度.注意 $1/v^2$ 项,它表明电磁波在真空中的传播速度仅取决于真空中的电容率(ε_0)和磁导率(μ_0)(具体来说,$\mu_0\varepsilon_0=1/v^2$,或 $v=1/\sqrt{\mu_0\varepsilon_0}=3\times10^8\mathrm{m/s}$).更重要的是,这个速度与观察者是否运动无关.正是电磁波的这个特性使爱因斯坦走上了创立狭义相对论的道路.

为了创立狭义相对论,爱因斯坦提出两条基本假设,这两条假设是:

1)在所有的惯性参考系(即非加速系)中物理规律必须相同;

2)真空中的光速是一个常数,并不依赖于波源或观察者的运动.

即使面对反直觉的结论,爱因斯坦仍坚定不移的坚持两条基本假设,并意识到空间距离和时间间隔不是绝对的,而是依赖于观察者的相对运动.另外,空间和时间不是分离的,而是联系在一起共同形成了四维时空,并且四维时空间隔在所有惯性参考系中保持不变.

为了理解爱因斯坦的理论,参照图6.5中的两个笛卡儿参考系.如图中箭头所指的方向,表示带撇参考系以速度$\vec{v}$沿 x 轴正方向运动.利用传统的伽利略变换,某点的空间坐标(x,y,z)和时间坐标(t)在不带撇坐标系和带撇坐标系中的关系为

$$\begin{aligned}t'&=t,\\x'&=x-vt,\\y'&=y,\\z'&=z.\end{aligned}$$

因为带撇参考系只沿 x 轴方向运动[⊖].

爱因斯坦意识到狭义相对论的第二条假设(光速是一个常量)与上面的伽利略变换相矛盾,并且只有在不带撇坐标系和带撇坐标系之间使用不同于伽利略的变换时才能解决这对矛盾.该变换必须能保持

⊖ 这些方程成立的前提是 $t=0$ 时,两个坐标系的原点重合.

不同惯性参考系中时空间隔的不变性．但是究竟什么是时空间隔（也就是说，应该如何把空间项和时间项联系起来）？

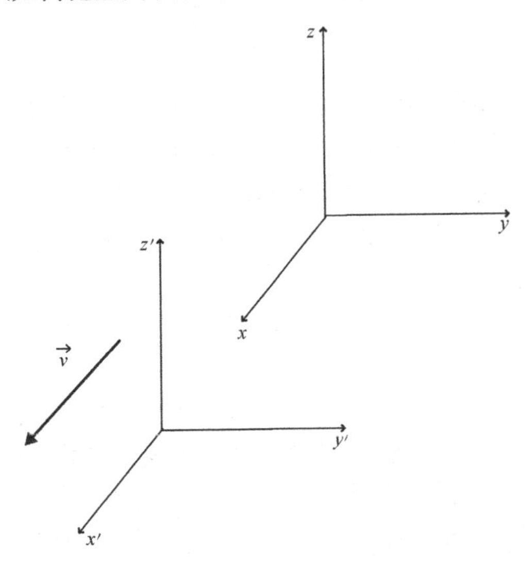

图 6.5　带撇参考系以速度$\vec{v}$沿 x 轴正方向运动

通过想象从某点向外发射球形光脉冲，可以帮助我们理解这个问题的答案．因为光的速度为 c，不带撇参考系中的观察者会发现在时间 t 内，光的波前传播的距离的平方是 $x^2+y^2+z^2=c\,t^2$. 同样，带撇参考系中的观察者也会发现$x'^2+y'^2+z'^2=c\,t'^2$. 但是根据狭义相对论的第二条假设，光速对于所有的观察者都必须相同，所以有

$$ct^2-x^2-y^2-z^2=ct'^2-x'^2-y'^2-z'^2,$$

这说明如果光速对所有观察者都相同，则时间项的符号与空间项的符号必须相反．当然，负号也可以附加在时间项前面（只要空间项为正即可），并且我们会发现使用本约定的一些文献．

将一个时间坐标和三个空间坐标组合成一个“四维矢量”最好用指标记法表示：

$$x_0=ct,$$
$$x_1=x,$$
$$x_2=y,$$

$$x_3 = z.$$

其中，时间项中的光速（c）确保所有的四个坐标都具有长度量纲．

利用这个概念，时空间隔（$\mathrm{d}s$）可以写成

$$(\mathrm{d}s)^2 = (\mathrm{d}x^0)^2 - (\mathrm{d}x^1)^2 - (\mathrm{d}x^2)^2 - (\mathrm{d}x^3)^2.$$

这个间隔与三维空间中的距离（$\mathrm{d}s^2 = \mathrm{d}x^2 + \mathrm{d}y^2 + \mathrm{d}z^2$）是等价的．

这种变换保持了惯性参考系中时空间隔的不变性，以荷兰物理学家亨德里克·洛伦兹的名字命名为"洛伦兹变换"．如果沿 x 轴正方向的运动速度为 v，洛伦兹变换为

$$x'_0 = \gamma(x_0 - \beta x_1),$$

$$x'_1 = \gamma(x_1 - \beta x_0),$$

$$x'_2 = x_2,$$

$$x'_3 = x_3.$$

其中，

$$\beta = \frac{|v|}{c},$$

而

$$\gamma = \frac{1}{\sqrt{1 - \frac{v^2}{c^2}}} = \frac{1}{\sqrt{1 - \beta^2}}.$$

这种形式的时空间隔可以用度规张量 $g_{\alpha\beta}$ 表示成

$$(\mathrm{d}s)^2 = g_{\alpha\beta}\mathrm{d}x^\alpha \mathrm{d}x^\beta,$$

其中，张量 $g_{\alpha\beta}$ 对应于平直时空的闵可夫斯基度规张量．矩阵形式为

$$\overrightarrow{\overrightarrow{g}} = \begin{pmatrix} 1 & 0 & 0 & 0 \\ 0 & -1 & 0 & 0 \\ 0 & 0 & -1 & 0 \\ 0 & 0 & 0 & -1 \end{pmatrix}$$

如果学过现代物理，可能还记得洛伦兹变换下时空间隔的不变性会使不同惯性参考系中的观察者得到一些有趣的结论，这些结论包括：

1）长度收缩：给定参考系中的观察者测量相对其运动的参考系中的长度时，长度沿运动方向会发生收缩；

2）时间膨胀：给定参考系中的观察者测量相对其运动的参考系中的时间时，时间会变慢；

3）同时的相对性：给定参考系中的观察者和相对其运动的参考系中的观察者观察两个事件是否同时发生时，其结论是不一致的.

以明显符合狭义相对论框架的形式书写物理定律有几点好处：这种“明显协变”定律在所有惯性参考系中具有相同的表达形式，并且涉及的物理量以可预测的方式在参考系之间变换. 任何电磁学的协变理论都必须包含一个实验事实，即电量是一个标量（在参考系之间保持不变），且麦克斯韦方程组和洛伦兹变换在所有惯性参考系中都是正确的. 这就需要电磁场方程的张量形式和洛伦兹变换的四维矢量形式，这可以通过将电荷密度ρ和电流密度$\vec{J}$表示为被称为“四维电流”的矢量来实现：

$$\vec{J}=(c\rho,J_x,J_y,J_z)$$

通过“四维电流”将电场和磁场分量组合成“电磁场张量”来实现麦克斯韦方程组的张量形式. 表示该张量逆变形式的矩阵是[⊖]

$$\boldsymbol{F}^{\alpha\beta}=\begin{pmatrix} 0 & -E_x/c & -E_y/c & -E_z/c \\ E_x/c & 0 & -B_z & B_y \\ E_y/c & B_z & 0 & -B_x \\ E_z/c & -B_y & B_x & 0 \end{pmatrix}, \tag{6.13}$$

协变形式张量可以通过使用度规张量降低指标来求解. 其结果是

$$\boldsymbol{F}_{\alpha\beta}=\begin{pmatrix} 0 & E_x/c & E_y/c & E_z/c \\ -E_x/c & 0 & -B_z & B_y \\ -E_y/c & B_z & 0 & -B_x \\ -E_z/c & -B_y & B_x & 0 \end{pmatrix} \tag{6.14}$$

⊖ 你应该意识到，矩阵的形式几乎和作者一样多；这本书的网站解释了几种流行教材中不同版本之间存在差异的原因.

另一种有用的张量是双逆变电磁场张量

$$\mathfrak{F}^{\alpha\beta}=\begin{pmatrix}0 & -B_x & -B_y & -B_z\\ B_x & 0 & E_z/c & -E_y/c\\ B_y & -E_z/c & 0 & E_x/c\\ B_z & E_y/c & -E_x/c & 0\end{pmatrix} \tag{6.15}$$

这些张量表达式有一个好处，麦克斯韦的所有方程式现在仅用两个张量方程就可以表示，这两个方程是：

$$\frac{\partial F^{\alpha\beta}}{\partial x^{\alpha}}=\mu_0{}^{J^{\beta}}, \tag{6.16}$$

和

$$\frac{\partial \mathfrak{F}^{\alpha\beta}}{\partial x^{\alpha}}=0. \tag{6.17}$$

这些表达式中麦克斯韦方程在哪里？方程（6.16）中取$\beta=0$就可以得到电场的高斯定理：

$$\frac{\partial F^{\alpha 0}}{\partial x^{\alpha}}=\mu_0 J^0.$$

将方程（6.13）中电磁场强度的张量值代入上式并对所有亚指标α求和得

$$\frac{\partial(0)}{\partial(ct)}+\frac{\partial(E_x/c)}{\partial x}+\frac{\partial(E_y/c)}{\partial y}+\frac{\partial(E_z/c)}{\partial z}=\mu_0(c\rho).$$

因此

$$\frac{\partial(E_x)}{\partial x}+\frac{\partial(E_y)}{\partial y}+\frac{\partial(E_z)}{\partial z}=\mu_0(c^2\rho),$$

又因为$c^2=1/(\varepsilon_0\mu_0)$，

$$\frac{\partial(E_x)}{\partial x}+\frac{\partial(E_y)}{\partial y}+\frac{\partial(E_z)}{\partial z}=\frac{\mu_0}{\varepsilon_0\mu_0}\rho,$$

或者

$$\vec{\nabla}\cdot\vec{E}=\frac{\rho}{\varepsilon_0},$$

这就是电场的高斯定理.

要想得到麦克斯韦－安培定理，设方程（6.16）中$\beta=1$，2和3

就可以得到：

$$\frac{\partial F^{\alpha 1}}{\partial x^{\alpha}}=\mu_0 J^1,$$

$$\frac{\partial F^{\alpha 2}}{\partial x^{\alpha}}=\mu_0 J^2,$$

$$\frac{\partial F^{\alpha 3}}{\partial x^{\alpha}}=\mu_0 J^3.$$

同上面一样，只需将方程（6.13）中电磁场强度的张量值代入并对所有亚指标 α 求和得：

$$\frac{\partial(-E_x/c)}{\partial(ct)}+\frac{\partial(0)}{\partial x}+\frac{\partial(B_z)}{\partial y}+\frac{\partial(-B_y)}{\partial z}=\mu_0(J_x),$$

$$\frac{\partial(-E_y/c)}{\partial(ct)}+\frac{\partial(-B_z)}{\partial x}+\frac{\partial(0)}{\partial y}+\frac{\partial(B_x)}{\partial z}=\mu_0(J_y),$$

$$\frac{\partial(-E_z/c)}{\partial(ct)}+\frac{\partial(B_y)}{\partial x}+\frac{\partial(-B_x)}{\partial y}+\frac{\partial(0)}{\partial z}=\mu_0(J_z).$$

因此

$$\frac{\partial(B_z)}{\partial y}-\frac{\partial(B_y)}{\partial z}=\mu_0(J_x)+\frac{1}{c^2}\frac{\partial(E_x)}{\partial t},$$

$$\frac{\partial(B_x)}{\partial z}-\frac{\partial(B_z)}{\partial x}=\mu_0(J_y)+\frac{1}{c^2}\frac{\partial(E_y)}{\partial t},$$

$$\frac{\partial(B_y)}{\partial x}-\frac{\partial(B_x)}{\partial y}=\mu_0(J_z)+\frac{1}{c^2}\frac{\partial(E_z)}{\partial t}.$$

认识到磁场的偏导数是 $\vec{B}$ 的旋度的分量，这就是

$$\vec{\nabla}\times\vec{B}=\mu_0\vec{J}+\mu_0\varepsilon_0\frac{\partial\vec{E}}{\partial t},$$

麦克斯韦 - 安培定理.

另外两个麦克斯韦方程（磁场的高斯定理和法拉第定律）可以通过双电磁场强度张量（方程 6.15）获得相似的形式. 例如，取方程（6.17）中 $\beta=0$ 就可以得到磁场的高斯定理：

$$\frac{\partial\mathfrak{F}^{\alpha 0}}{\partial x^{\alpha}}=0.$$

将方程（6.15）中电磁场强度的张量值代入并对所有亚指标 α 求和得：

$$\frac{\partial(0)}{\partial(ct)}+\frac{\partial(B_x)}{\partial x}+\frac{\partial(B_y)}{\partial y}+\frac{\partial(B_z)}{\partial z}=0,$$

即

$$\vec{\nabla}\cdot\vec{B}=0,$$

磁场的高斯定理.

要想得到法拉第定律，设方程（6.17）中 $\beta=1$，2 和 3 就可以得到：

$$\frac{\partial\mathfrak{F}^{\alpha 1}}{\partial x^{\alpha}}=0,$$

$$\frac{\partial\mathfrak{F}^{\alpha 2}}{\partial x^{\alpha}}=0,$$

$$\frac{\partial\mathfrak{F}^{\alpha 3}}{\partial x^{\alpha}}=0.$$

同前边一样，只需将方程（6.15）中电磁场强度张量的值代入并对所有亚指标 α 求和得：

$$\frac{\partial(-B_x)}{\partial(ct)}+\frac{\partial(0)}{\partial x}+\frac{\partial(-E_z/c)}{\partial y}+\frac{\partial(E_y/c)}{\partial z}=0,$$

$$\frac{\partial(-B_y)}{\partial(ct)}+\frac{\partial(E_z/c)}{\partial x}+\frac{\partial(0)}{\partial y}+\frac{\partial(-E_x/c)}{\partial z}=0,$$

$$\frac{\partial(-B_z)}{\partial(ct)}+\frac{\partial(-E_y/c)}{\partial x}+\frac{\partial(E_x/c)}{\partial y}+\frac{\partial(0)}{\partial z}=0.$$

因此

$$\frac{\partial(E_y)}{\partial z}-\frac{\partial(E_z)}{\partial y}=\frac{\partial(B_x)}{\partial t},$$

$$\frac{\partial(E_z)}{\partial x}-\frac{\partial(E_x)}{\partial z}=\frac{\partial(B_y)}{\partial t},$$

$$\frac{\partial(E_x)}{\partial y}-\frac{\partial(E_y)}{\partial x}=\frac{\partial(B_z)}{\partial t}.$$

认识到电场的偏导数是 $\vec{E}$ 的旋度的分量，这就是法拉第定律：

$$\vec{\nabla} \times \vec{E} = -\frac{\partial \vec{B}}{\partial t}.$$

因此，使用张量可以简写麦克斯韦方程组．但是张量表示的真正作用是当从不同的参考系观察时，帮助我们理解电场和磁场的行为．具体来说，就是当变换到运动参考系时，电场和磁场对观察者运动状态的依赖变得更加清晰．

为了了解它是如何产生的，设观察者在参考系中以恒定速度 v 沿 x 轴正方向运动．你可以通过把电磁场张量变换到观察者参考系中来研究电场和磁场的行为．

当沿 x 轴正方向以恒定速度 v 运动时，洛伦兹变换矩阵为

$$\boldsymbol{A} = \begin{pmatrix} \gamma & -\gamma\beta & 0 & 0 \\ -\gamma\beta & \gamma & 0 & 0 \\ 0 & 0 & 1 & 0 \\ 0 & 0 & 0 & 1 \end{pmatrix}. \tag{6.18}$$

因此变换到带撇坐标系，利用

$$\vec{\vec{F}}' = \boldsymbol{A}\vec{\vec{F}}\boldsymbol{A}^{\mathrm{T}},$$

即

$$\vec{\vec{F}}' = \begin{pmatrix} \gamma & -\gamma\beta & 0 & 0 \\ -\gamma\beta & \gamma & 0 & 0 \\ 0 & 0 & 1 & 0 \\ 0 & 0 & 0 & 1 \end{pmatrix} \begin{pmatrix} 0 & -E_x/c & -E_y/c & -E_z/c \\ E_x/c & 0 & -B_z & B_y \\ E_y/c & B_z & 0 & -B_x \\ E_z/c & -B_y & B_x & 0 \end{pmatrix} \times \begin{pmatrix} \gamma & -\gamma\beta & 0 & 0 \\ -\gamma\beta & \gamma & 0 & 0 \\ 0 & 0 & 1 & 0 \\ 0 & 0 & 0 & 1 \end{pmatrix},$$

将中心矩阵乘以右矩阵得到

$$\begin{pmatrix} (-E_x/c)(-\gamma\beta) & (-E_x/c)(\gamma) & -E_y/c & -E_z/c \\ (E_x/c)(\gamma) & (E_x/c)(-\gamma\beta) & -B_z & B_y \\ (E_y/c)(\gamma)+(B_z)(-\gamma\beta) & (E_y/c)(-\gamma\beta)+(B_z)(\gamma) & 0 & -B_x \\ (E_z/c)(\gamma)+(-B_y)(-\gamma\beta) & (E_z/c)(-\gamma\beta)+(B_y)(-\gamma) & B_x & 0 \end{pmatrix},$$

中心矩阵乘以左矩阵得到

$$\begin{pmatrix} (E_x/c)\gamma^2\beta-(E_x/c)\gamma^2\beta & -(E_x/c)\gamma^2+(E_x/c)\gamma^2\beta^2 & -(E_y/c)\gamma+(B_z)\gamma\beta & -(E_z/c)\gamma-(B_y)\gamma\beta \\ (E_x/c)\gamma^2-(E_x/c)\gamma^2\beta^2 & 0 & (E_y/c)\gamma\beta-(B_z)\gamma & (E_z/c)\gamma\beta+(B_y)\gamma \\ (E_y/c)\gamma-(B_z)\gamma\beta & -(E_y/c)\gamma\beta+(B_z)\gamma & 0 & -B_x \\ (E_z/c)\gamma+(B_y)\gamma\beta & -(E_z/c)\gamma\beta-(B_y)\gamma & B_x & 0 \end{pmatrix}.$$

因此

$$\vec{F}'=\begin{pmatrix} 0 & -E_x/c & \gamma(E_y/c-\beta B_z) & -\gamma(E_z/c+\beta B_y) \\ E_x/c & 0 & -\gamma(B_z-\beta E_y/c) & \gamma(B_y+\beta E_z/c) \\ \gamma(E_y/c-\beta B_z) & \gamma(B_z-\beta E_y/c) & 0 & -B_x \\ \gamma(E_z/c+\beta B_y) & -\gamma(B_y+\beta E_z/c) & B_x & 0 \end{pmatrix}.$$

与方程（6.13）相比较，新（带撇）坐标系中电场分量与原始（不带撇）坐标系中电场分量的关系为

$$\begin{aligned} E'_x &= E_x, \\ E'_y &= c\gamma(E_y/c-\beta B_z), \\ E'_z &= c\gamma(E_z/c+\beta B_y). \end{aligned} \tag{6.19}$$

新（带撇）坐标系中磁场分量与原始（不带撇）坐标系中磁场分量的关系为

$$\begin{aligned} B'_x &= B_x, \\ B'_y &= \gamma(B_y+\beta E_z/c), \\ B'_z &= \gamma(B_z-\beta E_y/c). \end{aligned} \tag{6.20}$$

这个结果意义深远，因为它表明电场和磁场的存在依赖于观察者的运动.

为了理解这个结果的含义，考虑 $E_x=E_y=E_z=0$，但一个或一个以上 $\vec{B}$ 的分量不为零（例如当长直导线载有稳恒电流时）的情况. 这意味着不带撇参考系中的观察者能观察到磁场，但没有电场. 然而，换到带撇参考系中看，方程（6.19）和方程（6.20）说明，在该参考系中观察者既可以看到电场也可以看到磁场（因为此时 $E'_y=-c\gamma\beta B_z$，$E'_z=-c\gamma\beta B_y$）. 那么磁场是否存在呢？其答案取决于观察者的运动.

现在，考虑 $B_x=B_y=B_z=0$，但一个或一个以上 $\vec{E}$ 的分量不为零

(例如不带撇参考系中的电荷静止时)的情况．这种情况下，带撇参考系中观察者看到分量为$B'_y = -\gamma\beta E_z/c$ 和$B'_z = -\gamma\beta E_y/c$ 的磁场（这是合理的，因为带撇参考系中的观察者看到电荷是运动的，运动电荷是电流，电流会激发磁场）．这些实例解释了电场和磁场“不会单独存在”的本质原因．

本章课后习题将使您了解到静止观察者和以可与光速相比拟的速度运动的观察者观察到的场强的相对性．

6.3 黎曼曲率张量

自 1905 年发表狭义相对论后的十年里，爱因斯坦一直致力于经典力学“缺陷”的研究：对惯性质量和引力质量精确相等缺乏理论解释．物体的惯性质量决定了它对加速度的抵抗力，而引力质量决定了它对引力场的响应．经典力学解释不了这两种不同定义的质量相等，爱因斯坦科学的直觉告诉他，解决这种缺陷的办法就是将他的相对性原理拓展到非惯性参考系[㊀]．他将“广义”这个概念应用于拓展了的相对论，因为这个新理论不会局限于狭义相对论的惯性参考系．

爱因斯坦在研究广义相对论的早期，构建了一个思维实验（也就是一种精神思考)。在实验中，他设想有一组质量不同的物体，它们远离地球和其他所有物体——你可以认为它们是一堆遥远的宇宙岩石．现在从两个参考系中观察这些物体的行为，其中一个是 K 系，即相对于宇宙岩石是惯性系或非加速系，另一个是 K'系，相对于第一个参考系做匀加速运动．对于 K'系的观察者来说，所有这些物体的加速度方向（与 K'系加速度的方向相反）和大小（等于 K'系加速度的大小）都相同．看到所有物体的加速度都具有相同的方向和大小，观察者完全有理由得出这样的结论：物体的加速度是由外部引力场产生的，而 K'系是静止的．爱因斯坦认识到 K 系和 K'系都是有效的参考系，他称这种系统的完全等价为“等效原理”．

爱因斯坦的下一步工作是将 K'系的 z' 轴和 K 系的 z 轴重合，然后

㊀ 阿尔伯特·爱因斯坦，《相对论的意义》．

使K'系绕z'轴匀角速转动（回想一下，旋转的物体具有向心加速度，因此旋转的K'系为加速系）．如果K'系没有转动，则在K系和K'系测量的物体的尺寸和时间流逝的速率是相同的．但是当K'系转动时，静止于K'系的物体在K系中测量时是运动的，因此将会出现长度收缩和时间膨胀，收缩和膨胀量取决于物体的位置（因为物体离转轴越远速率越大）．因为等效原理要求一个加速参考系和一个静止于引力场中的参考系是等效的，爱因斯坦被迫得出这样的结论：长度收缩和时间膨胀同样可以由引力产生，或者如他所说“引力场影响甚至决定了时空连续性的度量规律”．

这些度量规律用张量来表示，因此广义相对论的描述依赖于物理定律的张量公式和前面章节中描述的概念，例如度规张量、克里斯托费尔符号和协变导数．广义相对论中最重要的张量是黎曼曲率张量，19世纪德国数学家波恩哈德·黎曼和埃尔温·布鲁诺·克里斯托费尔之后，有时候也被称为黎曼－克里斯托费尔张量．这个张量的重要性源自于非零分量是曲率的标志，黎曼张量为零是欧几里得（平直）空间的充分必要条件．

大多数文献中用两种方法之一来导出黎曼张量：平移或求协变导数对易子．为了理解平移方法，首先应该理解“平移”是指在矢量保持大小和方向不变的情况下，在空间内移动矢量的方法．在笛卡儿平直空间中，保持矢量的大小和方向不变非常简单——只要使矢量在移动过程中保持x，y，z分量不变即可．如果分量不变，矢量的大小和方向就不会发生变化，就会满足平移的要求．

在弯曲的空间中，情况会变得比较复杂．首先，指向同一个方向很难定义，考虑地球表面的二维空间（暂且假设它是完全平滑的）．假设一个矢量最初位于赤道（如厄瓜多尔的基多靠北一点），它指向正北，直接沿着子午线．现在想象一下，把这个矢量移到北极，同时确保它精确地指向子午线．记住，这个空间是地球表面，所以矢量移动时必须保持与地面相切（也就是说，局部水平）．如果矢量继续沿着子午线移动，穿过北极，然后向下移到地球的另一侧，最终在靠近印度尼西亚中部的某个地方再次到达赤道．矢量仍将沿着子午线指向，但是现在它将指向南方. 因此，尽管在整个旅程中矢量指向“同一个方向”（即沿着子午线的方向），但是它却从指向北方变成指向南方.

现在想象矢量移动的另外一种情况，也是指向北方的矢量从赤道基多附近开始移动，但是这次是沿着赤道而不是北极移动. 仍然确保矢量移动时方向始终指向北方（沿着当地子午线），当到达印度尼西亚中部时，我们会发现矢量仍然指向北方. 因此，即使在两种情况下都是平移，但矢量的最终方向却取决于所走过的路径. 无论何时，只要矢量平移导致其方向发生了改变，就可以确定我们正处在一个弯曲的空间中.

这引发了一个更大的问题：不可能对不同位置的矢量进行加、减、乘或者任何其他方式的比较——在进行此类操作之前必须将一个矢量移到另一个矢量的位置. 这在平直空间没有问题，因为可以把矢量从一个地方平移到任何其他位置，只要保持其系数不变即可（确保矢量的大小是常量，方向始终指向同一个方向）. 虽然“始终指向同一个方向”在平直空间中的不同位置很好定义，但是在弯曲空间这个说法是有问题的，因此平移需要一个更一般的定义.

在这个定义中，“平移”被定义为协变导数为零的移动. 记住，协变导数包括两部分，一部分是通常的偏导数，另一部分中包含克里斯托费尔符号. 如第 5 章第 5.7 节所述，第二项的目的是解释基矢量的变化. 保持协变导数等于零，同时沿着一个小环路移动矢量是导出黎曼张量的另一种方法[⊖].

黎曼曲率张量完全可以由矢量协变导数的对易子推导出来. 这里“对易子”是指两个算符交换作用顺序的差. 按照定义，如果有两个算符 A 和 B，则这两个算符的对易子为 $[AB] = AB - BA$. 因此，如果两个算子交换作用顺序对作用结果没有影响，则对易子的值等于零.

为了得到黎曼张量，我们选择的算子是矢量的协变微分. 这是因为在平直空间中，协变求导的顺序对结果没有影响，所以其对易子为

⊖ 可以在舒茨的《广义相对论基础教程》中找到相关细节，剑桥大学出版社，2009 年.

零．协变导数对易子的任何非零结果都是由空间弯曲产生的．

下面开始推导过程，首先将矢量 V_α 对坐标 x^β 求协变导数：

$$V_{\alpha;\beta}=\frac{\partial V_\alpha}{\partial x^\beta}-\Gamma^\sigma_{\alpha\beta}V_\sigma. \tag{6.21}$$

结果用$V_{\alpha\beta}$表示，将其对坐标 x^γ 再求一次协变导数：

$$V_{\alpha\beta;\gamma}=\frac{\partial V_{\alpha\beta}}{\partial x^\gamma}-\Gamma^\tau_{\alpha\gamma}V_{\tau\beta}-\Gamma^\eta_{\beta\gamma}V_{\alpha\eta}. \tag{6.22}$$

把方程（6.21）中$V_{\alpha\beta}$的表达式代入上面方程，则

$$\begin{aligned}V_{\alpha\beta;\gamma}=&\frac{\partial^2 V_\alpha}{\partial x^\gamma\partial x^\beta}-\frac{\partial\Gamma^\sigma_{\alpha\beta}}{\partial x^\gamma}V_\sigma-\Gamma^\sigma_{\alpha\beta}\frac{\partial V_\sigma}{\partial x^\gamma}\\&-\Gamma^\tau_{\alpha\gamma}\left(\frac{\partial V_\tau}{\partial x^\beta}-\Gamma^\sigma_{\tau\beta}V_\sigma\right)\\&-\Gamma^\eta_{\beta\gamma}\left(\frac{\partial V_\alpha}{\partial x^\eta}-\Gamma^\sigma_{\alpha\eta}V_\sigma\right).\end{aligned} \tag{6.23}$$

这个表达式物理意义不明确，但是请记住是怎么推导到这一步的：首先求出当沿着 x^β方向迈出一小步时引起的 V_α 增量的变化 $V_{\alpha\beta}$，然后再求出当沿着 x^γ 方向迈出一小步时，$V_{\alpha\beta}$增量的变化．现在，将两步求导顺序反过来并与之前的结果进行对比（假设起点相同），你首先会求出当沿着 x^γ 方向迈出一小步时引起的 V_α 增量的变化 $V_{\alpha\gamma}$，然后再求出当沿着 x^β 方向迈出一小步时，$V_{\alpha\gamma}$增量的变化．

反序求协变导数，首先对 x^γ进行求导：

$$V_{\alpha;\gamma}=\frac{\partial V_\alpha}{\partial x^\gamma}-\Gamma^\sigma_{\alpha\gamma}V_\sigma. \tag{6.24}$$

结果用 $V_{\alpha\gamma}$表示，将其对坐标 x^β 再求一次协变导数：

$$V_{\alpha\gamma;\beta}=\frac{\partial V_{\alpha\gamma}}{\partial x^\beta}-\Gamma^\tau_{\alpha\beta}V_{\tau\gamma}-\Gamma^\eta_{\gamma\beta}V_{\alpha\eta}. \tag{6.25}$$

跟之前一样，将方程（6.24）中 $V_{\alpha\gamma}$的表达式代入上面方程得到

$$V_{\alpha\gamma;\beta}=\frac{\partial^2 V_\alpha}{\partial x^\beta\partial x^\gamma}-\frac{\partial\Gamma^\sigma_{\alpha\gamma}}{\partial x^\beta}V_\sigma-\Gamma^\alpha_{\alpha\gamma}\frac{\partial V_\sigma}{\partial x^\beta}$$

$$-\Gamma^{\tau}_{\alpha\beta}\left(\frac{\partial V_{\tau}}{\partial x^{\gamma}}-\Gamma^{\sigma}_{\tau\gamma}V_{\sigma}\right)$$

$$-\Gamma^{\eta}_{\gamma\beta}\left(\frac{\partial V_{\alpha}}{\partial x^{\eta}}-\Gamma^{\sigma}_{\alpha\eta}V_{\sigma}\right). \tag{6.26}$$

在平直空间中，协变求导的顺序对结果没有影响，所以方程（6.26）应该等于方程（6.23）．这两个方程之间的任何差异都可以归咎于空间的弯曲．逐项对比这两个方程，第一项相等：

$$\frac{\partial^2 V_{\alpha}}{\partial x^{\gamma}\partial x^{\beta}}=\frac{\partial^2 V_{\alpha}}{\partial x^{\beta}\partial x^{\gamma}},$$

这些项相等是因为正常的偏导数与次序无关，因此对易子中这些项相互抵消．现在对比第二项

$$-\frac{\partial\Gamma^{\sigma}_{\alpha\beta}}{\partial x^{\gamma}}V_{\sigma}\neq-\frac{\partial\Gamma^{\sigma}_{\alpha\gamma}}{\partial x^{\beta}}V_{\sigma},$$

因此这些项不能相互抵消．对比方程（6.23）的第三项和方程（6.26）的第四项，它们是相等的：

$$-\Gamma^{\sigma}_{\alpha\beta}\frac{\partial V_{\sigma}}{\partial x^{\gamma}}=-\Gamma^{\tau}_{\alpha\beta}\frac{\partial V_{\tau}}{\partial x^{\gamma}}.$$

因为哑指标（σ 和 τ）与所用符号无关．方程（6.23）的第四项和方程（6.26）的第三项也相等：

$$-\Gamma^{\tau}_{\alpha\gamma}\frac{\partial V_{\tau}}{\partial x^{\beta}}=-\Gamma^{\sigma}_{\alpha\gamma}\frac{\partial V_{\sigma}}{\partial x^{\beta}}.$$

原因同上面一样．第五项不相等：

$$\Gamma^{\tau}_{\alpha\gamma}\Gamma^{\sigma}_{\tau\beta}V_{\sigma}\neq\Gamma^{\tau}_{\alpha\beta}\Gamma^{\sigma}_{\tau\gamma}V_{\sigma}.$$

但是第六项相等：

$$-\Gamma^{\eta}_{\beta\gamma}\frac{\partial V_{\alpha}}{\partial x^{\eta}}=-\Gamma^{\eta}_{\gamma\beta}\frac{\partial V_{\alpha}}{\partial x^{\eta}}.$$

因为克里斯托费尔符号的下指标具有对称性．同理第七项也相等：

$$\Gamma^{\eta}_{\beta\gamma}\Gamma^{\sigma}_{\alpha\eta}V_{\sigma}=\Gamma^{\eta}_{\gamma\beta}\Gamma^{\sigma}_{\alpha\eta}V_{\sigma}.$$

因此，在生成的对易子 AB－BA 中，大多数项相互抵消为零，只有第二项和第五项相减后不为零．这些项是

$$V_{\alpha\beta;\gamma}-V_{\alpha\gamma;\beta}=-\frac{\partial\Gamma^{\sigma}_{\alpha\beta}}{\partial x^{\gamma}}V_{\sigma}+\frac{\partial\Gamma^{\sigma}_{\alpha\gamma}}{\partial x^{\beta}}V_{\sigma}+\Gamma^{\tau}_{\alpha\gamma}\Gamma^{\sigma}_{\tau\beta}V_{\sigma}-\Gamma^{\tau}_{\alpha\beta}\Gamma^{\sigma}_{\tau\gamma}V_{\sigma}$$

$$=\left(\frac{\partial\Gamma^{\sigma}_{\alpha\gamma}}{\partial x^{\beta}}-\frac{\partial\Gamma^{\sigma}_{\alpha\beta}}{\partial x^{\gamma}}+\Gamma^{\tau}_{\alpha\gamma}\Gamma^{\sigma}_{\tau\beta}-\Gamma^{\tau}_{\alpha\beta}\Gamma^{\sigma}_{\tau\gamma}\right)V_{\sigma}.\qquad(6.27)$$

括号里面的项定义了黎曼曲率张量：

$$R^{\sigma}_{\alpha\beta\gamma}\equiv\frac{\partial\Gamma^{\sigma}_{\alpha\gamma}}{\partial x^{\beta}}-\frac{\partial\Gamma^{\sigma}_{\alpha\beta}}{\partial x^{\gamma}}+\Gamma^{\tau}_{\alpha\gamma}\Gamma^{\sigma}_{\tau\beta}-\Gamma^{\tau}_{\alpha\beta}\Gamma^{\sigma}_{\tau\gamma}.\qquad(6.28)$$

如果你想知道为什么曲率张量中包括克里斯托费尔符号的导数，不妨这样考虑：在任何空间中，你总可以定义一个坐标系，该坐标系中总有一些点的克里斯托费尔符号全部为零．但是只要空间不是平直空间，克里斯托费尔符号就不可能在所有地方都等于零，也就是说克里斯托费尔符号的偏导数必不为零．因此平直空间的充分必要条件是

$$R^{\sigma}_{\alpha\beta\gamma}=0.\qquad(6.29)$$

另外一个和黎曼曲率张量相关的张量是里奇张量，它可以通过对指标 σ 和指标 β 进行缩并获得．对于四维情况，就是

$$R_{\alpha\gamma}\equiv R^{\sigma}_{\alpha\sigma\gamma}=R^{1}_{\alpha1\gamma}+R^{2}_{\alpha2\gamma}+R^{3}_{\alpha3\gamma}+R^{4}_{\alpha4\gamma}.\qquad(6.30)$$

如果上升里奇张量一个指标并使其和另一个指标相等，缩并结果就是里奇标量．对于四维情况，就是

$$R\equiv g^{\alpha\gamma}R_{\alpha\gamma}=R^{\gamma}_{\gamma}=R^{1}_{1}+R^{2}_{2}+R^{3}_{3}+R^{4}_{4}.\qquad(6.31)$$

最后，被称为“爱因斯坦张量”的张量可以表示为里奇张量、里奇标量和度规张量的组合：

$$G_{\alpha\gamma}\equiv R_{\alpha\gamma}-\frac{1}{2}Rg_{\alpha\gamma}.\qquad(6.32)$$

这就是广义相对论里爱因斯坦场方程中出现的张量，经常被写成

$$G_{\mu v}+\Gamma g_{\mu v}=\frac{8\pi G}{c^{4}}T_{\mu v}.\qquad(6.33)$$

其中，$T_{\mu v}$是能量 - 动量张量；Γ 是爱因斯坦为了维持静止宇宙而引入的“宇宙常数”．正是这个方程产生了广义相对论简明表述的前半部分：“物质告诉时空怎么弯曲，时空告诉物质怎么运动．”

为了理解黎曼张量的全部内容，考虑一个二维空间，即二维球面．该空间的度规标准是

$$ds^2 = a^2 d\theta^2 + a^2 \sin^2(\theta) d\phi^2.$$

从这个表达式可以看出度规张量的分量为

$$\begin{aligned} g_{\theta\theta} &= a^2, \\ g_{\theta\phi} &= g_{\phi\theta} = 0, \\ g_{\phi\phi} &= a^2 \sin^2(\theta). \end{aligned} \tag{6.34}$$

把这些值插入克里斯托费尔符号方程中，得到

$$\Gamma_{ij}^{l} = \frac{1}{2} g^{kl} \left[\frac{\partial g_{ik}}{\partial x^j} + \frac{\partial g_{jk}}{\partial x^i} - \frac{\partial g_{ij}}{\partial x^k} \right].$$

即使在二维空间中，写出克里斯托费尔符号的全部分量也不是那么容易：

$$\Gamma_{\theta\theta}^{\theta} = \frac{1}{2}\left[g^{\theta\theta}\frac{\partial g_{\theta\theta}}{\partial\theta} + g^{\phi\theta}\frac{\partial g_{\theta\phi}}{\partial\theta} + g^{\theta\theta}\frac{\partial g_{\theta\theta}}{\partial\theta} + g^{\phi\theta}\frac{\partial g_{\theta\phi}}{\partial\theta} - g^{\theta\theta}\frac{\partial g_{\theta\theta}}{\partial\theta} - g^{\phi\theta}\frac{\partial g_{\theta\theta}}{\partial\phi} \right],$$

$$\Gamma_{\theta\phi}^{\theta} = \frac{1}{2}\left[g^{\theta\theta}\frac{\partial g_{\theta\theta}}{\partial\phi} + g^{\phi\theta}\frac{\partial g_{\theta\phi}}{\partial\phi} + g^{\theta\theta}\frac{\partial g_{\phi\theta}}{\partial\theta} + g^{\phi\theta}\frac{\partial g_{\phi\phi}}{\partial\theta} - g^{\theta\theta}\frac{\partial g_{\theta\phi}}{\partial\theta} - g^{\phi\theta}\frac{\partial g_{\theta\phi}}{\partial\phi} \right],$$

$$\Gamma_{\phi\theta}^{\theta} = \frac{1}{2}\left[g^{\theta\theta}\frac{\partial g_{\phi\theta}}{\partial\theta} + g^{\phi\theta}\frac{\partial g_{\phi\phi}}{\partial\theta} + g^{\theta\theta}\frac{\partial g_{\theta\theta}}{\partial\phi} + g^{\phi\theta}\frac{\partial g_{\theta\phi}}{\partial\phi} - g^{\theta\theta}\frac{\partial g_{\phi\theta}}{\partial\theta} - g^{\phi\theta}\frac{\partial g_{\phi\theta}}{\partial\phi} \right],$$

$$\Gamma_{\theta\theta}^{\phi} = \frac{1}{2}\left[g^{\theta\phi}\frac{\partial g_{\theta\theta}}{\partial\theta} + g^{\phi\phi}\frac{\partial g_{\theta\phi}}{\partial\theta} + g^{\theta\phi}\frac{\partial g_{\theta\theta}}{\partial\theta} + g^{\phi\phi}\frac{\partial g_{\theta\phi}}{\partial\theta} - g^{\theta\phi}\frac{\partial g_{\theta\theta}}{\partial\theta} - g^{\phi\phi}\frac{\partial g_{\theta\theta}}{\partial\phi} \right],$$

$$\Gamma_{\theta\phi}^{\phi} = \frac{1}{2}\left[g^{\theta\phi}\frac{\partial g_{\theta\theta}}{\partial\phi} + g^{\phi\phi}\frac{\partial g_{\theta\phi}}{\partial\phi} + g^{\theta\phi}\frac{\partial g_{\phi\theta}}{\partial\theta} + g^{\phi\phi}\frac{\partial g_{\phi\phi}}{\partial\theta} - g^{\theta\phi}\frac{\partial g_{\theta\phi}}{\partial\theta} - g^{\phi\phi}\frac{\partial g_{\theta\phi}}{\partial\phi} \right],$$

$$\Gamma_{\phi\theta}^{\phi} = \frac{1}{2}\left[g^{\theta\phi}\frac{\partial g_{\phi\theta}}{\partial\theta} + g^{\phi\phi}\frac{\partial g_{\phi\phi}}{\partial\theta} + g^{\theta\phi}\frac{\partial g_{\theta\theta}}{\partial\phi} + g^{\phi\phi}\frac{\partial g_{\theta\phi}}{\partial\phi} - g^{\theta\phi}\frac{\partial g_{\phi\theta}}{\partial\theta} - g^{\phi\phi}\frac{\partial g_{\phi\theta}}{\partial\phi} \right],$$

$$\Gamma_{\phi\phi}^{\theta} = \frac{1}{2}\left[g^{\theta\theta}\frac{\partial g_{\phi\theta}}{\partial\phi} + g^{\phi\theta}\frac{\partial g_{\phi\phi}}{\partial\phi} + g^{\theta\theta}\frac{\partial g_{\phi\theta}}{\partial\phi} + g^{\phi\theta}\frac{\partial g_{\phi\phi}}{\partial\phi} - g^{\theta\theta}\frac{\partial g_{\phi\phi}}{\partial\theta} - g^{\phi\theta}\frac{\partial g_{\phi\phi}}{\partial\phi} \right],$$

$$\Gamma_{\phi\phi}^{\phi} = \frac{1}{2}\left[g^{\theta\phi}\frac{\partial g_{\phi\theta}}{\partial\phi} + g^{\phi\phi}\frac{\partial g_{\phi\phi}}{\partial\phi} + g^{\theta\phi}\frac{\partial g_{\phi\theta}}{\partial\phi} + g^{\phi\phi}\frac{\partial g_{\phi\phi}}{\partial\phi} - g^{\theta\phi}\frac{\partial g_{\phi\phi}}{\partial\theta} - g^{\phi\phi}\frac{\partial g_{\phi\phi}}{\partial\phi} \right].$$

但是考虑到方程（6.34）中所示的度规张量，除了包含$\frac{\partial g_{\phi\phi}}{\partial\theta}$的项外其他项都为零，任何包含 $g_{\theta\phi}$ 和 $g_{\phi\theta}$ 的项也为零．这样只剩下三项非零的克里斯托费尔符号，即

$$\Gamma^{\phi}_{\theta\phi} = \left(\frac{1}{2}\right) g^{\phi\phi} \frac{\partial g_{\phi\phi}}{\partial \theta}$$

$$= \left(\frac{1}{2}\right) \frac{1}{a^2 \sin^2(\theta)} [2a^2 \sin(\theta)\cos(\theta)] = \frac{\cos(\theta)}{\sin(\theta)} = \cot(\theta),$$

$$\Gamma^{\phi}_{\phi\theta} = \left(\frac{1}{2}\right) g^{\phi\phi} \frac{\partial g_{\phi\phi}}{\partial \theta}$$

$$= \cot(\theta)$$

$$\Gamma^{\theta}_{\phi\phi} = \left(\frac{1}{2}\right) - g^{\theta\theta} \frac{\partial g_{\phi\phi}}{\partial \theta}$$

$$= -\left(\frac{1}{2}\right) \frac{1}{a^2} [2a^2 \sin(\theta)\cos(\theta)] = -\sin(\theta)\cot(\theta),$$

根据球面的克里斯托费尔符号，黎曼曲率张量的分量可以表示为

$$R^{\sigma}_{\alpha\beta\gamma} \equiv \frac{\partial \Gamma^{\sigma}_{\alpha\gamma}}{\partial x^{\beta}} - \frac{\partial \Gamma^{\sigma}_{\alpha\beta}}{\partial x^{\gamma}} + \Gamma^{\tau}_{\alpha\gamma}\Gamma^{\sigma}_{\tau\beta} - \Gamma^{\tau}_{\alpha\beta}\Gamma^{\sigma}_{\tau\gamma}.$$

跟大多数张量一样，只有写出张量的分量才能理解该张量的全部内容．现在不仅每一个指标 σ、α、β 和 γ 都必须表示 θ 和 ϕ，哑指标 τ 也必须表示 θ 和 ϕ，然后求和．因此在二维空间中，黎曼张量方程中最后两项（包含克里斯托费尔符号乘积的项）变为四项，因此，每一个分量包括六项．黎曼张量的前八个分量可以通过设 σ 等于 θ，其他指标表示 θ 和 ϕ 来求得：

$$R^{\theta}_{\theta\theta\theta} = \frac{\partial \Gamma^{\theta}_{\theta\theta}}{\partial \theta} - \frac{\partial \Gamma^{\theta}_{\theta\theta}}{\partial \theta} + \Gamma^{\theta}_{\theta\theta}\Gamma^{\theta}_{\theta\theta} + \Gamma^{\phi}_{\theta\theta}\Gamma^{\theta}_{\phi\theta} - \Gamma^{\theta}_{\theta\theta}\Gamma^{\theta}_{\theta\theta} - \Gamma^{\phi}_{\theta\theta}\Gamma^{\theta}_{\phi\theta},$$

$$R^{\theta}_{\theta\theta\phi} = \frac{\partial \Gamma^{\theta}_{\theta\phi}}{\partial \theta} - \frac{\partial \Gamma^{\theta}_{\theta\theta}}{\partial \phi} + \Gamma^{\theta}_{\theta\phi}\Gamma^{\theta}_{\theta\theta} + \Gamma^{\phi}_{\theta\phi}\Gamma^{\theta}_{\phi\theta} - \Gamma^{\theta}_{\theta\theta}\Gamma^{\theta}_{\theta\phi} - \Gamma^{\phi}_{\theta\theta}\Gamma^{\theta}_{\phi\phi},$$

$$R^{\theta}_{\theta\phi\theta} = \frac{\partial \Gamma^{\theta}_{\theta\theta}}{\partial \phi} - \frac{\partial \Gamma^{\theta}_{\theta\phi}}{\partial \theta} + \Gamma^{\theta}_{\theta\theta}\Gamma^{\theta}_{\theta\phi} + \Gamma^{\phi}_{\theta\theta}\Gamma^{\theta}_{\phi\phi} - \Gamma^{\theta}_{\theta\phi}\Gamma^{\theta}_{\theta\theta} - \Gamma^{\phi}_{\theta\phi}\Gamma^{\theta}_{\phi\theta},$$

$$R^{\theta}_{\phi\theta\theta} = \frac{\partial \Gamma^{\theta}_{\phi\theta}}{\partial \theta} - \frac{\partial \Gamma^{\theta}_{\phi\theta}}{\partial \phi} + \Gamma^{\theta}_{\phi\theta}\Gamma^{\theta}_{\theta\theta} + \Gamma^{\phi}_{\phi\theta}\Gamma^{\theta}_{\phi\theta} - \Gamma^{\theta}_{\phi\theta}\Gamma^{\theta}_{\theta\theta} - \Gamma^{\phi}_{\phi\theta}\Gamma^{\theta}_{\phi\theta},$$

$$R^{\theta}_{\theta\phi\phi} = \frac{\partial \Gamma^{\theta}_{\theta\phi}}{\partial \phi} - \frac{\partial \Gamma^{\theta}_{\theta\phi}}{\partial \phi} + \Gamma^{\theta}_{\theta\phi}\Gamma^{\theta}_{\theta\phi} + \Gamma^{\phi}_{\theta\phi}\Gamma^{\theta}_{\phi\phi} - \Gamma^{\theta}_{\theta\phi}\Gamma^{\theta}_{\theta\phi} - \Gamma^{\phi}_{\theta\phi}\Gamma^{\theta}_{\phi\phi},$$

$$R^{\theta}_{\phi\theta\phi} = \frac{\partial \Gamma^{\theta}_{\phi\phi}}{\partial \theta} - \frac{\partial \Gamma^{\theta}_{\phi\theta}}{\partial \phi} + \Gamma^{\theta}_{\phi\phi}\Gamma^{\theta}_{\theta\theta} + \Gamma^{\phi}_{\phi\phi}\Gamma^{\theta}_{\phi\theta} - \Gamma^{\theta}_{\phi\theta}\Gamma^{\theta}_{\theta\phi} - \Gamma^{\phi}_{\phi\theta}\Gamma^{\theta}_{\phi\phi},$$

$$R^{\theta}_{\phi\phi\theta}=\frac{\partial\Gamma^{\theta}_{\phi\theta}}{\partial\phi}-\frac{\partial\Gamma^{\theta}_{\phi\phi}}{\partial\theta}+\Gamma^{\theta}_{\phi\theta}\Gamma^{\theta}_{\theta\phi}+\Gamma^{\phi}_{\phi\theta}\Gamma^{\theta}_{\phi\phi}-\Gamma^{\theta}_{\phi\phi}\Gamma^{\theta}_{\theta\theta}-\Gamma^{\phi}_{\phi\phi}\Gamma^{\theta}_{\phi\theta},$$

$$R^{\theta}_{\phi\phi\phi}=\frac{\partial\Gamma^{\theta}_{\phi\phi}}{\partial\phi}-\frac{\partial\Gamma^{\theta}_{\phi\phi}}{\partial\phi}+\Gamma^{\theta}_{\phi\phi}\Gamma^{\theta}_{\theta\phi}+\Gamma^{\phi}_{\phi\phi}\Gamma^{\theta}_{\phi\phi}-\Gamma^{\theta}_{\phi\phi}\Gamma^{\theta}_{\theta\phi}-\Gamma^{\phi}_{\phi\phi}\Gamma^{\theta}_{\phi\phi}.$$

把克里斯托费尔符号代入上面方程中，可以得到非零分量为

$$R^{\theta}_{\phi\theta\phi}=\frac{\partial\Gamma^{\theta}_{\phi\phi}}{\partial\theta}-\Gamma^{\phi}_{\phi\theta}\Gamma^{\theta}_{\phi\phi},$$

$$R^{\theta}_{\phi\phi\theta}=-\frac{\partial\Gamma^{\theta}_{\phi\phi}}{\partial\theta}+\Gamma^{\phi}_{\phi\theta}\Gamma^{\theta}_{\phi\phi}.$$

因此

$$\frac{\partial\Gamma^{\theta}_{\phi\phi}}{\partial\theta}=\sin^2(\theta)-\cos^2(\theta),$$

且

$$\Gamma^{\phi}_{\phi\theta}\Gamma^{\theta}_{\phi\phi}=-\cos^2(\theta),$$

这意味着在 $\sigma=\theta$ 条件下保留下来的项是

$$R^{\theta}_{\phi\theta\phi}=[\sin^2(\theta)-\cos^2(\theta)]-[-\cos^2(\theta)]=\sin^2(\theta),$$

$$R^{\theta}_{\phi\phi\theta}=-[\sin^2(\theta)-\cos^2(\theta)]+[-\cos^2(\theta)]=-\sin^2(\theta).$$

现在设 $\sigma=\phi$，另外八项是

$$R^{\phi}_{\theta\theta\theta}=\frac{\partial\Gamma^{\phi}_{\theta\theta}}{\partial\theta}-\frac{\partial\Gamma^{\phi}_{\theta\theta}}{\partial\theta}+\Gamma^{\theta}_{\theta\theta}\Gamma^{\phi}_{\theta\theta}+\Gamma^{\phi}_{\theta\theta}\Gamma^{\phi}_{\phi\theta}-\Gamma^{\theta}_{\theta\theta}\Gamma^{\phi}_{\theta\theta}-\Gamma^{\phi}_{\theta\theta}\Gamma^{\phi}_{\phi\theta},$$

$$R^{\phi}_{\theta\theta\phi}=\frac{\partial\Gamma^{\phi}_{\theta\phi}}{\partial\theta}-\frac{\partial\Gamma^{\phi}_{\theta\theta}}{\partial\phi}+\Gamma^{\theta}_{\theta\phi}\Gamma^{\phi}_{\theta\theta}+\Gamma^{\phi}_{\theta\phi}\Gamma^{\phi}_{\phi\theta}-\Gamma^{\theta}_{\theta\theta}\Gamma^{\phi}_{\theta\phi}-\Gamma^{\phi}_{\theta\theta}\Gamma^{\phi}_{\phi\phi},$$

$$R^{\phi}_{\theta\phi\theta}=\frac{\partial\Gamma^{\phi}_{\theta\theta}}{\partial\phi}-\frac{\partial\Gamma^{\phi}_{\theta\phi}}{\partial\theta}+\Gamma^{\theta}_{\theta\theta}\Gamma^{\phi}_{\theta\phi}+\Gamma^{\phi}_{\theta\theta}\Gamma^{\phi}_{\phi\phi}-\Gamma^{\theta}_{\theta\phi}\Gamma^{\phi}_{\theta\theta}-\Gamma^{\phi}_{\theta\phi}\Gamma^{\phi}_{\phi\theta},$$

$$R^{\phi}_{\phi\theta\theta}=\frac{\partial\Gamma^{\phi}_{\phi\theta}}{\partial\theta}-\frac{\partial\Gamma^{\phi}_{\phi\theta}}{\partial\theta}+\Gamma^{\theta}_{\phi\theta}\Gamma^{\phi}_{\theta\theta}+\Gamma^{\phi}_{\phi\theta}\Gamma^{\phi}_{\phi\theta}-\Gamma^{\theta}_{\phi\theta}\Gamma^{\phi}_{\theta\theta}-\Gamma^{\phi}_{\phi\theta}\Gamma^{\phi}_{\phi\theta},$$

$$R^{\phi}_{\theta\phi\phi}=\frac{\partial\Gamma^{\phi}_{\theta\phi}}{\partial\phi}-\frac{\partial\Gamma^{\phi}_{\theta\phi}}{\partial\phi}+\Gamma^{\theta}_{\theta\phi}\Gamma^{\phi}_{\theta\phi}+\Gamma^{\phi}_{\theta\phi}\Gamma^{\phi}_{\phi\phi}-\Gamma^{\theta}_{\phi\theta}\Gamma^{\phi}_{\theta\phi}-\Gamma^{\phi}_{\theta\phi}\Gamma^{\phi}_{\phi\phi},$$

$$R^{\phi}_{\phi\theta\phi}=\frac{\partial\Gamma^{\phi}_{\phi\phi}}{\partial\theta}-\frac{\partial\Gamma^{\phi}_{\phi\theta}}{\partial\phi}+\Gamma^{\theta}_{\phi\phi}\Gamma^{\phi}_{\theta\theta}+\Gamma^{\phi}_{\phi\phi}\Gamma^{\phi}_{\phi\theta}-\Gamma^{\theta}_{\phi\theta}\Gamma^{\phi}_{\theta\phi}-\Gamma^{\phi}_{\phi\theta}\Gamma^{\phi}_{\phi\phi},$$

$$R^{\phi}_{\phi\phi\theta}=\frac{\partial\Gamma^{\phi}_{\phi\theta}}{\partial\phi}-\frac{\partial\Gamma^{\phi}_{\phi\phi}}{\partial\theta}+\Gamma^{\theta}_{\phi\theta}\Gamma^{\phi}_{\theta\phi}+\Gamma^{\phi}_{\phi\theta}\Gamma^{\phi}_{\phi\phi}-\Gamma^{\theta}_{\phi\phi}\Gamma^{\phi}_{\theta\theta}-\Gamma^{\phi}_{\phi\phi}\Gamma^{\phi}_{\phi\theta},$$

$$R^{\phi}_{\phi\phi\phi} = \frac{\partial\Gamma^{\phi}_{\phi\phi}}{\partial\phi} - \frac{\partial\Gamma^{\phi}_{\phi\phi}}{\partial\phi} + \Gamma^{\theta}_{\phi\phi}\Gamma^{\phi}_{\theta\phi} + \Gamma^{\phi}_{\phi\phi}\Gamma^{\phi}_{\phi\phi} - \Gamma^{\theta}_{\phi\phi}\Gamma^{\phi}_{\theta\phi} - \Gamma^{\phi}_{\phi\phi}\Gamma^{\phi}_{\phi\phi}.$$

还是把克里斯托费尔符号代入上面方程中，可以得到非零分量为

$$R^{\phi}_{\theta\theta\phi} = \frac{\partial\Gamma^{\phi}_{\theta\phi}}{\partial\theta} + \Gamma^{\phi}_{\theta\phi}\Gamma^{\phi}_{\phi\theta},$$

$$R^{\phi}_{\theta\phi\theta} = -\frac{\partial\Gamma^{\phi}_{\theta\phi}}{\partial\theta} - \Gamma^{\phi}_{\theta\phi}\Gamma^{\phi}_{\phi\theta}.$$

因此

$$\frac{\partial\Gamma^{\phi}_{\theta\phi}}{\partial\theta} = -\frac{\sin(\theta)}{\sin(\theta)} - \frac{\cos^2(\theta)}{\sin^2(\theta)} = -[1 + \cot^2(\theta)],$$

且

$$\Gamma^{\phi}_{\theta\phi}\Gamma^{\phi}_{\phi\theta} = \cot^2(\theta),$$

保留下来的项为

$$R^{\phi}_{\theta\theta\phi} = -[1 + \cot^2(\theta)] + \cot^2(\theta) = -1,$$

$$R^{\phi}_{\theta\phi\theta} = [1 + \cot^2(\theta)] - \cot^2(\theta) = 1.$$

不出所料，具有球面度规标准（$ds^2 = a^2 d\theta^2 + a^2 \sin\theta^2 d\phi^2$）的二维空间具有黎曼曲率张量的非零分量，证实了该空间不是欧几里得空间.

您可以通过本章课后习题的在线解答来了解如何利用这些结果来获得里奇张量和里奇标量.

6.4 习题

6.1 求八个质量相同的呈立方体排列的质点系的惯性张量，坐标原点在其中一个质点上，立方体的三条边所在的直线是坐标轴.

6.2 如果把6.1题中的一个质点去掉，其转动惯量将如何变化?

6.3 如果6.2题中坐标系绕其中一条坐标轴旋转20°，其转动惯量为多少?（要求通过求解各质点在新坐标系中的位置坐标来求解）.

6.4 通过相似变换的方法来验证你所计算的6.3题中转动惯量的正确性.

6.5　证明：对法拉第定律两边取旋度，并代入麦克斯韦－安培定理中 $\vec{B}$ 的旋度表达式可以得到矢量波动方程．

6.6　如果一个参考系中的观察者测得 z 方向的电场强度为5V/m，磁感强度为零，在相对于该参考系以 1/4 光速沿 x 轴正方向匀速运动的另一个参考系来测量，电场强度和磁感强度分别是多少?

6.7　如果一个参考系中的观察者测得 z 方向的磁感强度为 1.5T，电场强度为零，相对于该参考系以 1/4 光速沿 x 轴正方向匀速运动的另一个参考系中的观察者测量的电场强度和磁感强度分别是多少?

6.8　证明：$\vec{E}\cdot\vec{B}$ 满足洛伦兹变换协变性。

6.9　二维欧几里得空间中的线元在极坐标系中可以表示为 $ds^2 = dr^2 + r^2 d\theta^2$，证明：黎曼曲率张量在这种情况下等于零，因为它必须对所有的平直空间都成立．

6.10　求解第 6.3 节中的里奇张量和里奇标量．

进阶阅读

Arfken, G. and Weber, H., *Mathematical Methods for Physicists*, Elsevier Academic Press 2005.

Boas, M., *Mathematical Methods in the Physical Sciences*, John Wiley and Sons 2006.

Borisenko, A. and Tarapov, I., *Vector and Tensor Analysis*, Dover Press 1979.

Carroll, S., *Spacetime and Geometry: An Introduction to General Relativity*, Benjamin-Cummings 2003.

Einstein, A., *The Meaning of Relativity*, Princeton University Press 2004.

Griffiths, D., *Introduction to Electrodynamics*, Benjamin-Cummings 1999.

Jackson, J., *Classical Electrodynamics*, John Wiley and Sons 1999.

Lieber, L., *The Einstein Theory of Relativity*, Paul Dry Books 2008.

Matthews, P., *Vector Calculus*, Springer-Verlag 1998.

McMahon, D., *Relativity Demystified*, McGraw-Hill 2006.

Morse, P. and Feshbach, H., *Methods of Theoretical Physics*, McGraw-Hill 1953.

Schutz, B., *A First Course in General Relativity*, Cambridge University Press 2009.

Spiegel, M., *Vector Analysis*, McGraw-Hill 1959.

Stroud, K., *Vector Analysis*, Industrial Press 2005.

图书在版编目（CIP）数据

大学生理工专题导读. 矢量与张量分析/（美）丹尼尔·A. 弗莱施（Daniel A. Fleisch）著；李亚玲等译. —北京：机械工业出版社，2020.7（2024.2重印）
书名原文：A Student's Guide to Vectors and Tensors
ISBN 978-7-111-65528-2

Ⅰ. ①大…　Ⅱ. ①丹…②李…　Ⅲ. ①矢量－分析（数学）②张量分析　Ⅳ. ①O

中国版本图书馆 CIP 数据核字（2020）第075931号

机械工业出版社（北京市百万庄大街22号　邮政编码100037）
策划编辑：汤　嘉　责任编辑：汤　嘉　张　超
责任校对：张晓蓉　封面设计：张　静
责任印制：刘　媛
涿州市般润文化传播有限公司印刷
2024年2月第1版第2次印刷
148mm×210mm · 6.25印张 · 1插页 · 178千字
标准书号：ISBN 978-7-111-65528-2
定价：49.00元

电话服务
客服电话：010－88361066
　　　　　010－88379833
　　　　　010－68326294
封底无防伪标均为盗版

网络服务
机　工　官　网：www.cmpbook.com
机　工　官　博：weibo.com/cmp1952
金　　书　　网：www.golden-book.com
机工教育服务网：www.cmpedu.com